环保公益性行业科研专项经费项目系列丛书

工业污染防治技术管理与政策分析

温宗国　等　著

中国环境出版社·北京

图书在版编目（CIP）数据

工业污染防治技术管理与政策分析/温宗国等著. —北京：中国环境出版社，2016.12
（环保公益性行业科研专项经费项目系列丛书）
ISBN 978-7-5111-3006-8

Ⅰ. ①工… Ⅱ. ①温… Ⅲ. ①煤化工—工业污染防治 Ⅳ. ①X784

中国版本图书馆 CIP 数据核字（2016）第 306553 号

出 版 人　王新程
策划编辑　丁莞歆
责任编辑　黄　颖
责任校对　尹　芳
封面设计　宋　瑞

出版发行　中国环境出版社
（100062　北京市东城区广渠门内大街 16 号）
网　　址：http://www.cesp.com.cn
电子邮箱：bjgl@cesp.com.cn
联系电话：010-67112765（编辑管理部）
发行热线：010-67125803，010-67113405（传真）
印　　刷　北京盛通印刷股份有限公司
经　　销　各地新华书店
版　　次　2016 年 12 月第 1 版
印　　次　2016 年 12 月第 1 次印刷
开　　本　787×1092　1/16
印　　张　14.75
字　　数　312 千字
定　　价　52.00 元

“十一五”环保公益性行业科研专项经费项目系列丛书

序　言

目前，全球性和区域性环境问题不断加剧，已经成为限制各国经济社会发展的主要因素，解决环境问题的需求十分迫切。环境问题也是我国经济社会发展面临的困难之一，特别是在我国快速工业化、城镇化进程中，这个问题变得更加突出。党中央、国务院高度重视环境保护工作，积极推动我国生态文明建设进程。党的十八大以来，按照“五位一体”总体布局、“四个全面”战略布局以及“五大发展”理念，党中央、国务院把生态文明建设和环境保护摆在更加重要的战略地位，先后出台了《环境保护法》《关于加快推进生态文明建设的意见》《生态文明体制改革总体方案》《大气污染防治行动计划》《水污染防治行动计划》《土壤污染防治行动计划》等一批法律法规和政策文件，我国环境治理力度前所未有，环境保护工作和生态文明建设的进程明显加快，环境质量有所改善。

在党中央、国务院的坚强领导下，环境问题全社会共治的局面正在逐步形成，环境管理正在走向系统化、科学化、法治化、精细化和信息化。科技是解决环境问题的利器，科技创新和科技进步是提升环境管理系统化、科学化、法治化、精细化和信息化的基础，必须加快建立持续改善环境质量的科技支撑体系，加快建立科学有效防控人群健康和环境风险的科技基础体系，建立开拓进取、充满活力的环保科技创新体系。

“十一五”以来，中央财政加大对环保科技的投入，先后启动实施水体污染控制与治理科技重大专项、清洁空气研究计划、蓝天科技工程专项等专项，同时设立了环保公益性行业科研专项。根据财政部、科技部的总体部署，环保公益性行业科研专项紧密围绕《国家中长期科学和技术发展规划纲要(2006—2020

年)》《国家创新驱动发展战略纲要》《国家科技创新规划》和《国家环境保护科技发展规划》，立足环境管理中的科技需求，积极开展应急性、培育性、基础性科学研究。“十一五”以来，环境保护部组织实施了公益性行业科研专项项目479项，涉及大气、水、生态、土壤、固废、化学品、核与辐射等领域，共有包括中央级科研院所、高等院校、地方环保科研单位和企业等几百家单位参与，逐步形成了优势互补、团结协作、良性竞争、共同发展的环保科技“统一战线”。目前，专项取得了重要研究成果，已验收的项目中，共提交各类标准、技术规范997项，各类政策建议与咨询报告535项，授权专利519项，出版专著300余部，专项研究成果在各级环保部门中得到较好的应用，为解决我国环境问题和提升环境管理水平提供了重要的科技支撑。

为广泛共享环保公益性行业科研专项项目研究成果，及时总结项目组织管理经验，环境保护部科技标准司组织出版环保公益性行业科研专项经费系列丛书。该丛书汇集了一批专项研究的代表性成果，具有较强的学术性和实用性，是环境领域不可多得的资料文献。丛书的组织出版，在科技管理上也是一次很好的尝试，我们希望通过这一尝试，能够进一步活跃环保科技的学术氛围，促进科技成果的转化与应用，不断提高环境治理能力现代化水平，为持续改善我国环境质量提供强有力的科技支撑。

中华人民共和国环境保护部副部长

黄润秋

前　言

环境技术管理的核心内容是通过制定清洁生产和污染防治技术政策、污染防治技术指南和工程技术规范等方法和手段，对行业发展方向、生产工艺及技术路线进行引导，对污染防治技术的工程应用进行规范，为污染物排放标准制修订、建设项目环境影响评价、排放总量控制及排污许可证等环境管理方法提供系统性的技术支持。污染防治技术管理与政策分析的难点是对污染防治技术先进性、经济性和可达性等开展系统评价，建立以污染防治最佳可行技术（Best Available Technology，BAT）指南为基础的管理方法及政策措施，用先进适用的科学技术与有效合理的管理政策破解经济发展和环境污染之间的矛盾，协调技术、经济与环境保护的关系，保障环境质量的持续改善。

在过去 30 多年的时间里，我国集中出现了发达国家上百年工业化进程中发生的环境问题，环境污染呈现出结构型、复合型、压缩型的特点，形势依然十分严峻，经济发展的资源环境代价过大。解决当前环境保护的困境，迫切需要从原来主要用行政办法转变为综合运用法律、经济、技术和必要的行政办法解决环境问题，特别要强化污染防治技术的突破和环境管理工具的创新。国家为了加强环境保护力度和促进生态文明建设，已在“十三五”规划纲要中提出了具体的环保目标：到 2020 年，主要污染物排放总量显著减少，空气和水环境质量总体改善；到 2030 年，全国城市环境空气质量基本达标，水环境质量达到功能区标准，土壤环境质量得到好转，生态环境质量全面改善。为实现上述环保目标，应当“坚持优化产业结构、推动技术进步、强化工程措施、加强管理引导相结合”。构建工业污染防治技术管理与政策体系，既可以在短期内带动环境管理方式的改变，又可以在长期促进产业结构的升级。

20 世纪 70 年代以来，以美国、欧盟为代表的发达国家相继开展了污染防治最佳可行技术（BAT）的基础研究、体系构建和管理应用。目前，欧美国家在工业技术结构、成本效益分析的基础上，构建了基于 BAT 的排污许可、总量控制、排放标准、技术政策等一体化的环境技术管理体系。借鉴欧美行业环境技术管理体系建设的经验，2007 年环保部颁布了《国家环境技术管理体系建设规划》（环发[2007]150 号），提出了污染防治最佳可行技术。该规划确立了污染防治最佳可行技术在我国环境技术管理体系中的重要定位，作为支撑工业污染控制技术政策等环境管理方法的技术依据。

本书针对国内外工业污染防治技术管理与政策分析的关键性难题，介绍了课题组开发的适合于 BAT 筛选评估的多指标决策、多属性综合评估、成本效益分析等定量化分析方法，并以煤制甲醇行业为应用案例，探索了工业污染防治最佳可行技术指标体系的构建，建立了技术参数调研和数据处理的规范化流程和方法，应用所开发的技术评估方法筛选出了煤制甲醇行业污染防治最佳可行技术。与此同时，以煤制甲醇污染防治的最佳可行技术为基础，完成了基于 BAT 的指南编制、排放总量控制、排放标准制修订、技术政策制定等环境管理方法的实证分析。第 1 章绪论介绍了国内外污染防治技术管理与技术评估方法的发展现状和趋势。第 2 章介绍了煤化工行业发展趋势、技术发展现状，分析了行业污染排放和治理现状，识别了生产全过程的资源消耗与环境问题。第 3 章详细介绍了污染防治技术调研和技术评估指标体系的建立，并在第 4 章以煤气化、硫回收为例介绍了污染防治最佳可行技术的筛选方法和流程，从而提出最佳可行技术清单支撑《煤制甲醇行业污染防治可行技术指南》的编制。第 5 章基于自底向上模型（bottom-up model，BUM）研究了有关及时指南制定、排放总量控制、技术政策制定、排放标准制修订等政策分析及应用方法。为了便于方法学的推广和管理者的应用，第 6 章介绍了面向环境管理部门的污染防治技术管理决策支持系统，以及适用于煤制甲醇的企业采纳 BAT 解决新建项目和老厂改造升级所需的虚拟生态工厂系统。本书最后介绍了多指标技术选择的新方法和应用实例，并对未来污染防治技术管理与政策分析的研究进行了展望。

本书由温宗国主持的环保公益性行业科研专项“工业减排潜力分析及技术选择研究”课题（200809062）和国家自然科学基金优秀青年科学基金（71522011）项目的学术成果为基础编撰而成，试图为读者提供一个完整、系统的工业污染防治技术管理与政策分析的研究案例，便于给其他相关行业污染防治的技术管理及研究工作提供技术参考。本书在出版过程中得到了许多领导、专家的倾力支持，谨致以诚挚的谢意。尽管在编著过程中作者力求完善，但由于作者的知识有限，书中难免存在疏漏与不足之处，恳请广大读者批评指正。

温宗国

2016 年 11 月 20 日于清华园

目　录

第1章　绪论

1.1　污染防治技术管理

污染防治技术（包括清洁生产技术、污染控制技术和综合利用技术）是环境法规重要的组成部分和技术支持，是污染物排放限值标准制定的技术依据，是环境管理和监督执法的重要手段和措施。环境技术管理的核心内容是通过制定行业清洁生产技术政策、污染防治技术政策、污染防治技术指南和工程技术规范等方法和手段，对行业发展方向、技术路线、生产工艺进行引导，对污染防治技术进行规范，为环境管理提供系统的技术支持和管理保障。其中，最为关键的工作是通过开展技术评估，对污染防治技术的先进性、经济性和可达性等进行系统评价，为制定污染排放的总量控制目标、排放标准、技术政策等环境管理方法提供支撑，以协调技术、经济与环境保护的关系，保障环境质量不断得到改善。环境技术管理是国家环境管理体系的重要组成部分，是国家通过环境法规、技术标准实施环境管理的基础性技术支撑。

污染防治技术的发展与应用不能仅仅依靠市场的原动力——因为污染防治技术的自发应用并不能直接为企业带来经济效益，相反会增加成本，降低企业的市场竞争力，这就是所谓的环境保护内部不经济性。污染防治技术的发展动力必须来自政府的法规要求。同时，政府法规、环保标准的制订与实施又需要环保技术作为强有力的支撑。环境保护要实现从主要用行政办法转变为综合运用法律、经济、技术和必要的行政办法解决环境问题，关键是要强化环境技术手段及管理工具的创新。牢固确立“科技兴环保”的战略，建立先进、科学的环境技术管理体系，用科学技术破解经济发展和环境污染的矛盾，真正做到经济发展和环境保护的同步推进，实现以保护环境优化经济增长的目标。

1.1.1　国外环境技术管理的发展现状

欧美大多数国家基于污染防治最佳可行技术（Best Available Technology，BAT）构建了一套排污许可、总量控制、排放标准以及有关技术政策的环境技术管理体系。例如，欧盟的环境技术管理工作主要是根据欧盟综合污染防治指令。1996 年欧盟执行委员会发布了污染综合防治指令（Integrated Pollution Prevention and Control Directive，IPPC 指令），规定预防或减少污染物排放的技术措施应基于最佳可行技术，并要求欧盟各成员国为若干工业和特定污染物建立包括制定排放限值、推广最佳可行技术的许可制度。迄今为止，欧盟在污染防治最佳可行技术评估工作上已经建立起了规范的评估文件和筛选评价方法，并建立了完善的BAT组织管理体系。该环境技术管理体系涉及32个行业BAT技术指南（或政策），建立了最佳可行技术测试平台和示范推广机制，依托BAT制定了环境技术法规150余项，排放限值及质量标准20余条。可见，最佳可行技术已经成为欧洲国家环境技术管理体系的核心内容，是达到对整个环境进行高水平保护的重要工具，是确保污染防治工作有效开展的重要基础。欧盟BAT技术评估方法主要是依据当地情况对拟采用的技术进行费用效益分析，还需要依据环境设施的技术特征、地理位置、当地的具体环境条件以及多方收益率等因素进行调整，从而确定最佳可行技术方案。

美国目前已开始从技术导向型的BAT管理体系向环境导向型的技术管理模式转变。美国对成熟的、经济可行并经过示范验证的环境技术，以环境技术政策的形式公布，用以指导企业污染治理的技术应用。同时，对新技术进行评估、筛选和示范验证。通过示范验证，经济性及效果良好的技术，则进入环境技术政策名录，从而形成良性循环，促进环境技术进步。美国的环境技术管理目前已在水污染防治和大气污染防治等领域得以全面应用。例如，在水污染防治问题上，美国基本上形成了主要内容包括以技术为基础的排放标准限制和以水质为基础的排放总量限制的水污染防治机制。《清洁水法》技术政策将水污染防治技术分为两类：一类是常规污染物，分别执行最佳实用控制技术（Best Practicable Control Technology，BPT）和最佳常规污染物控制技术（Best Conventional Pollutant Control Technology，BCT）；另一类针对毒性污染物，分别执行最佳经济可行技术（Best Available Technology Economically Achievable，BAT）和现有最佳示范技术（Best Demonstrated Control Technology，BADT）。

美国根据污染物的性质对污染物进行分类，并且为了更有针对性地实现不同行业污染物排放的有效控制，以行业标准为主体，以《美国联邦法规》（Code of Federal Regulation，CFR）中规定的有关产品性能、过程、加工方法等方面的技术法规为基础，针对每一类型的污染源和污染物都制定了详细的技术标准。与此同时，以此为基础颁布了各工业部门的排放限值指令，使排放标准具有可操作性、规范性和科学性，为污染源的控制和管理、国家环境质量和排放标准的制定、实施工作提供了有力的技术依据。此外，为促进环境技术的创新发展，美国、加拿大和日本等国的环境部门先后建立实施了污染防治技术评估制度（Environmental Technology Verification，ETV）。在美国，ETV针对某一类特定的环境技术，制定其技术规范和测试规范，依据技术的社会效益、环境效益、市场潜力、涉及环境问题的广泛性等原则对创新性技术进行评价。该制度大大加快了环境新技术进入国内和国际市场的速度，能够引导企业采用先进、高效、经济的新技术。

欧盟及美国现有环境技术管理体系由于政治、地域及管理理念的差别，在环境技术管理体系中存在着许多相似和不同，因而各具特色。欧盟、美国环境技术政策体系均表现出：①技术政策（BAT 体系）是环境法规的组成部分，具有相对完备的环境技术管理和评估机制；②BAT 文件均反映了全过程控制和清洁生产的管理理念；③BAT 为最佳污染防治技术，但还同时推广成熟可行的环境技术；④在 BAT 执行过程中，根据情况排放标准分级（美国）可以适当提高或降低（欧盟）。但欧盟、美国的环境技术管理体系也存在差别，致使其在环境技术政策上各具优势和不足。例如，欧盟环境技术政策涉及领域范围宽、灵活；美国的环境技术政策涉及领域窄，但体系完善且划分精细，不同情况区别对待，在鼓励新技术创新方面更有成效。其技术政策的区别具体表现在以下三个方面：

（1）在污染防治技术的应用领域上，欧盟 BAT 技术已经渗透到了污染防治的主要领域，而美国目前只限于水污染防治，但根据受控对象进一步分为 BPT、BCT、BAT 和 BDT。

（2）在污染防治技术的效果上，欧盟的 BAT 指导文件明确了各类污染物的治理技术路线和主要方法，同时指出应用规定的技术可以达到的排放值和去除效率。美国 BAT 体系与欧盟有相似性，但更加强调规定技术的经济指标与环境效益的综合效果，包括技术的成熟性、可靠性和经济易得性。

（3）在污染防治的科技创新上，欧盟在 BAT 相关文件中指定的污染治理技术最主要考虑使用成熟可行的技术，不盲目推荐未得到工程示范性验证并证明可靠的技术，这样会阻碍环境创新技术的发展（已经有证据表明，BAT 参考文件可能成为技术创新的障碍）。

1.1.2　我国环境技术管理的发展现状

与发达国家已进入经济发展与污染防治协调发展阶段不同，我国环境形势仍然十分严峻。发达国家上百年工业化过程中分阶段出现的环境问题，在我国 30 多年里集中出现，呈现结构型、复合型、压缩型特点。为了有效快速地控制环境污染，国家提出要落实科学发展观，加强环境保护工作，并提出了具体的环保目标——到 2010 年，重点地区和城市的环境质量得到改善，生态环境恶化趋势基本遏制，到 2020 年，环境质量和生态状况明显改善。“十一五”期间，我国在国内生产总值整体水平继续保持在 7.5%的同时，COD（化学需氧量）和 SO_2（二氧化硫）主要污染物的排放总量比“十五”期间的排污总量减少 10%，而“十二五”期间在经济依然保持较高增长速度的情况下，还新增了对氨氮和氮氧化物排放量的总量控制目标。环境保护目标的实现迫切需要科学、合理、先进的综合性控制策略。当前，我国已经建立起相对完善的环境管理政策、法规体系、标准体系，实施了一系列环境管理制度。尤其是 2007 年以来，在环境技术管理体系构建上已经开展了相关工作：最佳实用技术的筛选和发布、污染控制工程管理运营资质认证、环境保护工程示范、环保产品认证及少量技术政策、技术规范的编制等工作。

1. 产业技术政策

产业技术政策是国家加强和改善宏观调控、有效调整和优化产业结构的重要手段，主要包括各种鼓励、限制、淘汰类技术目录、行业产业政策和准入条件等。例如，为有效推广各种污染防治技术的应用，加大环保技术的普及力度，环保部发布了《国家先进污染防治示范技术名录》以及《国家鼓励发展的环境保护技术目录》，分别列出了具有创新性、先进性的新技术、成熟技术以及新工艺等；商务部和国家税务总局于2006年联合发布了《中国鼓励引进技术目录》，以鼓励企业引进国外先进适用技术；国家发展改革委发布的《产业结构调整指导目录》（替代原国家计委、原国家经贸委发布的《当前国家重点鼓励发展的产业、产品和技术目录》和原国家经贸委发布的《淘汰落后生产能力、工艺和产品的目录（第一批、第二批、第三批）》）。行业类出台了印染、焦化、电石等行业的准入条件。这些产业技术政策的制定与发布，较为有效地调整和优化了国家产业结构，促进了先进实用技术的推广应用，推动了国民经济持续健康的发展。

2. 污染排放标准

以水污染防治为例，水污染排放标准是国家环境法规的重要组成部分，它直接或间接地影响着我国水环境质量以及水资源可持续利用战略的实现。截至2013年，我国已制定（含修订）了包括《合成氨工业水污染排放标准》（GB 13458—2013）、《纺织染整工业水污染物排放标准》（GB 4287—2012）、《淀粉工业水污染物排放标准》（GB 25461—2010）在内的60余项行业水污染物排放标准，并定期进行修订完善，已形成了较为全面的水污染物排放标准体系。相比于各行业通用的《污水综合排放标准》，分行业的水污染物排放标准的制订更多地考虑了各行业生产工艺、处理技术的差异和污染物的特点，对于我国开展工业领域的环境管理、依法行政，推行清洁生产和总量控制的环境管理要求，更具有可行性和指导性。

3. 环境技术管理

“十一五”期间，我国明确提出建设环境技术管理体系，并于2007年9月30日发布了《国家环境技术管理体系建设规划》。该《规划》提出，在“十一五”期间通过编制或修订重点污染行业的污染防治技术政策、污染防治可行技术导则及相关工程技术规范等技术管理指导文件制定工作，同时广泛开展技术推广和示范工作，建立包括技术的筛选、评价、验证制度等环境技术评价体系，定期编制发布《国家先进污染防治示范技术名录》《国家环境技术发展报告书》《国家鼓励发展的环境保护技术目录》等，初步建立起与我国环境管理体系相适应的国家环境技术管理体系框架（图1-1）。

其中，《污染防治 BAT 指南》可以对全社会污染控制给予技术指导，完善污染防治技术政策。它是企业选择清洁生产工艺、污染物达标排放技术路线和工艺方法的主要依据，也是环保管理、技术部门开展环境影响评价、项目可行性研究、环境监督执法的技术依据。污染防治技术评估体系能够客观地反映技术的有效性、可靠性、经济性、环境效益，为最佳可行技术指南、环境标准的制（修）订提供技术支持，是开展环境影响评价、实施“三同时”制度的技术依据，对环境科技创新进行方向性引导。环境技术示范推广系统可以促进技术进步与成果转化，有利于发布国家鼓励发展的环境技术和产品目录，建立环境技术信息平台。

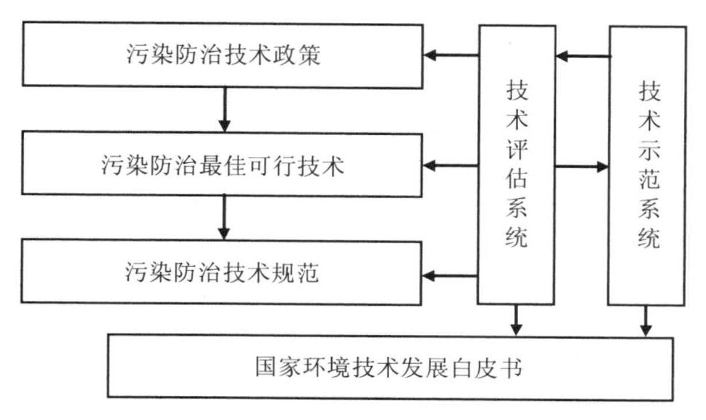

图 1-1 中国环境技术管理体系

上述环境技术管理体系如果能得以推行，将能够增强环保技术管理的科学性、系统性和规范性，为环境管理提供可靠的技术支撑，是实现我国环境保护历史性转变、开创环境保护新局面的重要举措。自 2007 年运行以来，有关工作已经为我国相关部门技术、经济政策的制定，环境管理和行业污染物排放标准的修制订和具体实施提供了技术基础与依据，促进了技术进步与成果转化，有效引导了环境技术和产业的发展。“十二五”、“十三五”期间，我国继续通过环境技术管理体系的逐步完善，提高我国总量控制、排污许可、标准制修订等环境管理制度的可行性和科学性。

环境管理政策、法规和制度的有效实施均需要环境技术作为支撑。然而，相对行政管理制度，我国环境技术管理体系的建设整体上仍然比较薄弱。当前的环境技术管理体系仍处于分散、无序和相对落后的状态，与环境管理制度脱节的问题突出，远不能满足不断提高的环境管理、科技进步和产业发展的要求。主要问题表现在以下三个方面：

（1）排放标准等环境管理手段缺乏可行技术支撑

污染物的排放控制标准、总量控制以及排污许可证制度等，是我国重要的环境管理手段，也是环保部门执法监督的依据和改善环境质量的重要措施与管理手段。例如，长期以来，我国污染物排放标准的制定工作由于时间紧，标准编制的经费和人员有限，难以对污染控制技术做全面和深入的论证，标准制定缺乏前期对控制技术系统的科学评估，大多凭借标准编制组少数专业人员的主观判断，科学性和技术可行性参差不齐，难以保证所编制的排放标准达到污染控制要求和技术可行的统一，影响了对污染源控制的有效性和排放标准的权威性。另外，标准的制定重末端污染控制，轻污染预防；重技术法规标准，轻可适用的技术导则、指南和手册，缺乏“分区、分类、分级和分期”的指导原则，适用性不强。制定行业总量控制目标时，大多基于统计数据分析和专家主观外推的方法，缺乏对行业结构（规模、工艺）及技术成因进行系统分析，未能开展成本效益评估，致使总量控制目标实现的基本路径不清楚，难以制定有效的污染防治路线图，使得行业环境管理目标不达标的风险较大。

（2）尚未建立科学的环境技术指标体系及定量化评估方法

目前，我国缺少科学的环境技术指标体系及评估方法，针对污染物减排的技术评估指标和技术评估方法存在较大局限性，环境技术管理尚未完全形成基于定量化分析的政策制定理念。现有技术评估往往采用单一的、主观性较强的“层次分析法”或“头脑风暴法”，仍然以依赖专家主观判断为主要模式，易造成评估结果与实际脱节，科学性差，使用效果不理想。不同组成的评估专家往往得出的评价结果都是不同的，使得技术政策的制定存在较大的不确定性。已有定量化评估方法大多考虑单一因子，与环境管理目标的关联缺乏，在具体实践应用上存在较大困难。与欧美国家基于技术成本效益、跨介质环境影响的等定量化的系统分析方法相比，我国现有的技术选择方法已远远不能适应当前环境管理的新要求。

（3）环境技术基础数据及其质量缺乏有效保障

我国环境技术基础数据建设十分薄弱，清洁生产工艺、节能减排技术、污染治理技术的大数据系统及科学评估体系都还没有开始形成。此外，由于我国中小型企业数量众多、工艺技术及管理水平千差万别，对有关环境技术参数的调研方法不够规范和样本数量不够充分，不同来源（监测、函调、文献等）的技术数据质量参数不齐，这为确定工业污染防治最佳可行技术评估以及分析技术的环境经济效益带来了很大的不确定性。另外，我国环境技术管理的信息化建设刚刚起步，还没有建立客观、公正、透明、公开的技术评估、审核、验证等长效机制，造成了技术的供应方和需求方信息不对称，管理部门很多时候难以及时把握污染防治新技术的发展动态，制定污染防治技术政策的基础性支撑相对薄弱。

1.1.3 国际环境技术管理及应用的启示

国内外的实践表明，环境技术管理体系是实现环境保护目标的重要支撑，是联系经济-环境-社会发展的纽带。国外已有环境技术管理体系的成功运行为我国环境技术管理体系的建设提供了一定的启示和借鉴意义。

（1）在污染防治技术政策制订方面应充分体现可行性。技术政策应与一定时期经济技术水平相适应，体现行业特点和分类指导；做到科学性和实用性、操作性和前瞻性的统一。宏观上应吸纳欧盟环境技术政策的优势，形成涵盖各技术领域的环境技术政策，配套制定覆盖各行业的 BAT 技术指南，指导环境技术的应用。而在制定环境技术政策的细节上，应吸收美国技术政策的特点，针对不同污染源及排放去向制定不同的技术指南和排放限值，充分体现技术、地域、经济情况等特殊性，使其更具指导性和社会性。

（2）在污染防治技术评估制度建设方面应充分体现科学规范。评估方法应科学、有效。对环境技术进行筛选，通过示范和推广促进环境技术的转化和发展。我国污染防治技术评估体系的建设应吸取美国和加拿大污染防治技术评估制度建设的经验，制定污染防治技术评估规范或章程，规范评估行为；采用第三方评估制度，杜绝评估工作中的不规范行为；建立评估、验证程序，使评估、验证结果科学、公正。同时，通过技术评估体系的建立形成鼓励技术创新的机制，并采用环境制约和经济激励措施提高环境技术市场渗透率和经济竞争力。

（3）在污染防治技术管理体系架构上应充分体现中国国情。虽然美国环境技术政策目前只涵盖水污染防治技术方面，但从环境技术管理体系的系统性上看，美国环境技术管理体系相对更完整、更全面，包含环境技术管理核心的技术政策（BAT 体系）、技术评估体系、技术示范推广政策等方面，可作为我国建立环境技术管理体系的参照体系。通过了解和吸纳国外环境技术管理体系的有效管理手段，建立具有中国特色的全面、科学的管理体制，加速污染防治能力建设，促进环境技术的创新与发展，为我国的环境管理和环境保护提供技术支撑。

1.2　污染防治技术评估方法

1.2.1　污染防治技术评估方法研究现状

1966 年美国众议院科学研究开发委员会报告中最先使用技术评估（Technology Assessment）一词，率先开展技术评估活动。1970 年美国白宫科学技术局委托 MITRE 公司研究开发技术评估方法论，该公司对汽车排气、计算机网络、工业用酵素、养殖渔业、家庭废水污染五个案例开发了方法论。1972 年美国技术评估法案正式通过，并设立议会直属的技术评估局。

1969 年日本对美国技术评估进行考察后，大力推广技术评估；1973 年通产大臣咨询机构——工业技术审议会发表技术评估报告书，内容包括了技术评估的意义及其重要性、技术评估基本方法和实施对策等。该报告书成为日本推行技术评估的基本依据。OECD-CSTP 经合组织科学技术委员会建立 ISTA（国际技术评估学会），并于 1973 年 5 月在海牙召开第一届技术评估国际代表大会。

1.2.2　污染防治技术评估的常用方法

技术评估方法直接改变了以往采用专家头脑风暴法和经验性评判的主观做法，既是开展行业技术管理、制定技术政策的重要基石，也是构建节能减排预测分析模型的一项国际性基础工作。

按照技术评估的类型可分为技术导向型、问题导向型、项目导向型和目标导向型四类。常用的技术评估方法：①基本技术评估方法（各类技术评估中都可能采用到的基础方法），包括实验法、情景分析法、专家调查法、德尔菲法和检查表法；②相关分析和层次分析方法，包括相关树法、层次分析法和交叉影响矩阵法；③动态模拟与结构模拟方法，包括系统动力学模拟、解释结构模拟和因果模拟；④技术经济分析方法，主要是成本效益分析法；⑤综合评价方法，通常是多属性或多指标评价方法。

针对工业污染防治技术选择涉及的行业众多、行业间差异大、技术参数复杂等难题，需要建立统一、可操作性强的技术遴选评估指标体系，形成规范化的评估流程。根据我国重点行业污染防治现状和挑战，加强先进适用技术的推广应用是“十三五”乃至更长时间内工业污染防治和产业结构调整的重要途径。工业先进适用技术是指在当前及未来一定时期内，在工业行业同类技术中处于先进水平，具有较高的资源能源利用效率、污染排放少、经济性好等特点，适应我国工业行业发展以及环境管理要求，成熟可靠，在行业内具有较大推广潜力的技术。工业污染防治技术指标体系及评估方法的一般开发流程如图 1-2 所示。

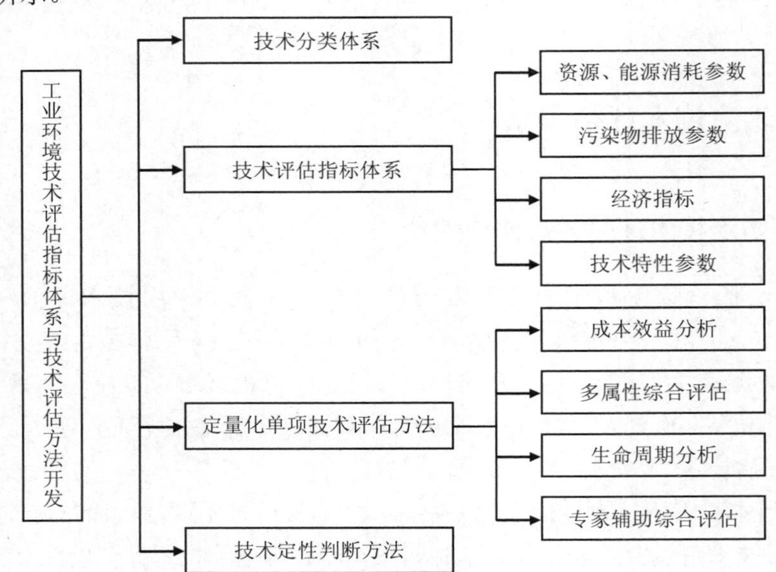

图 1-2 污染防治技术评估指标体系及方法的开发框架

考虑到工业污染防治技术评价指标的复杂程度、数据可得性、技术经济性等，本节选择多属性综合评估、生命周期评价、成本效益分析和专家辅助综合评估等作为常用的工业污染防治技术评估方法进行介绍。

1. 单一技术评价方法

单一技术评价目标是筛选能促使企业、行业实现污染物减排、物料能源节约，具备良好环境效益的 BAT 技术，并确定技术水平，同时对技术进行详细的影响评价和经济评价。首先，需要建立完备的技术指标体系，这是进行技术影响分析、成本效益分析及技术筛选的基础。单一技术指标体系通常需要涵盖技术特性参数、消耗指标、排污指标（排放清单）、经济指标、应用指标五大类量化指标，同时还需要在技术原理及工艺过程、技术适用性、事故风险、促使采用该技术的主导驱动力、典型应用实例及文献报道等非定量化方面进行定性的描述说明。目前，比较有代表性的污染防治技术综合评价方法有以下几种。

（1）多属性综合评估方法。该方法应用流程相对简单，可将不同维度的信息加以综合，便于技术间的比较，适合具有技术指标多、备选技术数量大等特点的行业进行评估，具有分析角度全面、定量分析与定性分析相结合等优势，可以结合重点行业技术评估的实际需求将定量化指标和包含模糊信息的定性指标进行综合考虑。通常采用隶属度进行定量化处理，能够对复杂、模糊的问题给出定量化评价结果，增加了评估的准确性和可靠性。在使用时，应注意技术评估指标体系中不同指标的取舍，科学合理地确定指标权重，上述这些因素会对适用技术的评估结果产生较大影响。

（2）生命周期评价方法。该方法可以直接基于量化目标，全面地评价各种技术的使用效果，并得出综合后的单一量化指标和明确的评价结论，可以避免环境问题在不同的生命周期阶段和环境影响类型之间的转移，达到了定量、客观评价技术的效果。此评价方法还可用于对比分析不同功能的技术或技术组合。但是对于一些行业的复杂产品而言，所需数据量大，开展生命周期分析所需的数据收集工作量很大，往往由于数据可得性的瓶颈使应用受到限制。

（3）成本效益分析方法。该方法是通过货币化方式对各备选技术的综合经济性表现加以评价。成本效益分析是传统的经济分析方法的延伸，需要对总成本和总收益进行比较，适用于成本和效益可以量化的工艺技术。在各行业的应用中表明，成本效益分析是有效的技术评估方法之一，基本上可以涵盖或适用所有行业的技术经济性评估，对于技术的节能或减排成本效益可以给出定量参考数据。但是无法对技术先进性、成熟度、适应性等定性指标进行评价。

（4）专家辅助综合评估方法。该方法以线性综合评估模型为基础，应用重要性打分环节，充分利用行业专家的知识和经验来确定指标体系、指标权重，并对定性指标进行评分后实现定量化的综合评估，适合在数据可得性较差的情况下实现对多项技术进行快速筛选和比较判断，重要性打分比多属性综合评估方法更为直观。

2. 多技术遴选评估方法

上述四种单一技术的评价方法也可应用于多技术的遴选评估，各工业行业可以根据数据可得性和工业技术特点，选择其中的一种评估方法单独使用，也可结合数种方法一起使用，对评定结果进行相互印证和对比分析，以得到更全面、科学和客观的评估结果，发现不同技术特征因素对评定结果的影响。其中，成本效益分析可对所有行业技术节能减排效果的经济性进行评价；多属性评价适用于多项同类技术的模糊综合评价，尤其是对其中有些指标难以量化的技术尤为适合；生命周期评价则适用于所有行业技术，可对比分析节能减排目标下的技术效果，尤其是对不同类技术之间的比较。专家辅助综合评估方法可根据专家经验，对节能减排技术进行快速筛选和比较判断。

多技术遴选评估往往是与污染防治或节能减排的管理目标直接对应，其目的通常是为了分析污染防治或节能减排的潜力，为制定政策提供具体路线图和定量化的制定依据。目前，国际上比较主流的是自底向上建模（Bottom-to-Up Modelling，BUM）方法。BUM方法最早应用于能耗消费技术评价以及二氧化碳领域减排路线图的研究中，并自2007年起由清华大学环境学院行业节能减排管理与政策课题组开始开发，并应用于水耗、多种污染物减排等技术评估及有关政策分析领域。本书中以煤化工行业污染物减排潜力分析为例进行重点介绍。

欧美发达国家和地区的环境技术管理大多建立在技术结构预测、成本效益分析的基础上，应用于以工业技术系统建模为核心的辅助决策支持体系，制定开展污染物减排总量控制目标和环境技术政策。如欧盟于1996年颁布的污染综合防治指令（Intergrated Pollution Prevention and Control，IPPC），要求以最佳可行技术为核算依据建立企业排污许可证制度，企业的消耗水平和污染物排放水平必须达到相应的BAT技术水平。美国也采用了最佳可行技术和最佳实用技术（Best Practical Techniques，BPT）的评估体系来制定分级排放标准，确定许可证签发条件，并对污染防治技术政策开展了广泛的成本效益分析。

自2007年以来，我国正逐步接受欧美发达国家基于BAT的工业污染综合防治理念，在污染物总量控制和环境技术管理体系中，开展了以工程技术为基础的污染减排环境管理方法。例如，原国家环保总局2007年已经制定了环境技术管理体系规划，先后启动或发布了造纸、电力、钢铁和重金属等数十个重点行业的污染防治最佳可行技术指南或相关文件，同时制定了最佳可行技术评价的一般指导文件和管理办法。清华大学环境学院有关课题组基于工业污染防治最佳可行技术清单，研究污染物排放标准制修订、总量控制目标等技术预测及评估工作，从而提出淘汰、限制、鼓励技术清单等环境技术管理政策作为工业污染防治的关键途径，初步构建了基于最佳可行技术的环境管理体系。

1.2.3 污染防治技术评估方法的发展趋势

在国际上，以工业部门生产全流程分析为基础，综合考虑环境、资源和经济效益，建立工业污染防治技术自底向上模型（BUM），为确定工业污染物削减目标，制定行业淘汰、限制、鼓励技术目录提供科学决策，是支撑工业污染防治工作的基础性课题。从工程技术出发构建自底向上模型开展技术选择，是研究污染物减排问题和开展环境管理一种行之有效的方法，也是我国在较长一段时间推进工业污染防治技术管理体系的一项基础性工作。

过去，这种自底向上建模思想广泛应用于构建能源-环境-经济系统（Energy-Environment-Economy，3E）模型和大气污染物、温室气体减排的技术模型。其显著优点在于将能源消耗和污染物排放的分析建立在技术系统模拟的基础之上，提供了经济活动和技术变化的详细信息，能将每一个具体技术变化过程或政策因素的改变对目标的影响进行细致分解，使得此类模型的预测结果十分清晰、容易理解。当模型用于实际的政策分析和制定时，对于政策制定者而言，其结果有较强的可操作性和说服力。

在实际应用中，自底向上建模方法往往与情景分析方法相结合来研究行业、国家或区域能源及污染物的排放问题。情景分析方法的应用步骤是首先调研行业历史发展特点、近期出台的行业政策以及预测行业未来发展趋势的相关文献；其次，在此基础上设定具有明确政策含义，并能够体现行业结构变化和技术变化特点的若干技术政策情景；最后应用上述自底向上模型提供的核算框架，计算不同情景下的未来能源消耗量、污染物排放量和排放结构。情景分析方法的优点在于应用过程简洁明了，情景设定具有灵活性和可拓展性，系统性的一系列情景设置可以在很大程度上涵盖行业未来各种可能的发展方向。

自底向上模型大致可分为两类：一类是以 LEAP 模型为代表的用于核算能源消耗、污染物排放等问题的核算模型；另一类是在某一目标函数（例如成本最小化）下，寻找满足一定环境、经济、技术条件约束下的最优化技术方案的优化模型。LEAP（Long-range Energy Alternatives Planning System）模型是由斯德哥尔摩环境研究所（Stockholm Environment Institute，SEI）开发的能源系统模拟模型，也是目前全球应用最为广泛的基于核算方法的能源-环境模型。LEAP 模型建立的能源系统包括一次能源供应、能源转化和终端使用三个彼此关联的模块，以树状结构描述各种能源类别、能源转化技术和终端用能技术/设备。模型的能源系统构建非常灵活，可以根据用户需要在不同层次上对能源系统进行细化和分解。基于用户对未来能源结构、技术结构、消费结构和宏观需求变量的一系列情景设定，LEAP 模型可以结合技术数据库和环境数据库，计算给定情景下的能源消费、温室气体排放和污染物排放。LEAP 模型是一个非常典型的自底向上核算模型的范本，这类模型结构清晰，表述方式直截了当。由于模型本身是一个线性系统，因此可以追溯各个因素对结果的直接影响。核算模型的关注点是假定发展情景和政策方案下的污染排放和环境影响，模型本身并不能提出实现特定政策目标的方案。

在环境政策研究中，已开发的优化模型数量要远多于核算模型，其应用目的与核算模型存在一定差别，主要是为了探索实现一定环境目标下的技术方案及政策措施。目前，国际上流行的优化模型包括能源系统规划模型 MARKAL（Market Allocation）及其拓展的 TIMES 模型（The Integrated MARKAL and EFOM Model，TIMES）、亚太地区综合模型中的能源系统子模型 AIM/enduse、区域大气污染控制策略模型 RAINS（Regional Air Pollution Information and Simulation Model，RAINS）等。其中，标准版的 MARKAL 模型是一个以能源系统总贴现成本最小化为目标的线性优化模型，模型的约束条件包括能源系统的能量流动平衡、能源供应满足最终需求、投资能力限制、电力峰值约束、技术运行能力约束、污染物排放量约束等。AIM/Enduse 模型侧重于描述工业及住户部门的终端能源利用技术体系，通过系统总成本最小化的线性规划计算，在温室气体（或大气污染物）排放量约束、终端能源需求约束、设备运行能力约束、设备普及率约束、技术存量转移约束、能源平衡约束等条件下，进行技术结构优化和技术选择。RAINS 模型描述了大气污染物的排放、转化和输移过程，它以污染控制成本最小化为目标，在满足各个区域污染临界负荷等环境约束条件下，计算优化的大气污染削减策略组合和削减量的国家间分配。丰富的大气污染物削减技术数据库是RAINS模型的应用基础，可以借此建立污染物减排的成本曲线。

许多发达国家的成熟模型通常采用捆绑底层技术数据库的模式，限制了一些模型的二次开发，因此占据了国际环境技术评估领域的主流地位。2007年以来，清华大学环境学院课题组引入“源头预防—过程控制—末端治理—循环利用”的全过程思想，构建了“原料—产品—工艺—技术”耦合的行业关键技术清单法，经过10年的大样本企业调研、参数实地测试和数据同化分析，建立了含1 000多项关键技术和32个量化参数的行业技术数据库，成功实现了行业内部复杂系统的数值化表征。以此为基础，在国际上最早把该方法成功应用于水资源消耗、多种污染物减排的技术评价中，模拟技术进步、结构调整（原料、规模）和政策因素，并集成优化算法、情景分析、成本效益和随机采样，应用自底向上建模法自主开发了新一代环境预测分析模型，评估了钢铁、水泥、造纸、合成氨等10多个行业中长期环境保护潜力，提出了环境保护的关键路径、成本曲线及实施机制。

另外，在工业绿色发展的大趋势下，环境管理目标日益增加（例如，节能、污染物减排——如氨氮、氮氧化物、POPs污染控制目标持续新增，以及二氧化碳排放控制等），而不同环境管理目标之间往往有冲突（如污染治理设备往往大大增加了能源消耗，制约了节能目标的实现），许多现实中采用的技术在部分指标上往往是此消彼长，难以在节能减排整体目标上实现最优，这使得技术选择对于环境目标的实现存在较大的不确定性。然而，过去已有研究大多是针对单一因子，仅考虑能的消耗、气或水的排放，很少有跨环境介质，研究不同环境目标之间的转移问题（如水与能介质之间的转移问题）。而实际上，行业生产的一些工艺技术也可能在减排的同时增加能耗，发生污染物与能耗目标之间的转移，而有些工艺技术可能在减排的同时节约能源，实现节能与减排的双赢效果。在研究中需要进一步统筹考虑节能、减排和成本等多方面约束条件，在行业技术模拟的基础上，进行多约束条件下的技术优选，避免环境目标间的转移，实现污染减排效益的最大化和成本的最小化，这将是未来工业环境技术管理的重要研究方向。

1.3 本书主要内容与结构

环境技术管理作为国际上实现污染物减排目标的一种全新环境管理模式，强调以行业污染防治最佳可行技术为基础开展环境管理，综合考虑减排的技术可行性、经济适用性和技术成本效益，制定合理可达的污染物减排目标和技术政策。

为此，本书试图为读者提供一个完整、系统的行业污染防治技术管理与政策分析的研究案例，便于借鉴和开展相关行业的研究工作。因此，本书围绕工业污染物减排和环境技术管理的实际需求，在方法学上以工业生产系统全流程为对象，以污染物减排潜力分析、污染防治技术选择和环境管理实际应用为主要目标，系统研究工业环境技术选择与政策分析方法，依次介绍了污染防治技术调研和评估指标体系的建立、污染防治最佳可行技术的筛选和确定、基于污染防治可行技术的污染物排放标准和技术政策的制定，以及污染防治技术管理决策支持系统的开发和应用①。

为了便于方法学在行业应用中的实际验证，选取新兴煤化工（煤制甲醇为主）为例，探索污染防治最佳可行技术指标、技术（及参数）调研、开展技术评估的方法，并实际应用筛选出了煤化工行业的最佳可行技术，编制完成了我国煤制甲醇污染防治最佳可行技术指南（报批稿）。在此基础上，进一步以“原料—工艺—技术—产品”为模拟单元构建了煤制甲醇行业污染防治技术体系，集成成本效益分析和系统优化算法开发自底向上模型（BUM），开展煤制甲醇行业多种污染物减排的潜力分析，设计了污染防治最佳可行技术在污染总量控制、排放限值确定等环境管理中的应用实例。本书主要内容及结构如图 1-3 所示，分别详细介绍了煤化工企业技术参数的数据调研、技术评估方法构建、技术管理决策支持系统开发和环境技术管理政策分析四个部分的研究工作，系统展示了新兴煤化工行业污染防治技术选择与政策分析的主要研究成果。

其中，第 2 章介绍煤化工行业发展和技术发展现状，描述了煤化工各流程的生产工艺，分析了煤化工行业污染现状并确定了环境污染控制目标；第 3 章详细介绍污染防治技术调研和技术评估指标体系的建立；第 4 章以煤气化和硫回收最佳可行技术筛选为例，作为过程控制和末端治理的代表，对污染防治可行技术的筛选和评估进行了详细介绍，确定了煤气化和硫回收的最佳可行技术清单；第 5 章则以第 3 章确定的最佳可行技术清单为基础，制定了《煤制甲醇行业污染防治可行技术指南》，通过建立自底向上模型，模拟预测了基于污染防治技术的减排目标，并以此为依据制定污染防治技术政策，包括生产工艺技术政策和污染治理技术政策，提出鼓励发展新技术的建议，最后基于最佳可行技术的可行性提出污染物排放标准的修订建议；第 6 章以行业环境技术管理与决策分析为目标，依托已完成的“产品-技术-工艺”耦合清单、技术评估指标体系，建立了包括物料、水耗、能耗、污染物排放等多参量及数据在内的煤化工污染防治技术管理决策支持系统。

当前，国际上有关工业污染防治技术管理的理论、方法和应用开始逐步走向深入，尤其是技术选择方法学上出现一些新进展。在全球范围内，新兴的环境技术更新加速、行业技术集成水平提升、工业节能减排目标增加，本书在第 7 章针对单项污染防治技术、多种技术组合，介绍了本研究团队开发的数据包络分析方法，以燃煤电厂的污染防治技术为例，探索了污染防治单项环境技术和技术组合的优化选择方法，并在第 8 章对未来工业污染防治技术管理与政策分析方法、管理应用的新趋势进行了展望。

---

① 本书研究成果得到了环保公益性行业科研专项（200809062）的资助，课题于 2012 年验收。

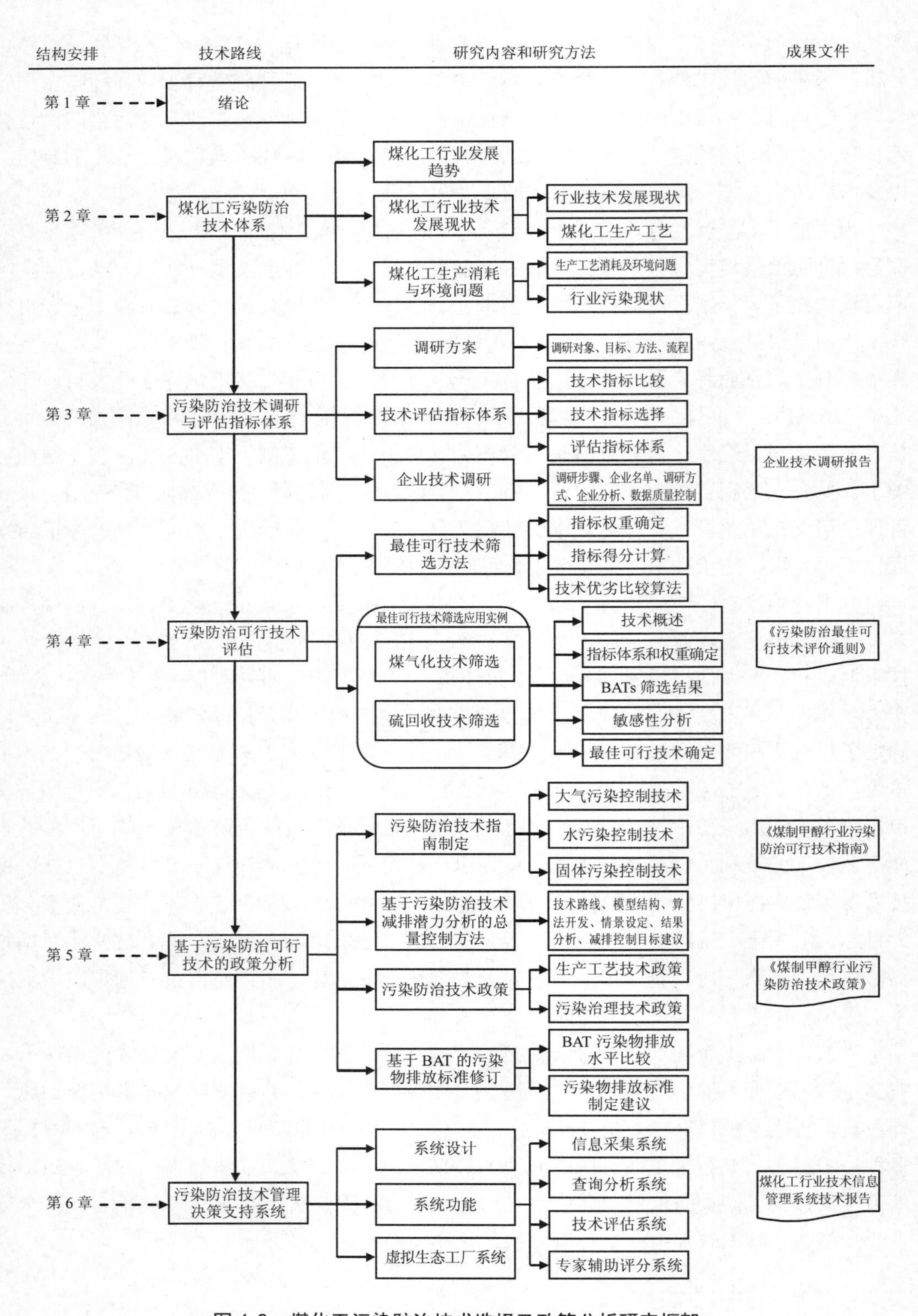

图 1-3　煤化工污染防治技术选择及政策分析研究框架

第2章　煤化工污染防治技术体系

煤化工行业是我国近年来发展迅速且环境问题突出的化工行业，加快清洁生产工艺和污染防治先进技术的应用、促进煤化工污染物减排具有重要的迫切需求。本章介绍了煤化工行业的发展和技术现状，描述了煤化工各流程的生产工艺，分析了煤化工行业污染现状并确定了环境污染控制目标。

2.1　煤化工行业发展趋势

2.1.1　以煤为原料的化工体系概述

煤化工行业在我国化学工业体系中占有重要地位，是我国石油资源替代的重要途径。从广义上讲，以煤为原料的化工生产均为煤化工范畴，涵盖以煤为原料的煤气化、煤液化、煤焦化等煤炭清洁转化的化学工业过程（图 2-1）。传统煤化工以炼焦、中小化肥为代表，通过煤气化可以衍生生产合成氨、甲醇、二甲醚等一系列化工产品。现代煤化工主要是通过直接或间接的方法将煤转化成为油品、烯烃、合成天然气等石油替代产品。

以煤为原料的化学工业生产中，以先进煤气化技术为主导，以大型煤制甲醇为核心，煤制二甲醚、煤制烯烃、煤制油、煤制天然气、煤制乙二醇等被称为新型煤化工产业。其中，甲醇与乙烯、丙烯和芳烃共同构成了四大基础有机化工原料，其下游产品达数百种。近些年以甲醇为原料生产烯烃也开始步入工业化生产阶段，对于化学工业的发展具有里程碑意义。

现代新兴煤化工是资源、技术和资金密集的大型基础工业，也是资源消耗和环境生态负荷较大的产业，对煤炭资源、水资源的消耗量大，同时“三废”排放量大，治理难度高。为保障煤化工行业健康可持续发展、为国家能源安全做贡献，大力推进煤化工节能减排和环境保护势在必行。

我国是目前世界上最大的煤化工生产国，煤化工产品多、生产规模较大，是世界上最大的煤制合成氨、煤制甲醇和焦炭生产国。目前，国内传统的 C1 化工产品市场已进入成熟期，以石油替代为目标的新兴煤化工产业则处于起步阶段。然而，煤化工部分产品产能过剩的问题凸显，资源和环境的矛盾日益突出，特别是煤炭资源的合理利用、水资源的合理利用以及与生态环境的协调发展，是煤化工产业现阶段亟须解决的迫切问题。

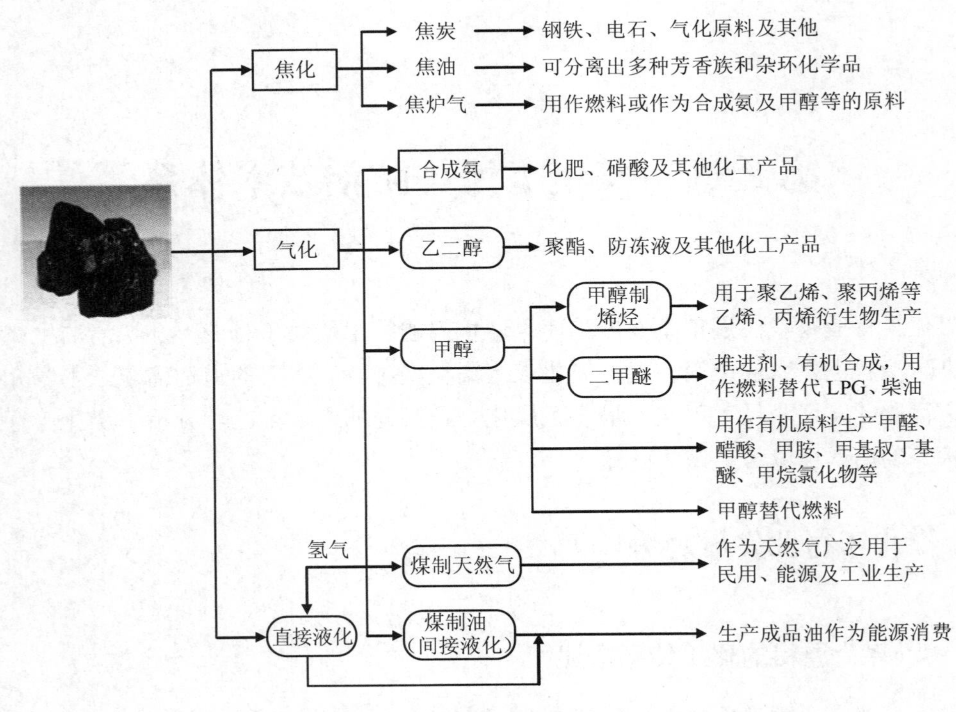

图 2-1 以煤为原料的化学工业结构

2.1.2 产能发展及供需分析

1. 产能发展及区域分布

新兴煤化工在我国一直占有相当重要的地位，我国 2/3 以上的合成氨、甲醇及聚氯乙烯生产仍采用的是煤化工路线，且在近几年这一趋势还在不断扩大（表 2-1）。

表 2-1 我国煤化工主要产品产量变化 单位：万 t

产品	2000 年	2007 年	2008 年	2012 年	2013 年	2000—2013 年均增长率/%
甲醇	199	1 100	1 267	3 129	3 584.7	24.9
二甲醚	1.3	90	147	356	430	56.2

从国内甲醇产能区域分布情况看，甲醇生产企业主要分布在煤炭资源和天然气资源丰富、价格相对低廉的省份和地区。此外，国内甲醇消费市场及甲醇集散地依托区位优势和物流优势，有效弥补较高煤价导致的成本竞争力较低的影响，在国内甲醇生产业也占有较高的地位。根据 2011 年的统计数据，我国甲醇新建企业布局和原料结构逐渐趋于合理。在新增产能中，大型甲醇装置多是以煤为原料，分布于西部资源地；中小型装置

多是以焦炉气为原料的综合利用项目；中大型装置大多配套有下游产品，延伸了产业链。

2. 产品供需形势分析

进入21世纪以来，在国际油价冲破百元大关、全球对替代化工原料和替代能源需求越发迫切的背景下，甲醇掺烧汽油等成为一种趋势，甲醇成为未来潜在的清洁能源之一，我国对甲醇下游产品的消费量近年来呈现增速上升趋势，刺激推动了2000年以来我国甲醇产业供应和消费量的快速扩张（表2-2）。

表2-2　国内甲醇供应及消费概况　单位：万t

年份	产量	进口量	出口量	表观消费量	自给率
2000	198.7	131.0	0.5	329.2	60%
2001	206.5	152.1	1.0	357.7	58%
2002	211.0	180.0	0.9	390.0	54%
2003	298.9	140.2	5.1	434.0	69%
2004	440.6	135.9	3.3	573.2	77%
2005	535.6	136.0	5.5	666.2	80%
2006	762.3	112.7	19.0	856.0	89%
2007	1 076.4	84.5	56.3	1 104.6	97.4%
2008	1 126.3	143.4	36.8	1 232.9	91.4%
2009	1 133.4	528.80	1.38	1 660.82	68.2%
2010	1 573.3	518.9	1.24	2 092.96	75.21%
2011	2 226.9	573.2	4.4	2 795.7	79.7%
2012	2 639.7	500.1	6.7	3 133.1	84.3%
2013	2 964.3	485.9	77.3	3 372.8	87.9%
2014	3 702.5	133.2	74.9	4 060.8	91.2%
2015	4 010.5	553.9	16.3	4 548	88.2%

我国甲醇行业近年来产量和进出口量（图2-2和图2-3）表明，1998—2003年，甲醇年产能水平平均增长3.2%，2003年为420万t；此后甲醇年产能增速大幅提高，2003—2010年，年均增幅高达38.1%，到2015年我国甲醇总产能为7 600万t，甲醇行业发展势头明显。与此同时，在2007年之前我国甲醇自给率也在不断增长，2015年甲醇自给率达到了88.2%。

自2008年金融危机爆发以来，我国甲醇行业就陷入了产能过剩的困境。首先，由于近几年甲醇市场的预期过热，但甲醇下游产品的需求还未迅速提升起来，如甲醛、醋酸等对甲醇的消耗量增长速度较慢，甲醇制烯烃大都处于规划阶段，而推广甲醇汽油的一些政策目前也被搁置延期，对甲醇产能过剩的缓解能力有限。由于金融危机使得国外甲醇压低价格进入我国甲醇市场，而我国现存的甲醇装置规模均偏小，原材料价格又偏高，甲醇成本是国外的两倍。我国甲醇进口量在2008年、2009年两年内迅速攀升（图2-3），

2011 年甲醇进口 573.2 万 t，比上年增加 10.45%，这导致国内企业装置开工率不断下滑。以上国内和国际的两个方面的原因导致我国目前甲醇产能出现过剩问题。

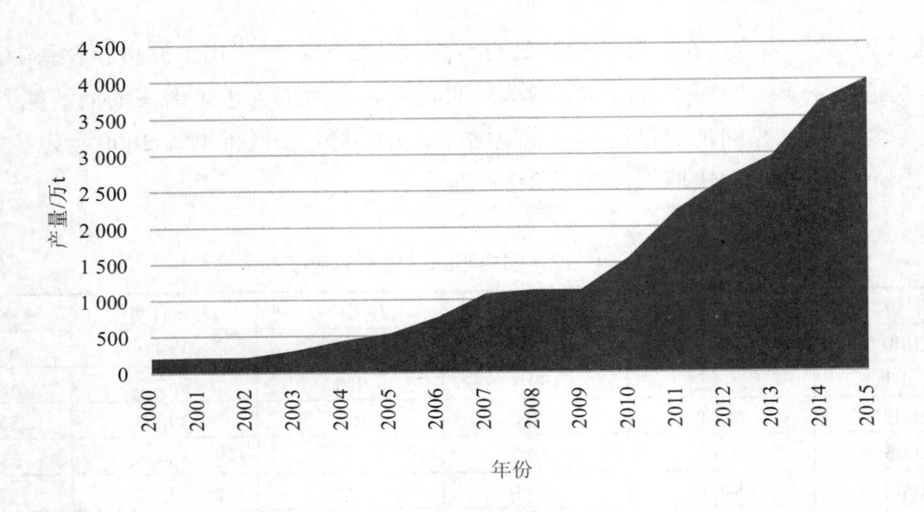

图 2-2　历年我国甲醇行业产能产量发展

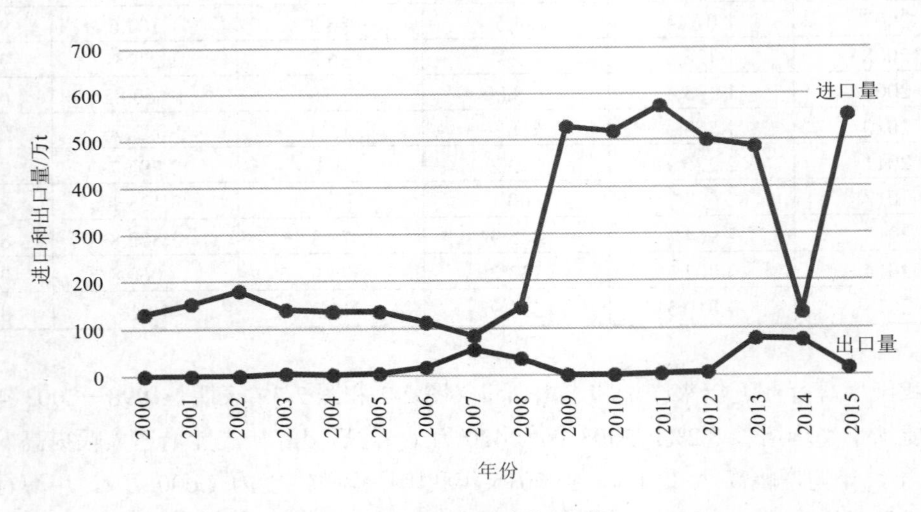

图 2-3　历年我国甲醇进出口量

2.1.3　生产企业及装置规模

近年来我国大型甲醇生产企业也不断涌现，2008 年国内主要的大中型甲醇生产企业（表 2-3）数量较多，表明我国甲醇行业正向着大型化、规模化方向发展。2008 年，40 万 t/a 以上规模的甲醇生产企业产能达到 630 万 t/a，约占总产能的 29%；20～40 万 t/a 规模约占总产能的 34%，20 万 t/a 以下规模约占总产能的 38%。而 2006 年国内甲醇装置规模在

40 万 t/a 以上的甲醇生产企业仅有 4 家，生产能力仅为 183 万 t/a，仅约占当时总产能的 15%。根据中国氮肥工业协会发布的 2011 年甲醇行业统计数据，当年我国甲醇生产企业 295 家，总产能达到 4 654 万 t，比上年增加 21.2%。其中新增产能 867 万 t，淘汰产能 53 万 t；甲醇产量 2 627 万 t，比上年增加 49.9%，超出预期；装置开工率仅为 56.5%。

表 2-3 2008 年国内主要甲醇生产企业情况 单位：万 t/a

地区	序号	生产企业	生产能力	原料路线
东北	1	中煤哈尔滨气化厂	48	
	2	大庆油田化工有限公司	10	天然气
	3	七台河宝泰隆煤化工有限公司	10	焦炉气
华北	4	河北峰峰集团	10	焦炉气
	5	河北建滔焦化有限公司	10	焦炉气
	6	河北旭阳焦化有限公司	20	焦炉气
	7	河北凯跃集团化肥有限公司	10	
	8	内蒙古苏里格天然气化工股份有限公司	30	天然气
	9	内蒙古庆华集团	20	焦炉气
	10	内蒙天野化工（集团）有限责任公司	20	天然气
	11	内蒙古天然碱控股博渊联化	100	天然气
	12	内蒙古乌拉山化肥有限公司	18	
	13	山西丰喜肥业（集团）股份有限公司	22	
	14	山西原平众通化工有限责任公司	10	
	15	山西大川中天煤化工有限公司	10	
	16	山西丹峰化工有限公司	10	
	17	山西原平昊华化工有限公司	10	
	18	晋城无烟煤集团有限公司	10	
	19	山西兰花科技创业股份有限公司	20	
西南	20	云南大为制焦有限公司	20	焦炉气
	21	云南瑞气化工有限公司	20	
	22	香港建滔天然气化工（重庆）有限公司	45	天然气
	23	中国石化集团四川维尼纶厂	34	天然气
	24	川西北气矿甲醇厂	15	
	25	泸天化（集团）有限责任公司	40	天然气
	26	湖北宜化贵州有限公司	20	
华东	27	山东德齐龙化工集团公司	15	
	28	山东华鲁恒升	20	
	29	山东华鲁恒升	20	
	30	山东省联盟化工集团有限公司	15	
	31	山东兖矿国宏	50	
	32	山东久泰化工科技股份有限公司	25	
	33	山东海化煤业化工有限公司	10	
	34	山东兖矿国泰化工有限公司	24	

地区	序号	生产企业	生产能力	原料路线
华东	35	山东兖矿焦化有限公司	20	焦炉气
	36	山东省滕州盛隆焦化有限公司	10	焦炉气
	37	山东海化煤业化工有限公司	10	焦炉气
	38	鲁南化肥厂	15	
	39	上海焦化有限公司	80	
	40	淮北矿业集团	20	焦炉气
	41	安徽临泉县化工股份有限公司	25	
	42	安徽昊源化工集团有限公司	20	
	43	江苏恒盛化肥有限公司	30	
中南	44	河南义马气化厂	14	
	45	河南开祥化工有限公司	25	
	46	河南省安阳化肥厂	20	
	47	河南鹤壁市宝马化肥厂	24	
	48	河南濮阳市甲醇厂	12	
	49	河南蓝天集团光山化工有限公司	20	
	50	河南永城煤电集团公司	50	
	51	驻马店蓝天甲醇厂	30	天然气
	52	河南蓝天集团有限公司遂平化工厂	20	
	53	河南省中原大化集团有限责任公司	50	
	54	中海油建滔有限公司	60	天然气
西北	55	中国天然气股份公司青海分公司	40	天然气
	56	中国石油股份公司克拉玛依石化分公司	20	天然气
	57	中国石油吐哈油田分公司	24	天然气
	58	神华宁夏煤业集团	25	
	59	中国蓝星（集团）总公司兰州煤气厂	20	天然气
	60	陕西神木化学工业有限公司	60	
	61	陕西渭河煤化工集团责任有限公司	20	
	62	兖州煤业榆林能化有限公司	60	
	63	榆林天然气化工有限责任公司	43	天然气

2.1.4 工艺技术路线发展

煤化工生产是技术、资金、资源密集型产业，对能源、水资源的消耗较大，对资源、生态、安全、环境和社会配套条件要求较高。因此，要科学开发和合理利用煤炭资源，利用先进的煤炭转化和化工合成等技术，提高资源加工和使用效率。我国煤化工技术发展总体上比较缓慢，在20世纪主要通过引进技术在水煤浆加压气化、大型焦炉及焦油加工等方面有所突破，但行业整体工艺技术和环境保护的水平仍然较低，21世纪初以来，煤化工自主研发的技术与装备水平开始取得显著进步。

我国甲醇生产原料路线分为煤炭、天然气和焦炉气（变化情况见表2-4），未来原料结构仍将以煤炭为主，并且比重将进一步增大。2008 年，我国甲醇生产能力约 2200 万 t/a，其中煤头甲醇占总能力的 66%，天然气占总能力的 26%，焦炉气甲醇占总能力的 8%。2007 年，国家发布的《天然气利用政策》明确禁止新建或扩建天然气制甲醇项目。焦炉气综合利用项目逐渐得到焦化企业的重视，未来国内焦炉气甲醇的能力也将在甲醇行业占据一定的位置。

表 2-4 我国煤制甲醇行业主要工艺技术路线 单位：万 t

序号	项目	2007 年		2008 年		2010 年		2011 年		2012 年		2013 年	
		产量	比例	产量	比例	产量	比例	产量	比例	产量	比例	产量	比例
一	天然气甲醇	419	38.9%	406	36.1%	402	23%	604.21	23%	667.4	21.3%	610.6	17.03%
二	焦炉气甲醇	24	2.2%	44	3.9%	193	11%	296.9	11.3%	494.7	15.8%	608.4	16.97%
三	煤制甲醇	657	61.1%	720	63.9%	1 156	66%	1 725	65.7%	1 967.0	62.9%	2 365.7	65.99%
1	常压固定床甲醇	481	44.7%	503	44.7%	—	—	—	—	—	—	—	—
2	气流床甲醇	114	10.6%	141	12.5%	—	—	—	—	—	—	—	—
3	Lurgi 等其他气化技术	38	3.5%	32	2.8%	—	—	—	—	—	—	—	—
合计		1 076	100%	1 126	100%	1 752	100%	2 627	100%	3 129.0	100%	3 584.7	100%

2.1.5 行业发展总体特征

近年来，我国煤化工行业生产能力持续扩大，各类污染物排放和产能过剩的问题越来越突出，影响了煤化工产业的健康发展和行业竞争力。另外，煤化工行业已经加快了清洁生产工艺和污染防治先进技术的应用，促进了煤化工污染物减排，增加了煤化工污染物减排的需求。

（1）除了产能过剩之外，甲醇行业还主要存在资源和能源消耗大（采用无烟煤和中变质烟煤为原料），单位产品能耗高、投资大、投入产出偏低，行业缺乏统筹规划、盲目规划建设煤化工项目过热等问题。

（2）甲醇制造工艺中煤制甲醇仍将占有重要地位。2007 年国家发布的《天然气利用政策》明确禁止新建或扩建天然气制甲醇项目，因此在未来国内甲醇产业的发展中天然气项目仍将保留现状。

（3）我国甲醇企业主要分布在河北、河南、山东、山西、陕西等省，而甲醇产能主要分布在山东、河南、河北、陕西等省。

（4）传统主要以无烟煤为原料的气化工艺能耗高、污染大，而已经在建的煤制甲醇企业采用了大型的主要以非无烟煤为原料的气流床气化工艺，反映出我国煤制甲醇行业已经呈现出一种规模化、大型化的未来发展趋势。

然而，当前我国煤化工行业环境技术管理体系不完善、行业技术基础信息不完整，在污染物减排技术政策的制定上面临诸多困难，主要表现在：①工艺技术体系现状、污染物排放现状等基础情况不清楚，尚未建立煤化工行业“产品—工艺—技术”耦合的结构体系；②主要污染防治技术水平和实际运行效果参差不齐，污染防治最佳可行技术筛选问题突出；③缺乏基于污染防治最佳可行技术的污染物减排潜力分析和控制途径的研究，污染物的排放标准和总量控制的制定缺乏科学依据和技术支撑。

2.2 煤化工行业技术发展现状

2.2.1 行业技术发展现状

通过文献调研、企业调研、专家咨询、行业内交流会等不同形式，本书整理出煤化工行业污染防治技术清单作为 BAT 备选。其中，甲醇生产可分为煤直接气化制甲醇、焦炉气制甲醇、氨醇联产三种工艺类型。采用固定床气化技术的煤直接气化制甲醇和氨醇联产属于传统煤制甲醇生产工艺，以水煤浆、粉煤气化为代表的气流床气化技术是近十几年来迅速发展起来的新型煤化工生产工艺。

其中，煤制甲醇行业生产原料和企业规模大小不同，污染防治技术（可以分为生产过程控制技术和污染物治理技术）有较大差别，本书首先进行技术文献调研，对行业技术清单进行整理，且初步确定技术的大致范围及技术参数，为下一步技术调研方案的确定做好充分准备。另外，在对企业技术应用情况广泛调研的基础上，通过专家咨询和交流会等进一步补充完善行业污染防治技术清单。

1. 生产过程工艺技术清单

煤化工生产过程工艺按照原料不同，可分为煤气化制甲醇（以煤为原料直接气化生产甲醇）、焦炉气制甲醇（以焦炉煤气为原料，可作为炼焦企业剩余焦炉煤气综合利用的有效途径）以及联醇（与合成氨联合生产甲醇，对于后续合成氨生产起到合成气净化作用）。

（1）煤气化制甲醇

煤气化制甲醇即以煤为原料直接气化生产甲醇，也称单醇。煤直接气化制甲醇的主要工艺环节依次为气化、脱硫脱碳净化、气体变换、甲醇合成、甲醇精馏（图 2-4）。

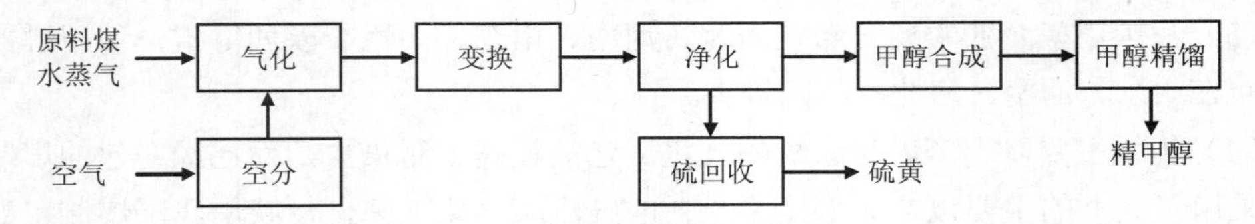

图 2-4 煤气化制甲醇工艺流程

煤气化制甲醇各工序环节的 BAT 备选技术如表 2-5 所示。

表 2-5　煤气化制甲醇行业各工序的备选技术清单

气化工序技术清单	变换工序技术清单	硫回收工序技术清单	净化工序技术清单（中小型企业）			净化工序技术清单（大型企业）
			粗脱硫	精脱硫	脱碳	聚二乙醇二甲醚（NHD 法）脱硫脱碳
提升型固定床间歇气化	中温变换	二级克劳斯	ADA 脱硫	活性炭精脱硫	改良热钾碱法	低温甲醇洗法脱硫脱碳
常压富氧连续气化	中串低变换	三级克劳斯	萘醌法脱硫	氧化锌精脱硫	碳酸丙烯酯脱碳	精馏工序技术清单
鲁奇加压气化	中低低变换	超级克劳斯	栲胶脱硫	氧化铁法	变压吸附法脱碳	双塔精馏工艺
高温温克勒气化	全低温变换	超优克劳斯	氨水液相催化法	加氢转化法	甲基二乙醇法	三塔精馏工艺
恩德常压粉煤气化	合成工序技术清单	克林塞夫技术（Clinsulf）				
灰融聚流化床气化	冷激式合成塔	克劳斯尾气加氢催化/斯科特工艺（SCOT）				
德士古水煤浆气化	冷管式合成塔	克劳斯尾气加径催化/中石化硫回收技术（SSR）				
多喷嘴对置式水煤浆气化	水管式合成塔	壳牌-帕克（Shell-paques）生物脱硫				
壳牌干煤粉加压气化	固定管板列管式合成塔	酸性气体湿法制硫酸				
GSP 干煤粉加压气化	绝热换热式合成塔					

（2）焦炉气制甲醇

焦炉气制甲醇工艺以煤焦化产生的焦炉煤气为原料，经焦炉气压缩、脱硫净化、气体转化、合成气压缩、甲醇合成、甲醇精馏等工艺环节生产甲醇，是我国独有的甲醇生产工艺（图 2-5）。

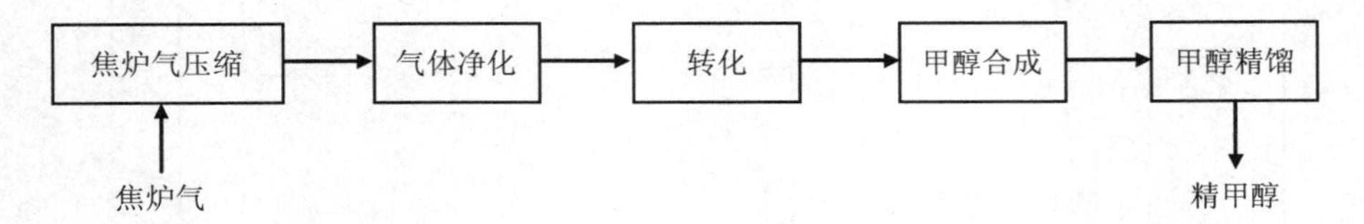

图 2-5 焦炉气制甲醇工艺流程

焦炉气制甲醇的甲醇合成、甲醇精馏等工艺环节与煤气化制甲醇装置基本相同，气体净化与转化工序的备选技术如表 2-6 所示。

表 2-6 焦炉气制甲醇行业各工序的备选技术清单

气体净化工序技术清单		合成工序技术清单	转化工序技术清单
化学氧化法	物理吸收法	冷激式合成塔	催化部分氧化法
FRC 法	AS 法	冷管式合成塔	非催化转化法
TH 法	萨尔费班法	水管式合成塔	精馏工序技术清单
HPF 法		固定管板列管式合成塔	双塔精馏工艺
A.D.A 法		绝热换热式合成塔	三塔精馏工艺

（3）氨醇联产

传统联醇工艺是以合成氨生产中需要清除的 CO（一氧化碳）、CO_2（二氧化碳）及原料气中的 H_2（氢气）为原料合成甲醇，主要包括造气、脱硫、变换、脱碳、精脱硫、甲醇合成精馏、氨合成等环节（图 2-6）。

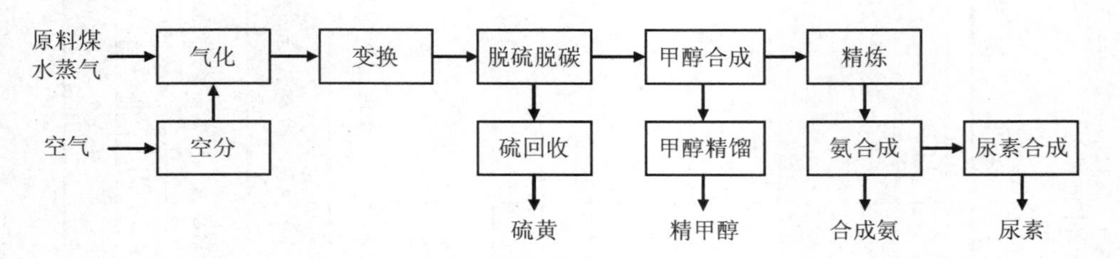

图 2-6 氨醇联产工艺流程

氨醇联产各工序环节的 BAT 备选技术如表 2-7 所示。

表 2-7 氨醇联产行业各工序的备选技术清单

气化工序技术清单	合成工序技术清单	硫回收工序技术清单	净化工序技术清单		
			粗脱硫	精脱硫	脱碳
提升型固定床间歇气化	冷激式合成塔	间断熔硫回收	ADA 脱硫	活性炭精脱硫	热碱法脱碳
变换工序技术清单	冷管式合成塔	连续熔硫回收	PDS 脱硫	氧化锌精脱硫	碳酸丙烯酯脱碳
中串低变换	水管式合成塔	精馏工序技术清单	栲胶脱硫	常温精脱硫	变压吸附法脱碳
中低低变换	固定管板列管式合成塔	双塔精馏工艺	DDS 脱硫		
全低温变换	绝热换热式合成塔	三塔精馏工艺			

2. 污染物治理技术清单

煤制甲醇行业产生的大气污染物主要是粉尘、SO_2；水污染物为 COD、氨氮、氰化物；固体废物包括气化飞灰、锅炉废渣、废催化剂等。污染物治理的备选技术清单如表 2-8 所示。

表 2-8 煤制甲醇行业污染物治理备选技术清单

大气污染控制技术清单		固体废物处置技术清单	水污染控制技术清单			集成优化	
除尘	脱硫		预处理	生化处理	深度处理		
旋风除尘	氨法脱硫技术	催化剂回收和再生技术	水煤浆加压气化渣水回用处理技术	厌氧-好氧系列工艺（A/O、A^2/O）	混凝法	联醇造气脱硫污水闭路循环处理技术	联醇（合成氨）生产污水零排放技术
布袋除尘	石灰/石灰石法	废渣综合利用技术	碎煤加压气化废水处理技术	序批式活性污泥法（SBR）	吸附法		
静电除尘	酸性气体湿法制硫酸	粉煤灰综合利用技术	含醇废水汽提/燃烧技术	间歇式循环活性污泥法（CASS）	膜技术		
湿式除尘	钠碱法脱硫	污泥处理处置技术	甲醇残液回收技术				

2.2.2 煤化工生产工艺

煤化工工艺分为煤直接气化制甲醇、焦炉气制甲醇、氨醇联产三大类以及以甲醇为原料下游的二甲醚合成。

1. 煤直接气化制甲醇

煤直接气化制甲醇又称单醇，其主要工艺流程依次为煤气化、煤气变换、脱硫脱碳净化（含硫回收）、甲醇合成、甲醇精馏等。各工序采用不同的技术，资源、能源利用效率和污染物排放差异很大，这种差异在气化工段最为明显。

（1）煤气化

煤气化技术种类繁多，主要可分为固定床、流化床、气流床三大类。采用固定床气化技术的煤直接气化制甲醇和氨醇联产制甲醇工艺是传统的煤制甲醇生产工艺；以水煤浆、粉煤气化为代表的气流床气化技术是近十几年来迅速发展起来的新型煤制甲醇生产工艺；焦炉气制甲醇工艺是我国独有的甲醇生产工艺，近年来发展也较为迅速。

目前，我国煤制甲醇企业主要采用固定床和气流床煤气化技术，采用流化床煤气化技术的企业数量很少。固定床气化技术中，新建企业主要采用提升型固定床常压间歇气化、常压富氧连续气化技术等，同时现有采用常压间歇气化技术的企业已逐步进行节能降耗改造。气流床气化技术以德士古水煤浆加压气化和壳牌干煤粉加压气化为代表，国内大型气流床煤气化技术近年来也迅速发展，如出现了具有自主知识产权的多喷嘴对置式水煤浆气化技术。

（2）气体变换

气体变换是指对煤气化过程中产生的粗煤气进行组分调整，粗煤气中的 CO 与水蒸气反应生成 H_2 和 CO_2，以满足下游装置的需要。气体变换反应是一个强放热反应，是回收热量的一个重要环节。变换工艺和技术是随变换催化剂的进步而发展，变换催化剂的性能确定了变换工艺的流程及其发展水平。目前国内外主要的变换工艺包括中温变换、中串低变换、中低低变换、全低温变换等。

（3）脱硫脱碳净化

净化工序的任务是脱除合成气中的 H_2S（硫化氢）、少量有机硫和 CO_2。目前大型甲醇企业脱硫脱碳净化工艺常用 NHD 脱硫脱碳技术和低温甲醇洗技术。

联醇企业的脱碳多使用 NHD 技术，国内有兖矿国泰、神木化学（一期）采用了该技术进行脱硫脱碳净化。低温甲醇洗技术应用较为广泛，几乎是所有投产或者在建的年产 20 万 t 以上的大型煤制甲醇企业均采用的技术。

（4）硫回收

硫回收工序的主要任务是回收脱硫脱碳净化工序尾气中的硫，从而降低净化工艺尾气中的 H_2S、SO_2 等污染物浓度，以达到国家排放标准。煤化工企业采用的硫回收技术主要包括：常规克劳斯技术、MCRC 技术、Sulfreen 技术、SuperClaus 技术、EuroClaus 技术。

常规克劳斯技术在国内企业中应用较为普遍，但是其尾气浓度基本无法达到排放要求，因此企业通常将硫回收尾气送到锅炉燃烧后再排放。超级克劳斯技术是在常规克劳斯技术上发展而来的，其尾气浓度基本能达到排放要求，目前该装置在国内已经有 30 余套，具有很广的应用前景。超优克劳斯是从超级克劳斯基础上发展而来的，能进一步提高硫回收率，该技术目前在国内尚未有实际投入运行的装置。

（5）甲醇合成

甲醇合成是指 CO 与 H_2 在催化剂作用下反应生成甲醇。目前世界上新建的大中型甲醇合成装置均采用低压法甲醇合成技术，该技术也是大规模工业化甲醇生产装置的发展主流。甲醇合成反应器是低压法甲醇合成技术的关键设备，反应器种类主要包括冷激式合成塔、冷管式合成塔、水管式合成塔、固定管板列管式合成塔、绝热换热式合成塔等。目前，新建的大中型甲醇生产项目多不选用冷激式合成塔。

（6）甲醇精馏

甲醇精馏是指甲醇合成工序所得的粗甲醇，经过精馏工序，去除二甲醚、异丁醇、甲烷及其他烃类混合物等杂质的过程。甲醇精馏技术主要有双塔精馏和三塔精馏，两者的主要区别在于主精馏塔的设置和能量综合利用的不同。通常甲醇生产规模在 5 万 t/a 以下的宜选择双塔精馏工艺，生产规模在 5 万 t/a 以上的宜选择三塔精馏工艺。相同生产规模的采用三塔精馏投资比双塔精馏高 15%左右，但是三塔精馏能耗仅为双塔精馏的 60%～70%，运行费用是双塔精馏的 80%左右。目前国内新建大、中型甲醇生产项目多采用三塔精馏技术。

2. 焦炉气制甲醇

焦炉气制甲醇工艺以煤焦化产生的焦炉煤气为原料，经焦炉气压缩、脱硫净化、气体转化、合成气压缩、甲醇合成、甲醇精馏等工艺环节生产甲醇，是我国独有的甲醇生产工艺。焦炉气富氢少碳，有机硫、无机硫等杂质含量高，脱硫净化和气体转化工序与煤直接气化制甲醇存在较大差异。合成气压缩、甲醇合成、甲醇精馏等工艺环节与煤气化制甲醇装置基本相同。作为炼焦企业剩余焦炉煤气综合利用的有效途径，焦炉气制甲醇产能近年来增长迅速，成套工艺装置的设计、建设和运行管理也已较为成熟。

（1）焦炉气脱硫净化

脱硫净化工段的任务是将焦炉气中总硫含量降至 0.1×10^{-6} 以下，同时脱除氰、氨、焦油、萘等杂质，以满足甲醇合成对气体成分的要求。通常情况下，焦炉气制甲醇企业脱硫净化工段由湿法脱硫脱氰、干法脱硫和加氢精脱硫三个环节组成；对于焦炉气中硫含量较低、成分较稳定的企业，可以仅采用干法脱硫和加氢精脱硫组合。

湿法脱硫脱氰可脱除焦炉气中大部分无机硫和氰，根据原理不同分为化学氧化法和物理吸收法两大类。应用湿法脱硫脱氰的一个优点是工艺操作弹性大，即使在焦炉煤气成分波动较大时也能使甲醇装置长周期稳定运行。

焦炉气制甲醇企业常用的干法脱硫技术为常温氧化铁法。如果焦炉煤气中焦油、萘等杂质含量较高，可在粗脱硫环节中增设 TSA 脱焦油脱萘等环节。

加氢精脱硫通常采用铁钼加氢、钴钼加氢、氧化锰、氧化锌等不同精脱硫技术组合，技术特点、设备选型与固定床煤制甲醇及氨醇联产企业精脱硫工序类似。

（2）气体转化

焦炉气中氢气含量约 60%、甲烷含量 25%～30%，氢碳比远高于甲醇合成所要求的理想氢碳比，因此转化工序的目的是将净化后的焦炉气中大部分甲烷转化为有效气——CO

和 H_2，从而降低合成气氢碳比。气体转化主要有催化部分氧化法和非催化氧化法两种。目前国内已建成投产的焦炉气制甲醇企业普遍采用催化部分氧化法。

3. 氨醇联产制甲醇

联醇工艺是以合成氨生产中需要清除的CO、CO_2及原料气中的H_2为原料合成甲醇。联醇工艺流程主要包括造气、脱硫、变换、脱碳、精脱硫、甲醇合成精馏、氨合成等，其中造气采用的技术与单醇煤气化相类似，变换工艺主要采用中低低变换和全低变换，脱硫技术主要采用FD湿法脱硫、ADA法脱硫、碱液湿法脱硫、栲胶脱硫等，脱碳技术主要采用变压吸附法和碳酸丙烯酯脱碳，精脱硫采用氧化锌、活性炭和常温精脱硫法，甲醇合成技术与煤直接气化制甲醇类似。

增设联醇后，提高原料气中CO、CO_2含量可节省变换与脱碳工序的能耗，甲醇合成后气体中CO、CO_2含量下降又可降低原料气精制工序的能耗，可以使合成氨成本明显降低，所以联醇工艺是合成氨工艺发展中的一种优化的净化组合工艺。但是，在联醇工艺中甲醇合成的工艺条件是基于合成氨工艺流程考虑确定的，并非是甲醇合成过程的最佳工艺条件，甲醇产量较低，联醇产能在整个煤制甲醇行业中所占份额较小。

（1）脱碳

常用脱碳技术特性的比较见表2-9。

表2-9 脱碳技术比较

脱碳方法	特点	应用情况
变压吸附法脱碳	能耗低，操作弹性大，自动化程度高，适应性强；CO_2回收率高	国内运用也较多，配低压醇，配尿素类型
碳酸丙烯酯脱碳	能耗低、工艺流程简单、运行可靠	国内已有100余家工厂应用PC法脱碳（大多为中小型氨厂），包括替代水洗脱碳、配尿素、配磷铵、联碱等类型

（2）精脱硫

精脱硫是为了进一步脱除原料气中的有机硫，保护甲醇催化剂的过程，通常只能脱除原料气中的H_2S、SO_2等无机硫，而且脱硫率较低。

4. 二甲醚合成

二甲醚合成是指以合成气（H_2、CO、CO_2）或甲醇为原料合成二甲醚的过程，包括二步法和一步法（技术参数比较见表2-10），两种方法均包含气相法和液相法。其中气相一步法由于存在传热性能差、温度控制难、时空产率低等缺点，目前还没有工业化装置投产；而液相一步法虽然具有传热、传质效果好，投资少，操作方便等特点，但技术尚不成熟。

甲醇气相催化脱水法是目前国内外使用最多的二甲醚工业生产方法。早期液相法所采用的催化剂为硫酸或混合酸，由于污染较大已经基本淘汰。目前使用的液相法在反应器中加入添加物（如磷酸等），在实现装置连续生产的同时，基本解决了反应器无机酸催化剂的排放问题。

表 2-10 气相二步法与液相二步法技术参数比较

序号	项目	气相催化脱水法	液相催化脱水法
1	催化剂	固体酸催化剂（γ-Al_2O_3）	以硫酸为主的复合酸催化剂（含磷酸）
2	原料	精甲醇、粗甲醇	精甲醇
3	反应压力	0.5～1.1 MPa	常压—0.15 MPa
4	反应温度	230～360℃	130～180℃
5	甲醇单程转化率	78%～88%	88%～95%
6	反应系统材质	碳钢或普通不锈钢	石墨等耐酸腐蚀材料
7	甲醇消耗	1.40～1.43 t/tDME	1.41～1.45 t/tDME
8	电力消耗	液相增压，电耗≤10 kW·h	反应产物气相加压、反应器混合循环，电耗≥100 kW·h
9	水蒸气消耗	1.45 t/tDME	1.44 t/tDME
10	工程放大	简单，反应系统单系列	难度大，反应器需多套并联
11	装置投资	低，投资系数 100%（基准）	高，投资系数 130%～300%
12	毒性	除甲醇外无其他有毒介质	磷酸、磷酸盐毒性大，中间产物硫酸氢甲酯为极度危害介质
13	废酸处理	无废酸处理问题	需处理硫酸、磷酸等废酸
14	环境保护	“三废”排放量显著减少	有废水处理投资、能耗

2.3 煤化工生产消耗与环境问题

2.3.1 煤化工生产工艺消耗及环境问题

以煤气化固定床、气流床、焦炉气制甲醇三种主流生产工艺介绍物质消耗和污染物排放情况。

1. 固定床甲醇生产工艺消耗及环境问题

（1）工艺流程及产排污节点

固定床煤制甲醇工艺流程和关键产污节点见图 2-7。

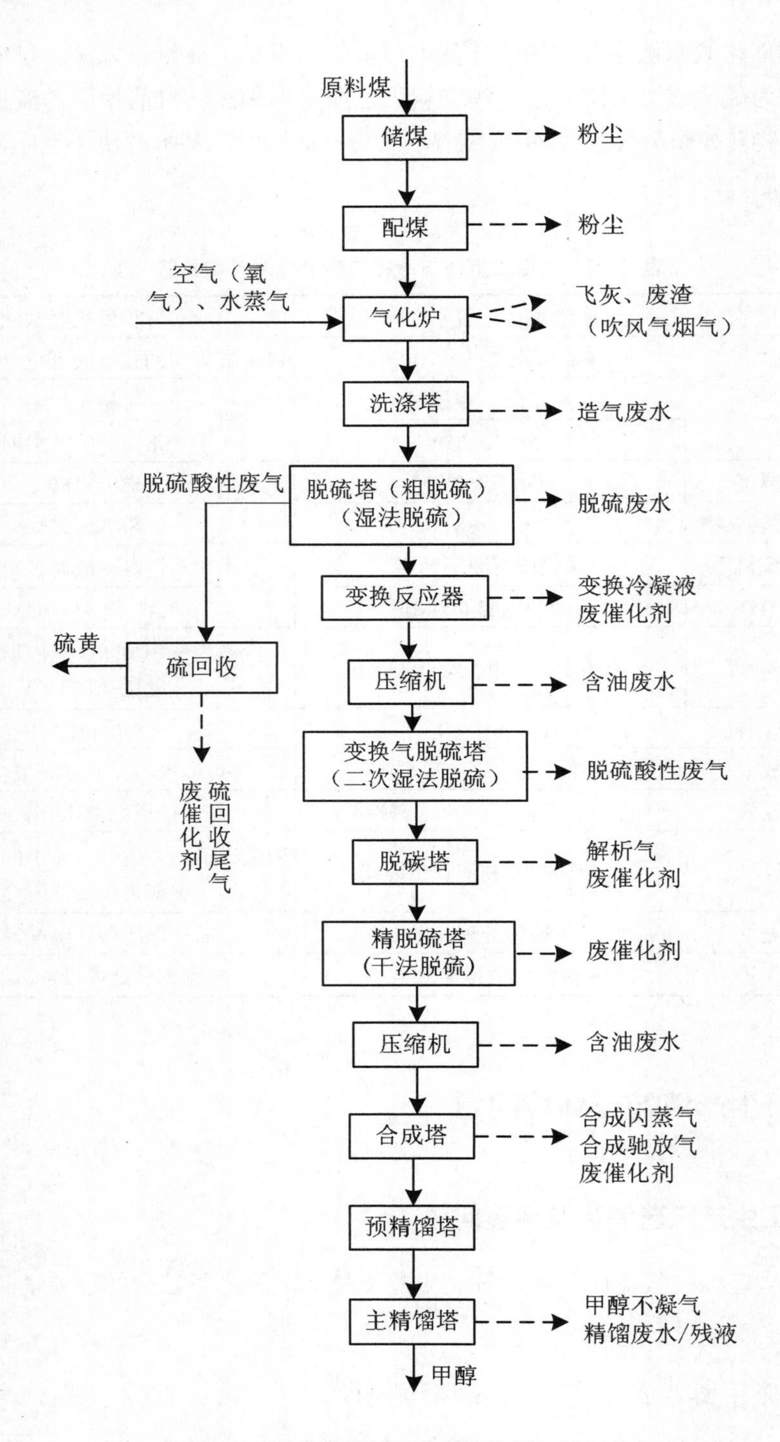

图 2-7 固定床煤制甲醇工艺流程及排污节点

（2）资源能源消耗

固定床煤制甲醇工艺的原料消耗主要包括原料煤、氧气、催化剂（合成催化剂、变换催化剂、硫回收催化剂）等，其中原料煤是主要的原材料。原料煤消耗一般为 1.50～2.49 t/t 甲醇，平均为 1.93 t/t 甲醇。固定床煤制甲醇企业消耗的能源主要包括燃料煤、电力，以及由燃料煤生产的高、中、低压蒸汽等。电力消耗一般为 411～1 350 kW·h/t 甲醇，平均为 886 kW·h/t 甲醇。低压蒸汽消耗一般为 1.03～3.83 t/t 甲醇，平均为 1.85 t/t 甲醇。中压蒸汽消耗一般为 1.40～4.64 t/t 甲醇，平均为 2.39 t/t 甲醇。固定床煤制甲醇企业所消耗的水资源主要包括循环水冷却水、工艺给水、锅炉给水以及生活用水等，水资源类型主要包括新鲜水、脱盐水和部分中水。新鲜水消耗一般为 10.34～51.48 t/t 甲醇，平均为 31.62 t/t 甲醇。

（3）废气产生及排放

固定床煤制甲醇工艺的废气产生环节主要有备煤工序阶段原煤破碎、转运、煤仓储存等过程中产生的逸散烟气或排放的尾气，气化工序的吹风气烟气，净化工序的铜洗再生气、净化尾气，合成工序的甲醇合成闪蒸气，精馏工序的甲醇精馏不凝气，以及锅炉燃烧废气。产生的大气污染物有粉尘、SO_2、H_2S、甲醇、NH_3（氨气）等。其中，SO_2 为重点防控对象，主要来自硫回收工序和锅炉燃烧。SO_2 产生量的大小与原料煤及燃料煤的含硫量有直接关系。

（4）废水产生及排放

固定床煤制甲醇工艺废水种类主要有气化工序的洗气废水、变换工序的变换冷凝液、净化工序的废水、合成气压缩工段产生的含油废水、甲醇精馏残液等。主要的水污染物有 COD、NH_3-N（氨氮）、BOD（生化需氧量）、硫化物、氰化物、悬浮物等。

（5）固体废弃物产生及排放

固定床煤制甲醇工艺固体废弃物的种类包括气化工序的气化废渣、锅炉装置的锅炉飞灰和炉渣，变换、合成及硫回收工序间断排放的废催化剂，污水处理站间断排放的污泥。气化废渣和锅炉废渣是煤制甲醇企业中最主要的固体废弃物，其产生量的大小与煤的灰分有较大关系。

（6）噪声产生

固定床煤制甲醇工艺噪声种类包括风机、压缩机等产生的空气动力性噪声，泵类等产生的机械噪声。一般风机产生的噪声为 85～105 dB（A），压缩机产生的噪声为 85～105 dB（A），泵类等产生的噪声为 85～103 dB（A）。通常采用的降噪措施包括选用低噪声的设备，设置隔声间、隔声罩等，加强设备的稳定性、减少设备振动等。

2. 气流床煤制甲醇生产工艺消耗及环境问题

（1）工艺流程及排污节点

气流床煤制甲醇工艺的废水主要来自气化工序、净化工序和甲醇精馏工序；废气排放主要来自备煤工序、净化工序、硫回收工序以及锅炉燃烧等环节；固体废弃物主要来自气化工序的气化飞灰和废渣、锅炉装置的锅炉飞灰和炉渣，如图 2-8 所示。气流床粉煤气化是先进煤气化工艺的发展方向，是目前大型煤化工装置主要采用的技术。

（2）资源能源消耗

气流床煤制甲醇工艺消耗的资源能源主要包括原料煤、氧气、新鲜水、电力和燃料煤等，其消耗量普遍低于固定床企业。其中，原煤单耗比固定床工艺低约 30%，电力单耗低 58%，新鲜水单耗低 52%。

气流床煤制甲醇工艺原煤消耗量主要取决于所采用的煤气化技术，通常 GSP 技术的煤耗要普遍高于德士古技术和壳牌技术；电力消耗量主要取决于公共工程的能耗，循环水站、压缩机、风机等公共动力设备的电耗占到企业电耗的 50%～70%，通过采用能量回收差压泵技术、新型节能风机、汽轮机驱动压缩机、变频技术等，可有效降低企业的电耗；水耗主要取决于循环冷却系统的水耗，冷却耗用的新鲜水量占到了装置总用水量的 60%～70%，采用高浓缩倍率的循环冷却水技术、蒸汽系统闭式冷凝水回收技术、水资源梯级利用与回收再利用的水系统集成优化技术等，可有效降低企业的水耗。

（3）废气产生及排放

气流床煤制甲醇工艺废气排放主要来自备煤工序、净化工序、硫回收工序以及锅炉燃烧等环节，产生的污染物主要包括粉尘、SO_2、H_2S、NO_x（氮氧化物）、甲醇、NH_3，其中，SO_2 为重点防控对象。SO_2 主要来自硫回收工序和锅炉燃烧，硫回收尾气的处理方式通常是送往锅炉掺烧，锅炉烟气经相应的脱硫除尘措施之后高空排放。SO_2 的排放量大小与原料煤及燃料煤的含硫量有直接关系，也与所采用的硫回收技术有较大关联。

（4）废水产生及排放

气流床煤制甲醇工艺的废水主要来自于气化工序、净化工序和甲醇精馏工序，产生的污染物有 COD、NH_3-N、BOD、硫化物、氰化物、氯根、甲醇等。其中，COD 和氨氮为重点防控的污染对象。不同的气化技术对 COD 和氨氮的产生量有较大影响，在气流床煤制甲醇企业当中，GSP、壳牌等干粉煤气化技术相比德士古、多喷嘴等水煤浆气化技术的水污染物排放量要低。

（5）固体废弃物产生及排放

气流床煤制甲醇工艺的固体废弃物包括气化工序的气化飞灰和废渣、锅炉装置的锅炉飞灰和炉渣，在变换、合成及硫回收工序间断排放的废催化剂，污水处理站间断排放的污泥。气化废渣和锅炉废渣是煤制甲醇企业中最主要的固体废弃物，其产生量的大小主要与煤的灰分以及所采用的气化技术有关。通常壳牌气化废渣产生量较小，GSP 的气化废渣较大。废渣多用于建材制品制造，基本能实现 100%综合利用。

（6）噪声产生

气流床煤制甲醇工艺的噪声来源主要是泵、压缩机和鼓风机，产生的噪声声压级一般在 85～100dB（A），所采取的减噪措施一般为安装消声器、隔音装置等。

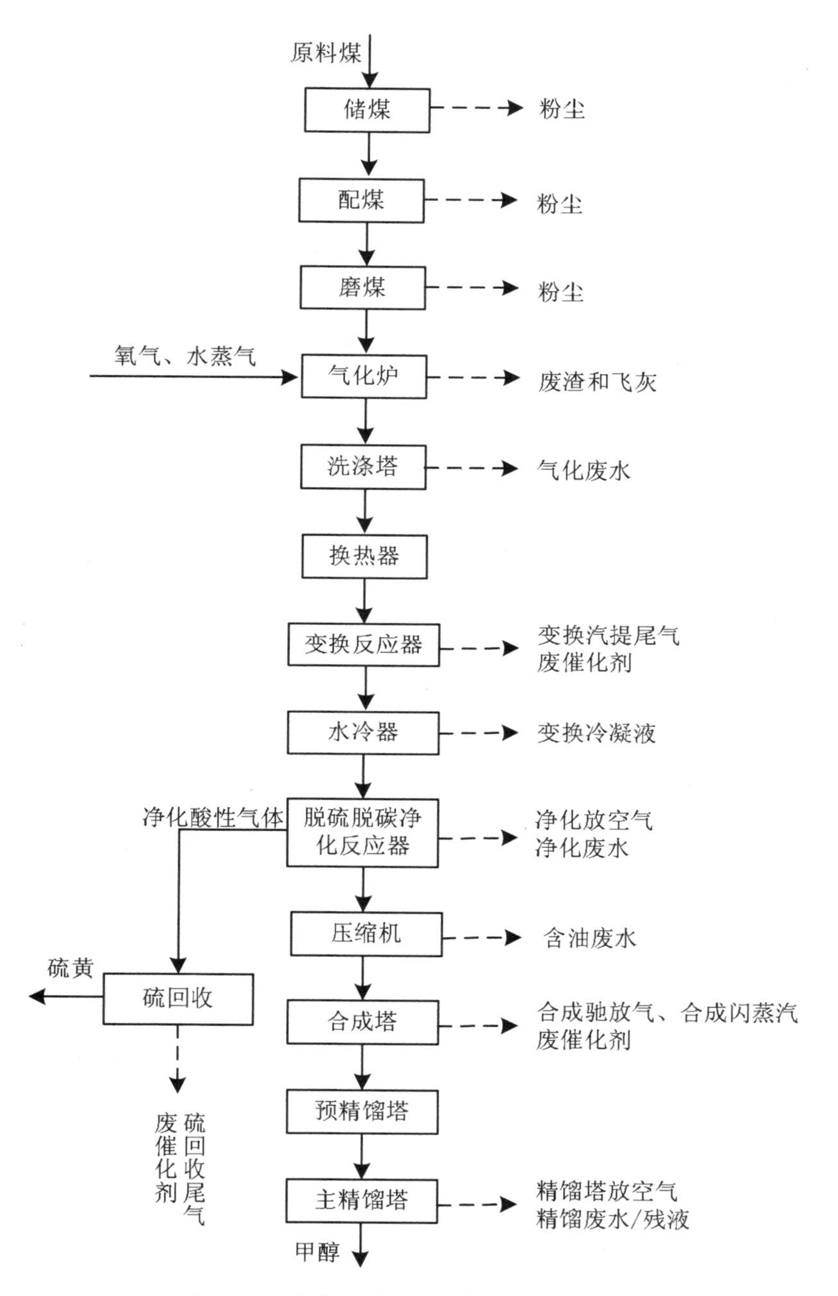

图 2-8 气流床煤制甲醇工艺流程及排污节点

3. 焦炉气制甲醇工艺消耗及环境问题

(1) 工艺流程及产污节点

焦炉气制甲醇工艺的“三废”排放强度显著小于煤直接气化制甲醇。焦炉气工艺流程和产污节点见图 2-9，主要废水排放点为气柜装置废水、甲醇精馏残液等；转化炉加热炉烟道气主要为直排废气；固体废物主要为废脱硫剂和废催化剂。

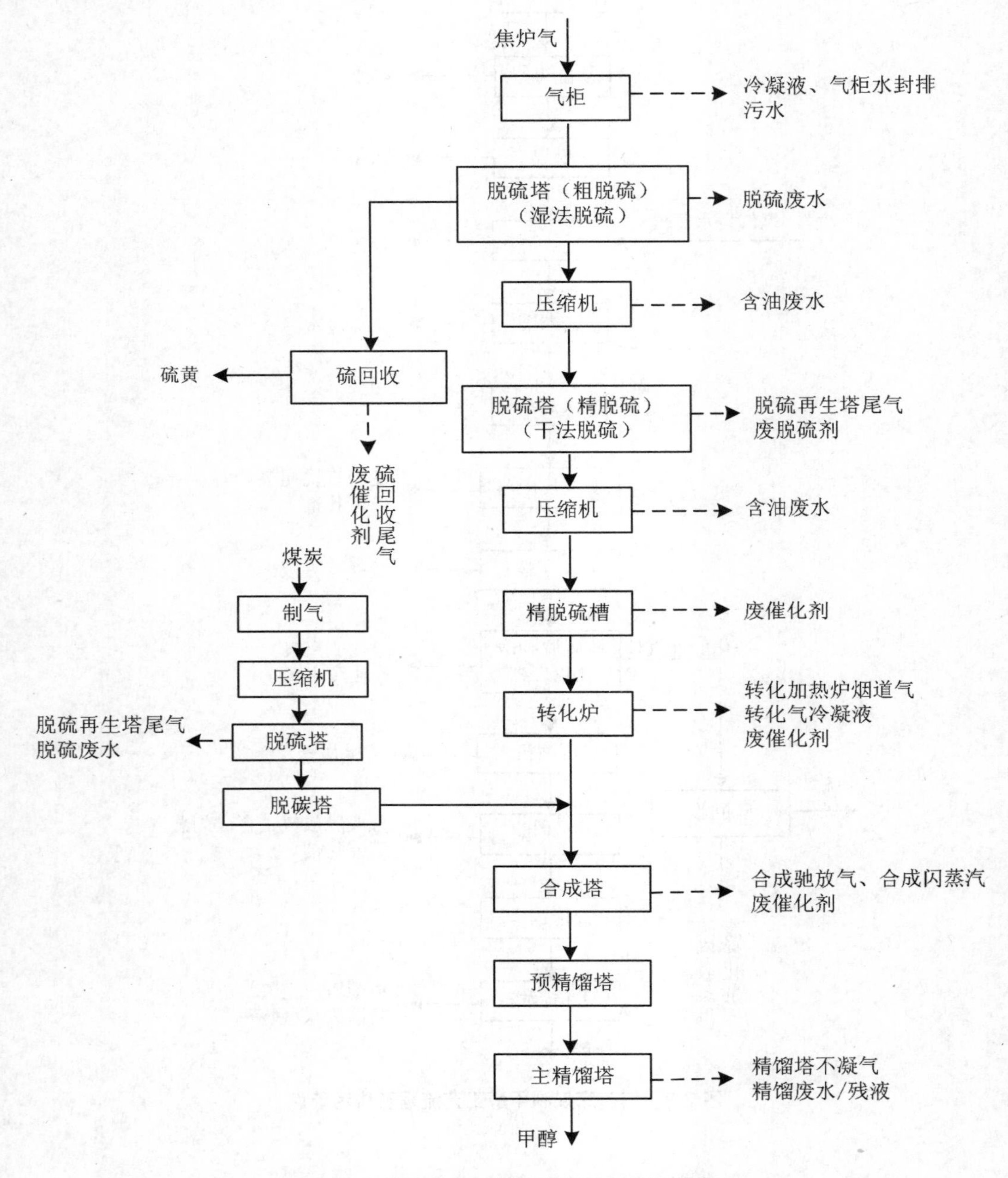

图 2-9 焦炉气制甲醇工艺流程及产污节点

（2）资源能源消耗

焦炉气制甲醇工艺单位甲醇产品综合能耗在 50 GJ/t 甲醇以下，与大型气流床煤制甲醇相当，与小型固定床煤制甲醇相比降低 20%～30%，能源转化效率提高约 10%。单位甲醇产品新鲜水消耗比小型固定床煤制甲醇低 60%～70%，比大型气流床甲醇低 40%～50%。

（3）废气产生及排放

转化预热炉烟道气与合成驰放气是焦炉气制甲醇工艺排放量较大的两类废气，其中转化预热炉烟道气是燃料燃烧后产生的废气，无回收利用价值，可采取高空放散处理。合成驰放气中 H_2 和 CO_2 含量高，可作为燃料气回用，目前企业常采用以下两种做法：一种途径是送往转化预热炉，另一种途径是送往邻近焦化厂综合利用。

（4）废水产生及排放

焦炉气制甲醇工艺生产过程中的废水主要包括煤气管冷凝液、甲醇精馏残液和气柜水封排水，其特点是 COD、氨氮浓度高，且含有氰化物、挥发酚等有毒物质；转化气冷凝水，其特点是产生量相对较大，但污染物含量低，可进行厂内回用；此外，还包括锅炉、循环水及脱盐水站等公用工程设施排水，其特点是有机污染物含量较低，属净排水，可不进行生化处理，直接外排至受纳水体，或部分进入厂区回用水系统回收利用。

（5）固体废弃物产生及排放

焦炉气制甲醇工艺生产过程中的固体废弃物主要包括气体脱硫净化过程的废脱硫剂、废催化剂，以及转化、合成过程的废催化剂等。这些固体废弃物含有多种金属元素，均为间歇排放。绝大多数废催化、废脱硫剂可交由催化剂厂商回收再生。

4. 氨醇联产企业消耗及排放现状

（1）工艺流程及产排污节点

氨醇联产制甲醇主要工艺流程和产污节点见图 2-10。水污染物产生量较大的为气化、合成和精馏工序，主要的污染物为 COD、氨氮和氰化物。大气污染物产生量较大的为气化、净化和硫回收工序，主要污染物为粉尘、CO_2、CO 和温室气体。固体废弃物主要来自气化、变换和合成工序，主要为废催化剂和气化炉渣。

（2）资源能源消耗

氨醇联产工艺与其他甲醇生产工艺相比，多了氢回收、氨合成和铜洗工序，原材料消耗上多了铜氨液、氨合成催化剂等，另外脱硫脱碳要求较高，相关工序的药剂消耗和成本都显著增加。氨醇联产工艺主要消耗的原材料为煤，原煤消耗 1.80～5.25 t/t 甲醇，比煤气化制甲醇工艺的煤耗高一倍以上，具体数量多少与原料煤的含碳量、热值和具体气化工艺有关；电力为主要的能耗，压缩工序耗电量最大，其次是冷冻工序，氨合成、铜洗等的电耗也较大，因此氨醇联产企业比一般甲醇生产企业单位甲醇电耗大。水资源消耗量最大的为压缩和甲醇精馏工序，造气、吹风气回收和氨合成工段消耗一定量的脱盐水，新鲜水主要消耗在一次脱硫和二次脱硫工段。

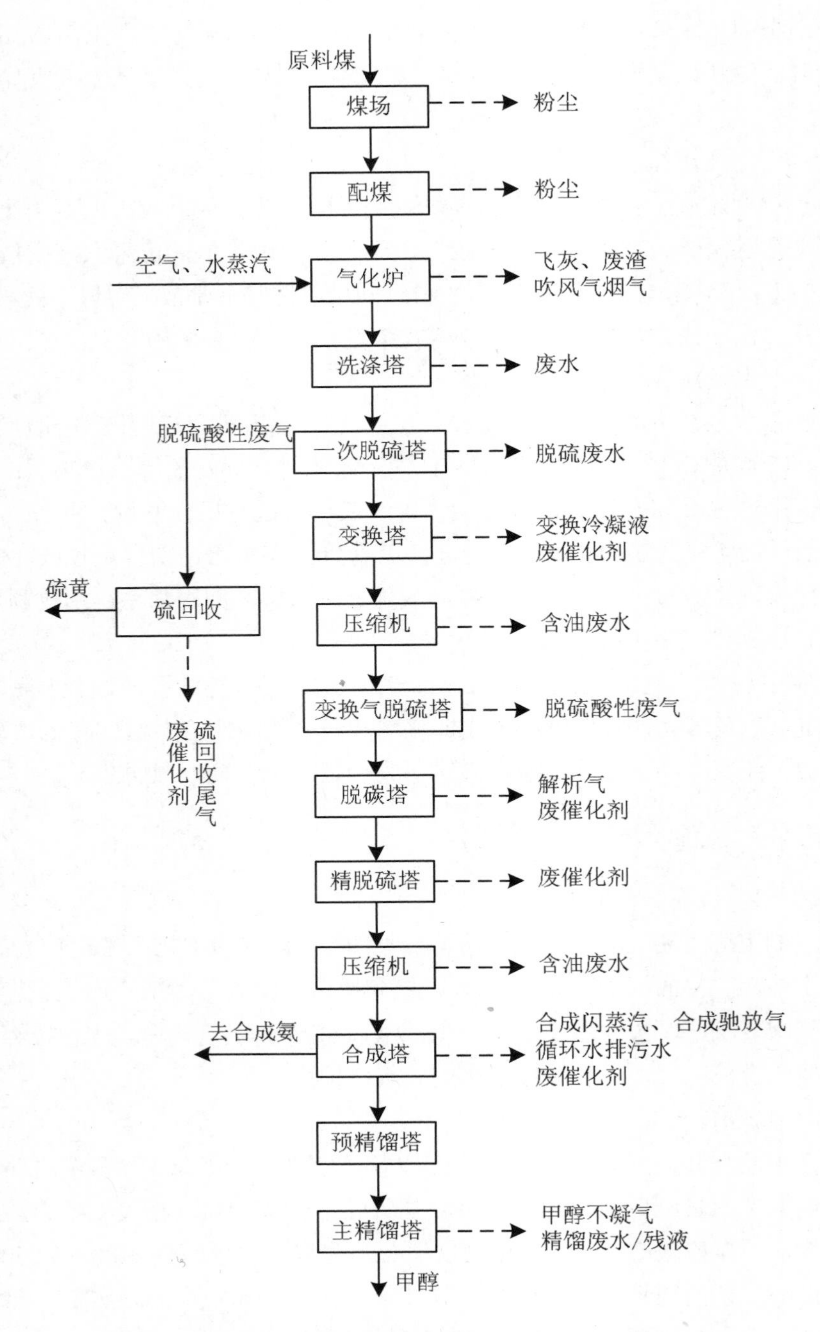

图 2-10 氨醇联产工艺流程及产排污节点

（3）废气产生及排放

氨醇联产工艺废气种类主要有输煤系统粉尘、造气炉造气吹风烟气、甲醇驰放气、甲醇精馏预塔放空气等，主要污染物包括 SO_2、粉尘、CO、H_2S 等。

吹风气烟气，煤场破碎、筛分粉尘，造气炉渣破碎、筛分粉尘是粉尘的主要来源；吹风气烟气是 SO_2 的主要产生源；铜洗再生气、变换工序开车尾气是 CO 的主要产生源。按照 SO_2 的排放量大小，可以将氨醇联产企业的大气污染水平划分为三个等级：吨甲醇 SO_2 排放量＜5 kg/t 的较为先进，5～10 kg/t 的为一般，＞10 kg/t 的为落后。

（4）废水产生及排放

氨醇联产工艺的废水种类主要有洗气塔清洗水，气柜废水，脱硫洗气塔清洗水，合成、变换、脱碳、精馏工序排污等。主要污染物有 COD、氨氮、氰化物、硫化物和酚等。造气洗气塔炉底水封废水是悬浮物的最大来源，变换工艺冷凝液和铜洗废水是氨氮的主要来源。

（5）固体废弃物产生及排放

氨醇联产工艺的固体废弃物主要有气化飞灰、废渣和废催化剂等。根据氨醇联产企业气化废渣的排放量可以将固体废弃物污染分成三个等级，气化废渣排放量＜0.05 kg/t 甲醇的为比较先进，而＞0.1 kg/t 甲醇的则比较落后，0.05～0.1 kg/t 的为一般。

（6）噪声产生

氨醇联产工艺的噪声源较多，连续噪声污染比较严重，与固定床煤气化制甲醇的噪声来源和控制手段基本相同。

5. 二甲醚生产企业消耗及排放现状

（1）工艺流程及产排污节点

以甲醇作为起点的二甲醚生产流程简单，其主要排污节点为二甲醚合成和二甲醚精馏工段，主要是精馏不凝气及废弃催化剂。

（2）资源能源消耗

国内二甲醚生产企业多采用二步法工艺。二步法生产二甲醚的主要原材料包括煤、甲醇、复合酸等催化剂；能源消耗主要为电力消耗和蒸汽消耗；水耗包括循环冷却水和脱盐水等，主要为循环冷却水。

（3）主要污染物产生及排放

二步法二甲醚工艺的废水主要来自二甲醚精馏工序中的甲醇精馏塔；废气主要来自甲醇精馏工序中的甲醇精馏不凝气；固体废弃物主要产生于甲醇合成阶段，而二甲醚合成阶段废弃物主要为废催化剂，成分为磷酸、硫酸和有机物等。

2.3.2 煤化工行业污染现状

煤化工生产过程中的物料大多数都是易燃易爆、有毒有害物质，同时产生大量的废水、废气和废渣，应采取有效措施严格控制煤化工生产的全过程，避免对周围环境造成严重污染（表 2-11）。其原材料煤是由无机物和有机物两大部分组成，因此在加工利用后必然留下矿物质灰渣；有机物中除碳和氢外，还有氧、硫、氮等原子，在煤的加工产物中还包含氧、硫、氮原子的有机物和无机化合物，它们成为污染物的概率比一般的碳氢化合物高得多。

表 2-11　煤化工行业（甲醇生产）污染物排放情况

污染物种类	特征污染物
工业废水	主要来自气化、净化、甲醇合成、甲醇精馏等工序，特征污染物有 COD、BOD、SS（悬浮物）、NH_3-N、Cl^-、甲醇、乙醇、异丁醇及石蜡等
工业废气	主要来自变换汽提、低温甲醇洗、硫回收、甲醇合成及甲醇膨胀气，含有粉尘、NH_3、H_2S、SO_2、CO、CH_4（甲烷）等
废渣	炉渣、废催化剂等

其中，COD 和 SO_2 是煤制甲醇最重要的污染物，污染物排放总量较大。由于缺乏本行业的统计数据，主要污染物和排放量主要根据国内甲醇企业污染物排放状况调研数据以及物料平衡计算分析。此外，在实际运行过程中，绝大多数固床层甲醇生产企业现有的污水设施处理能力有限，废水处理效果不佳，直排、偷排现象也有发生，实际 COD 排放浓度较高。

目前国内煤化工行业经过多年低水平重复发展，环境保护水平和能力仍然比较低下，具体主要表现为企业技术装备水平、污染物防治能力和环保管理水平较为落后。通过文献调研、企业调研、专家咨询等多种方式的调研结果表明，煤化工企业污染物达标排放企业数量较少，尤其是 SO_2 排放、有机物和氨氮废水的超标较为严重。主要存在如下问题：

（1）污染防治能力建设相对滞后。2008 年以前国内煤化工产业仍以固定床造气为主，其中固定床气化甲醇生产能力约占煤制甲醇总产能的 35%，占生产企业的 50%以上。部分企业生产废水未经处理，用清水冲稀后直排，污染物减排潜力较大。但后续水煤浆和干粉煤等先进气化技术快速发展，清洁生产工艺的普及显著提升了企业的污染防治能力。

（2）技术装备水平仍然不高。一方面是落后生产技术装备在煤化工行业中仍然占较大比重，能源利用效率较低（较目前国内先进水平低 7%～15%）；另一方面是污染物控制技术落后，烟气脱硫脱氮处理率、污水深度处理与回用率普遍偏低，污泥处理装置大多没有建立。环保治理设施不健全，运行效率低，环境治理欠账多。

（3）环保管理水平相对落后。国内煤化工行业大多数企业能认识到环境保护的重要性，但由于鲜有组织机构和人员的保障，很多企业实际上没有环保管理机构或是其设置不能适应加强环保工作的需要，造成一些煤化工企业环境管理水平低、污染治理工程运营不佳、污染控制能力差、有机废水和氨氮废水超标排放严重，使得邻近企业的部分河流有机物和氨氮的污染负荷居高不下。

第 3 章　污染防治技术调研与评估指标体系

技术调研是开展污染防治最佳可行技术筛选和评估工作的基础。开展煤化工污染防治技术选择研究之前，需要进行大样本量的企业调研，全面掌握煤化工行业生产过程工艺技术、污染防治技术的现状和发展趋势，获取技术评估指标中有关清洁生产工艺与污染治理技术的运行参数和经济指标。本章将详细介绍污染防治技术调研和技术评估指标体系的建立。

3.1　技术调研方案

编写污染防治最佳可行技术指南以及开展后续的污染物减排潜力分析，都需要全面详细掌握煤化工行业生产工艺技术、污染防治技术的现状和产排污现状，而企业调研是获取这些数据的主要途径。企业调研是开展研究的基础工作，贯穿研究始终。本节重点介绍企业调研的对象、目标、方法和流程。

3.1.1　调研对象

本节的主要内容是进行煤化工行业技术评估，为后续污染物减排潜力分析和污染防治技术政策分析等管理应用提供支撑。因此，开展企业调研应该围绕煤化工行业污染防治技术进行。调研对象包括以下内容：

（1）技术：包括各类污染防治设施的设计、建造、运行管理、维修、操作和拆除等相关环节涉及的技术、工艺、设备，同时也包括相关的运行管理技术，可以分为生产工艺部分和末端治理部分两大类。企业调研的一项重要工作便是全面梳理行业技术现状，作为筛选最佳可行技术的备选技术。

（2）技术参数：梳理行业技术现状的同时，要求整理各项技术的参数作为筛选最佳可行技术的基础。本书设计了规范化的调研表格进行技术参数的收集，并且建立了数据库系统进行管理。

（3）可行技术：指在经济和技术许可的条件下，同时考虑成本和效益，已经在我国相关公共基础设施和工业领域中得到一定规模应用的技术和管理方法。对于新的、特定的污染防治技术，至少已通过工业性工程示范验证，证明其技术可行性、经济合理。

（4）最佳可行技术：指与我国在一定时期的技术、经济发展水平和环境管理要求相适应，综合和整体地考虑环境保护的前提下，通过技术和管理措施使污染防治设施能够实现处理设施的达标排放，同时达到高水平的整体的环境保护效果。

考虑行业发展的实际情况，上述调研对象的选择应该遵照以下原则：

（1）企业的选取要覆盖到不同的发展水平。由于历史原因及现实条件的限制，国内煤制甲醇企业的发展水平参差不齐，其生产规模、技术装备以及污染治理技术也有所不同，因此选取的调研企业要覆盖不同的发展水平，才能反映国内煤制甲醇企业的发展全貌。

（2）要考虑企业所处的地理位置、使用煤种。由于地理环境、使用煤种的差异导致工艺与技术使用上的差异，选择具有代表性的煤制甲醇企业进行调研。

（3）调研采取现场考察、座谈、发调查表、现场监测等方法相结合的方式。

（4）调研内容为煤制甲醇生产工艺流程、资源、能源消耗及污染物产生情况、污染防治技术类型、效果、经济性等相关技术数据。

3.1.2 调研目标

开展企业调研的主要目的包括以下四点：①掌握行业内技术现状；②广泛收集各项技术的指标参数，包括消耗指标、排放指标和成本指标等；③调查不同技术水平下企业总体的资源能源消耗与污染物排放；④调查技术在实际推广应用过程中面临的各种问题。

3.1.3 调研方法

调研内容应围绕调研对象展开，包括梳理行业备选技术清单、设计调研表格、构建技术指标体系。

（1）确定技术清单。主要通过文献调研、专家咨询、查阅整理各种企业资料（包括可行性研究报告、清洁生产审核报告、环境影响报告书、行业发展报告等）等方式，按照煤制甲醇行业工艺技术特点，整理出了煤制甲醇行业的技术清单。

（2）确定主要调研指标。考虑到行业技术水平和结构差异、关注环境影响的差别、投融资能力的差别，参考国外最佳可行技术指标体系，构建了煤制甲醇污染防治可行技术评估指标，主要包括资源能源消耗指标，水、气、声、渣等污染物指标，投资成本、运行维护以及受益等经济指标。根据现行国家和行业的相关环境质量标准和污染物排放标准，考虑到煤制甲醇行业的污染特征以及污染防治技术的发展现状，在技术评价指标的设定上，大气污染物以粉尘（烟尘）、SO_2、NO_x为主，水污染物以COD和氨氮为主。

（3）设计调研表格。作为数据采集模板，调研表是分析技术应用情况的主要依据。在技术数据库完备的基础上，利用企业调研表有效开展技术的评估和筛选。根据工艺流程和排污节点，以课题评估指标为基础，设计企业调研表格，实际使用的表格分为调研简表（附录Ⅰ）、调研详表（附录Ⅱ）、技术指标统计表（附录Ⅲ）和专家定性评价表（附录Ⅳ）四类。

（4）企业实地监测。这是项目开展调研、获取技术参数的一种重要手段。为提高数据可靠性，对于采用相同工艺技术、生产同类产品的企业要保证一定的样本量；对于调研中差异性较大的关键数据，必须考虑采用多家抽样实测的方法获取尽可能准确的数据。

（5）召开座谈会，获取企业相关信息。实地调研中与企业污染防治工作负责人进行交流和讨论，召开行业讨论会。通过举办一次煤化工行业污染防治研讨会，与数十位行业内专家学者进行了有效的沟通和交流。

3.1.4　调研流程

调研流程如图 3-1 所示，首先通过文献调研、专家咨询等方式掌握行业技术现状，梳理出调研技术清单；然后通过函调、实地调研等方式获取技术参数；最后开展技术评估，进行可行技术的筛选。

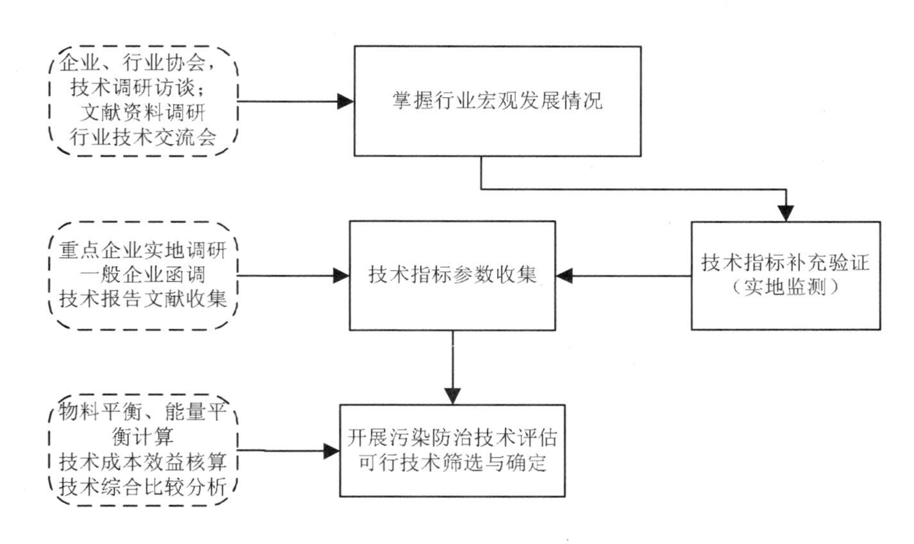

图 3-1　煤化工技术清单与关键参数调研流程

（1）技术征集和技术清单调研。建立完整的行业技术清单是开展技术评估工作的第一步，主要目标是通过多种渠道初步收集技术信息，最终获得一份可以全面反映当前煤制甲醇行业现状、涵盖各类型企业的技术清单。这里所指的技术不仅包括废水、废气、废渣的治理技术，还需要包括生产工艺技术，以便从污染物产生和预防的角度对生产技术进行评估。

（2）技术指标参数收集和验证。该环节是研究过程中工作量最大的环节。首先需要设计评估指标体系，然后针对预调研获得的技术清单以及专家初筛的结果，逐一确定技术参数。近年来我国煤制甲醇行业发展十分迅速，行业内企业数量众多，初步统计截至 2014 年年底全国有煤制甲醇企业 300 家左右。煤制甲醇行业不仅企业数量众多，而且企业间差异也很大，从工艺路线看，有煤气化制甲醇、合成氨联产甲醇、焦炉气制甲醇等不同流程；从企业规模看，近年新建的气流床气化单醇企业产能普遍在数十万吨，而传统小型联醇企业产能仅数万吨；从技术水平看，先进企业和落后企业污染物排放强度可相差数十倍。如此复杂的行业现状给技术数据的收集带来了很多困难。

为克服上述困难，可采取多种方法、途径确保技术数据翔实完整：①开展大量实地调研和函调，直接从企业获得技术信息，并进行后续加工整理；②依托行业协会，充分挖掘已有的研究成果；③大量咨询各方面的行业专家，以专家经验判断校正部分存在偏差和不可靠的数据；④大量查阅相关技术文献、项目设计报告、环评报告，对缺失数据进行补充；⑤组织召开煤制甲醇行业节能减排技术交流会，吸引企业和设备供应商参会。通过上述多方努力，可获得煤制甲醇行业翔实的技术基础数据，并通过定性与定量相结合的评估方法，从备选技术中筛选出污染防治可行技术，最终为行业污染防治可行技术指南的编写提供了基础条件。

3.2 技术评估指标体系

3.2.1 技术指标比较

欧盟和美国的污染防治最佳可行技术描述性指标（表 3-1）所包含的一级指标是基本相同的，具体包括资源消耗指标、能源消耗指标、污染排放指标、经济成本指标、环境效应指标、社会影响指标、案例分析七类。其中，美国最佳可行技术评选主要基于污染物排放是否达到排放限值标准，欧盟的指标设置则比较翔实，以详细描述 BAT 重要参数为目标。

表 3-1 欧盟及美国最佳可行技术指标比较

指标类别	欧盟	美国
资源消耗指标	原材料消耗 化学品、助剂消耗 水耗	原材料消耗；对于不会造成排放标准所关心的环境问题，可给予简化或省略
能源消耗指标	一次能源的各类化石燃料 电力等二次能源	一次能源的各类化石燃料 电力等二次能源
污染物排放指标	水污染物排放 大气污染物排放 固体废弃物产生及排放 噪声、震动等非物质排放	分介质考虑污染物排放指标： 《清洁水法》框架下主要考虑水污染物指标 《清洁大气法》框架下主要考虑大气污染物指标
经济成本指标	设备投资成本 运行维护成本 技术收益	设备投资成本 运行维护成本 技术收益

指标类别	欧盟	美国
环境效应指标	人体毒性、水体毒性 酸化效应、富营养化效应 臭氧层破坏 温室气体排放	所能达到的环境质量标准，对多种类别的环境效应不进行深入分析
社会影响指标	简要定性说明或不考虑	考虑排放标准可能带来的社会影响，如工厂关闭、失业、产量损失
案例分析	要求对最佳可行技术提供案例	每项排放标准均需提供技术依据

3.2.2　技术指标选择

构建污染防治最佳可行技术评估指标体系，是开展企业技术调研和技术筛选的核心关键。本书借鉴欧美发达国家的经验，结合行业特点和技术特点（生产过程控制技术/污染治理技术），在选择 BAT 指标时重点考虑以下因素。

1. 行业技术水平和结构

我国许多工业部门产业集中度低，工艺技术水平参差不齐，且中小企业数量众多，仍然存在污染治理措施落后、能耗绩效和排污绩效水平低的现象。因此，本书选择的技术评估指标数量不能过多，技术参数的确定要建立在一定规模企业样本数的基础上，且调研企业应能代表本行业内的主流水平。

2. 主要环境影响

欧美国家传统污染物治理程度已经达到很高水平，因而其技术评估指标中广泛考虑了人体健康效应（如毒性）以及酸化、富营养化、臭氧层破坏和温室气体排放等环境效应。而我国的环境治理尚处于控制传统污染物阶段，技术评估涉及的污染物种类少，关注的环境影响和问题亦不全面。因此，本书围绕煤化工环境质量标准的污染物以及国家约束性的主要污染物排放量控制目标，确定了必选的污染物评估指标和煤化工行业的特征污染物指标。

3. 技术经济性

先进污染防治技术往往对技改和投资需求大，众多中小企业存在技术改造的资金投入瓶颈，这将会制约污染防治最佳可行技术的推广应用。因此，本书设计的技术评估指标充分考虑了技术的投资费用、运行费用并考虑技术应用带来的效益（如资源能源回收）。

4. 评估指标设计原则

由于技术指标的多样化、复杂性，通常可以采用定性、定量相结合的指标体系。同时，根据污染物减排和清洁生产的原则要求，凡能量化的指标尽可能采用定量化评价，以减少人为的评价差异。定量评价指标选取了具有共同性、代表性的能反映“节约能源、降低消耗、减轻污染”等污染物减排和清洁生产目标的指标，并采用多属性评价的定量化评估方法。此外，通过对比企业各项指标的实际完成值、评价基准值，量化评价煤化工行业技术污染物减排的状况和水平。

定性评价指标主要根据国家有关污染防治、清洁生产等产业政策以及工艺技术特征等进行选取，包括产业发展和技术进步、资源利用和环境保护、行业发展规划等，以及技术运行的稳定性、成熟度和风险控制水平等，用于定性评价企业对国家、行业政策法规的符合性以及污染治理、清洁生产实施的操作水平。

3.2.3 评估指标体系

根据上一节的分析，本书设计的污染防治最佳可行技术评估指标包括了资源消耗、能源消耗、污染物排放和经济成本四方面，而对于欧美等发达国家考虑的综合环境效应和社会影响两类指标，暂不作为最佳可行技术评估的重点指标，仅在一定程度上做定性判断和说明。在实际调研和评估中，污染治理技术的资源能源消耗在企业所占的比重较低，资源能源消耗/回收指标等可以不考虑。

根据对污染防治最佳可行技术的定义，借鉴欧美发达国家的经验，结合行业污染控制环节和工艺技术特点（生产过程控制技术/污染治理技术），本书设计了适合于工业污染防治最佳可行技术评估指标体系框架（表 3-2 和表 3-3）。确定一级指标后，再根据具体工艺和工序的特点，在每个一级指标下设定若干二级指标甚至三级指标。

由于煤化工行业的原料不同、企业规模和地域差别，其生产工艺和污染防治技术众多，同时各生产工段也有较大差别。本书在构建技术评估指标体系时，相应考虑了上述差异性，或为突出重点问题删除某些一级指标（污染治理技术的资源能源消耗/回收指标与其他三个一级指标相比并不十分重要，可不列入）。

表 3-2 最佳可行技术评估指标（资源环境部分）

一级指标	二级指标	参考单位	指标类别	备注
资源消耗指标	新水耗	t/t 产品	必选	新鲜水消耗
	主要原料消耗	t/t 产品	可选	转化为最终产品的主要原料
	辅料、助剂消耗	kg/t 产品	可选	各类化学品、助剂、辅助材料
	占地面积	m^2/t 产品	可选	

<table>
<tr><th>一级指标</th><th>二级指标</th><th>参考单位</th><th>指标类别</th><th>备注</th></tr>
<tr><td rowspan="5">能源消耗指标</td><td>电耗</td><td>kW·h/t 产品</td><td>必选</td><td></td></tr>
<tr><td>煤耗</td><td>t/t 产品</td><td>可选</td><td>作为供能燃料的煤耗</td></tr>
<tr><td>油耗</td><td>t/t 产品</td><td>可选</td><td></td></tr>
<tr><td>气耗</td><td>t/t 产品</td><td>可选</td><td></td></tr>
<tr><td>综合能耗</td><td>t 标准煤/t 产品；kJ/t 产品</td><td>必选</td><td>通过能源平衡汇总计算得到</td></tr>
<tr><td rowspan="8">水污染指标</td><td>废水总量</td><td>t/t 产品</td><td>必选</td><td rowspan="7">可用单位产品排放强度指标或浓度指标分别表示。COD、氨氮对绝大多数行业为必选，其他指标视行业特点而定</td></tr>
<tr><td>COD</td><td>kg/t 产品；mg/L</td><td>必选</td></tr>
<tr><td>BOD</td><td>kg/t 产品；mg/L</td><td>可选</td></tr>
<tr><td>SS</td><td>kg/t 产品；mg/L</td><td>可选</td></tr>
<tr><td>氨氮</td><td>kg/t 产品；mg/L</td><td>必选</td></tr>
<tr><td>总氮</td><td>kg/t 产品；mg/L</td><td>可选</td></tr>
<tr><td>总磷</td><td>kg/t 产品；mg/L</td><td>可选</td></tr>
<tr><td>其他特征水污染物</td><td>kg/t 产品；g/t 产品；mg/L</td><td>可选</td><td>重金属、POPs 等需根据行业和生产工艺特点确定</td></tr>
<tr><td rowspan="5">大气污染物指标</td><td>SO_2</td><td>kg/t 产品；mg/m^3</td><td>必选</td><td></td></tr>
<tr><td>NO_x</td><td>kg/t 产品；mg/m^3</td><td>可选</td><td></td></tr>
<tr><td>颗粒物（TSP，PM）</td><td>kg/t 产品；mg/m^3</td><td>可选</td><td></td></tr>
<tr><td>粉尘</td><td>kg/t 产品；mg/m^3</td><td>可选</td><td></td></tr>
<tr><td>其他特征大气污染物</td><td></td><td>可选</td><td></td></tr>
<tr><td rowspan="3">固体废弃物指标</td><td>炉渣</td><td>kg/t 产品</td><td>可选</td><td rowspan="3">需要对固体废弃物的具体成分、特性进行说明</td></tr>
<tr><td>污泥</td><td>kg/t 产品</td><td>可选</td></tr>
<tr><td>其他固体废物</td><td>kg/t 产品</td><td>可选</td></tr>
<tr><td>噪声指标</td><td>噪声水平</td><td></td><td>可选</td><td>对于多数行业为可选指标</td></tr>
</table>

表 3-3　最佳可行技术评估指标（技术经济性）

<table>
<tr><th>一级指标</th><th>二级指标</th><th>三级指标</th><th>类别</th><th>备注</th></tr>
<tr><td rowspan="4">投资成本</td><td rowspan="2">生产装置费用</td><td>设备投资</td><td>必选</td><td rowspan="2">指技术主体设备投资费用</td></tr>
<tr><td>基建费用</td><td>可选</td></tr>
<tr><td rowspan="2">污染控制设备费用</td><td>污染控制设备成本</td><td>必选</td><td rowspan="2">指附加于生产装置主体设备的污染物控制设备及其他辅助设备费用</td></tr>
<tr><td>辅助设备成本</td><td>可选</td></tr>
<tr><td rowspan="8">运行维护成本</td><td rowspan="2">能源成本</td><td>电力成本</td><td>可选</td><td rowspan="6">能源成本和原料成本需结合物质、能源消耗物理量及其市场价格核算</td></tr>
<tr><td>其他能源成本</td><td>可选</td></tr>
<tr><td rowspan="4">原料及购买服务成本</td><td>原料成本</td><td>可选</td></tr>
<tr><td>辅料、化学助剂</td><td>可选</td></tr>
<tr><td>水费用</td><td>可选</td></tr>
<tr><td>环境服务（如购买废物处理服务）</td><td>可选</td></tr>
<tr><td rowspan="2">其他运行维护成本</td><td>人力成本</td><td>可选</td><td></td></tr>
<tr><td>固定管理费用</td><td>可选</td><td></td></tr>
</table>

一级指标	二级指标	三级指标	类别	备注
收益、避免费用	收益	副产品收益	必选	
	避免费用	节省原材料 节省能源 节省劳动力 节省维护费用	必选	此类指标需确定基准水平后计算
	其他效益	如新技术引用造成生产工艺变化，使系统效率、产品质量提高，从而降低成本	可选	此类效益往往难以换算为货币量，可以用描述性方式加以说明

3.3 技术参数及企业调研

3.3.1 技术参数收集与确定方法

1. 技术资料综合分析

在广泛搜集、分析和整理国内煤化工行业的技术文献和工程设计资料的基础上，获得初步的污染防治技术参数；在调研相关企业具体生产技术数据的基础上，获得经过验证的关键技术指标；在行业发展规划、行业统计数据的基础上，获得煤化工整体生产、消费、污染物减排技术应用与开发等方面的基础资料。同时，将技术文献数据、实际生产数据以及行业统计数据三者相结合，综合运用归纳、演绎、对比等方法，建立适合于煤化工行业技术体系和环境影响的指标体系。

同时，针对关键工艺开展生产系统的物料平衡核算，对生产系统内物质输入、转化、输出的过程进行分解，对技术资料进行核准，使基础数据达到较高的准确度；通过对基本工艺流程的模拟，判断生产系统关键的产污环节，识别污染物减排的控制重点，进一步通过技术资料的同化分析筛选和甄别高质量数据。

2. 专家咨询

专家综合咨询也是本书的重要研究手段之一。咨询对象主要有企业生产管理人员和技术人员、工程设计人员、行业协会专家及相关行业环境管理专家。项目行业专家熟悉清洁生产工艺和污染防治技术，为从研究设计、行业调研、典型企业调研、数据考评到研究结论论证等全过程提供了支持。

3. 实验监测法

实验监测法是本书研究过程中获取第一手可靠技术参数的重要手段，在工艺技术参数缺失（如未安装仪表）或者数据质量不高（如数据冲突或缺关键数据）的情况下，需要进行现场实验监测。

实验监测主要有两种手段：一是现场测试，采用便携式的快速测定仪器，在现场采样点进行连续采样和测试；二是实验室测试，在现场采样点取样后带回实验室，采用相关仪器设备对特定污染物进行分析。采样频率根据生产周期确定。测试方法以液相测定为主，固相污染物通过强酸溶解后转入液相测定，气相污染物通过碱液或介质吸附吸收后转入液相测定，个别捕集效率不高的气相污染物采用气相色谱直接进行分析。

煤化工企业现场测试的主要指标包括流量（气液管路和明渠）、废水的常规物化指标（pH 值、温度、电导等）、废水内的常规污染物（COD、氨、氮、磷、硫、酚、氰等）、废气中的常规污染物（CO、CO_2、NO_x、SO_2、H_2S 和 CH_4 等）、噪声。

实验室测试的主要指标包括质量（废渣比重、悬浮物浓度等）、废水常规污染物（TOC 等）、水气渣中的重金属污染物（汞、铅等）、水气渣中的特征有机污染物（石蜡烃、芳烃等）、废渣性质（粒径、元素等）。

对于水电气消耗、原材料消耗、各工段产率等指标和参数，本书从企业生产记录的原始数据中获得，通过分析和计算得到需要的数值。由于实验监测法成本较高、耗时较长，因此主要针对典型企业、典型技术，按照企业规模和企业技术水平差异，通过选取一定代表性样本来开展和实施。

4. 统计分析方法

基于实地调查研究的统计分析方法，主要用于确定污染防治技术关键参数的范围，判断和识别收集的技术参数的数据质量。同时，依照污染物排放的参照标准，分析现有技术排污水平（也包括水耗、能耗等指标）与参照标准的差值。从统计分析的角度识别数据的不确定性（如数据奇异点的排除等），对比分析估算工业污染物的减排潜力，主要包括同国内外先进清洁技术排污指标进行比较，分析污染物减排的可行技术途径，对比分析现状指标与国内外排放标准、排放限值的差异。通过主要技术的污染物排放水平统计分析，可以为污染物排放标准的制修订提供关键的数据支撑。

3.3.2 企业调研步骤

根据污染防治最佳可行技术筛选评估的需求，企业技术调研可分为前期资料准备、确定调研企业名单、开展企业调研、数据质量控制等步骤（图 3-2）。

其中，前期需要提前设计用于函调和现场调研的表格。

1. 企业调研简表

了解企业各工段技术应用情况，收集整体物耗、能耗和污染物排放水平；通过统计分析，可进而掌握各类典型工艺流程组合的参数指标，并估算全国范围内技术应用情况。内容主要包括 5 张子表（详见附录Ⅰ）：企业基本信息表，企业物料、能源消耗及产品信息表，污染物排放信息表，分工段技术信息表，其他清洁生产与染染防治技术措施。

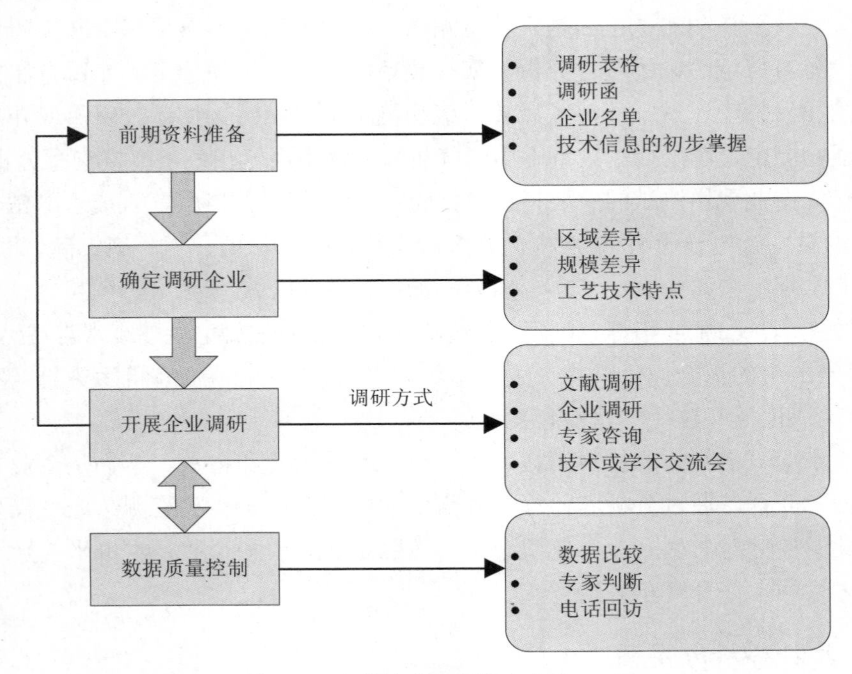

图 3-2　企业技术调研基本步骤

2. 企业调研详表

用于获得企业详细技术信息和产排污情况，详细了解企业分工段的技术应用情况和物耗、能耗、污染物排放水平，获得企业实际生产运行中的技术参数，为后续的技术评估比选提供定量化数据。为核实各分表数据，还应考虑开展物料平衡等信息。本书设计的企业调研详表包括 13 张子表（详见附录II）：企业基本信息表，企业资源、能源消耗及排污总量信息表，煤气化工序技术信息表，变换工序技术信息表，脱硫脱碳工序技术信息表，甲醇合成工序技术信息表，甲醇精馏工序技术信息表，硫回收工序技术信息表，综合废水处理技术信息表，煤渣综合利用技术信息表，主要煤化工装置物料平衡图，主要煤化工装置水平衡图，近年采用的其他清洁生产与污染防治技术措施。

由于详表调研的数据量要求较高，也可由企业提供工艺流程图、工艺设计资料、清洁生产审核报告、环境监测报告等相关资料，确保企业调研表格数据完整、技术数据真实可信，同时还需要保证每项技术调研的样本量。

3. 技术指标统计表

其作用跟企业调研表类似，但加入了一些工段和技术的具体参数，主要用于面向企业和技术专家的调研（详见附录III）。统计表在前期技术文献调研的基础上已经提供了技术核心参数的范围，表中所有内容采用勾选方式（单选、多选或选填均可），方便企业填报及研究统计结果。技术指标统计表的填写时间短、回收率高，因此可以保证技术调研所需的样本量，又可以校核企业技术调研的结果，确保最佳可行技术数据的代表性和客观性。

3.3.3　确定调研企业

确定调研流程和调研内容，筛选调研企业名单开展实地调研或者函调。

1. 筛选调研企业

煤制甲醇工艺种类较多，污染防治技术繁杂，加上我国煤制甲醇企业在不同区域的规模相互差异较大，有必要根据上述特点选择代表性的样本企业，确保调研信息的代表性，样本企业选择方案如图 3-3 所示。

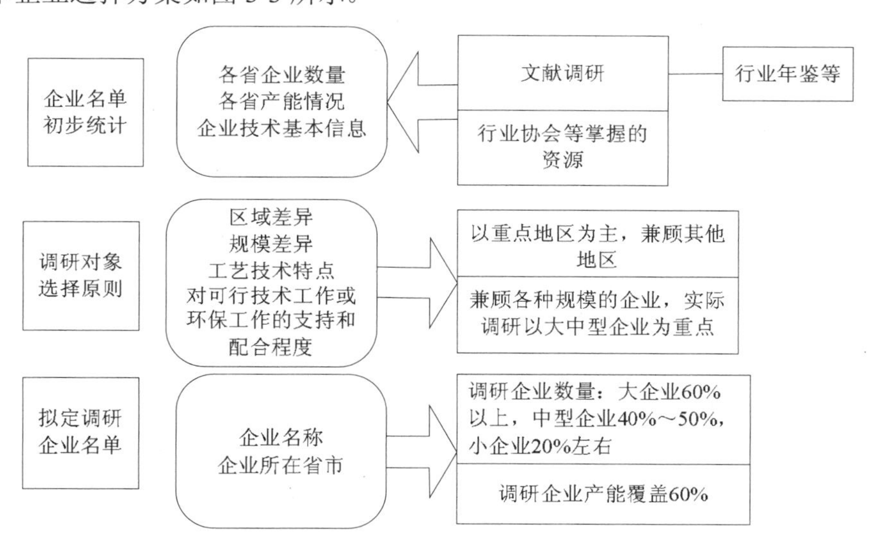

图 3-3　挑选调研企业过程

2. 确定调研方式

开展调研的方式主要有函调、实地调研和举行行业研讨会，其中实地调研包括企业相关负责人座谈、资料查阅、现场走访、实地监测等。

本书开展的企业调研工作从 2010 年 4 月开始进行，到 2012 年 12 月为止，研究团队获得了大量的原始技术参数。该过程中函调、实调企业共 72 家，通过举行煤制甲醇行业技术研讨会以及调研技术装备供应商获得企业技术参数信息 28 家，共 100 家企业，调研企业样本的区域主要集中在东部地区，有个别西南地区样本。

3.3.4 调研方式选择

开展企业技术调研的方式主要有文献检索、企业函调和实地调研、专家咨询以及举办行业技术研讨会等多种形式（图 3-4）。企业调研方法多种多样，各有优势和局限，例如，实地监测可以获取第一手数据，但是工作量大。文献调研工作便利快捷，但是一些技术信息不具有时效性。因此，根据调研技术的特点选取合适的调研方式并互为补充是十分必要的。

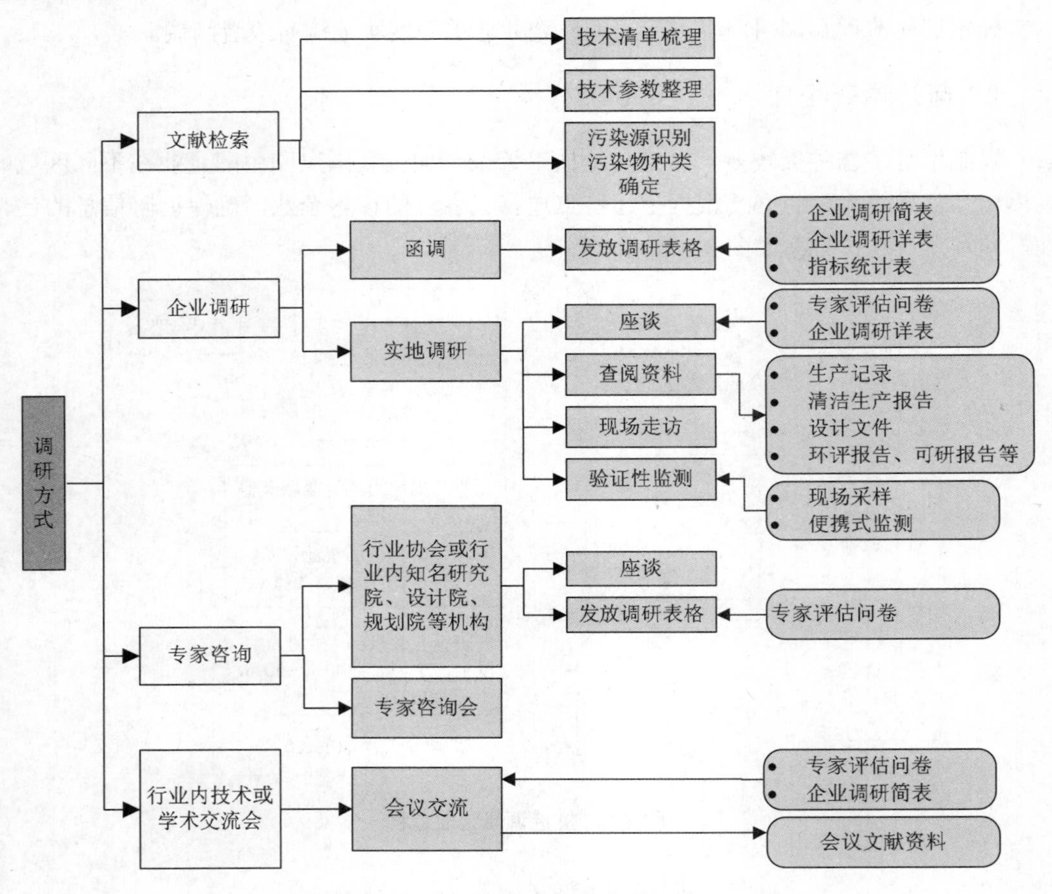

图 3-4 企业技术调研的方式及内容

本书在开展煤化工技术调研工作时，首先开展文献检索和专家咨询对行业工艺技术和污染排放情况进行整理，初步提出行业工艺流程、污染防治技术现状和产排污现状，并根据煤化工污染防治最佳可行技术评估指标体系设计调研表，综合采用函调、实地调研、验证性监测以及行业研讨会等形式收集技术参数。

1. 文献检索

通过行业统计报告、发展报告和统计年鉴获取主要产品产量、技术结构、污染物排放情况等。通过工程项目的可行性研究报告、环境影响评价报告等获取工艺流程、污染物产生及排放数据、技术投资等信息。同时，通过检索发表的其他技术文献，调研技术普及现状、应用情况及发展趋势、污染防治技术参数、企业技术改造等多种信息。通过上述文献检索和整理过程，初步掌握了煤化工行业的技术现状，在开展企业实地调研时不仅可以做到有的放矢，还可以把从技术文献获得的数据与实地调研获得的信息进行对比，确保技术信息的准确性。

2. 企业调研

本书主要通过企业函调和现场实地填写，收集技术调研表格中的技术应用情况及其污染防治相关参数。被调研的企业应分为代表性企业和一般企业，向代表性企业发放调研详表，向一般企业发放企业调研简表或技术指标统计表。函调可以通过请行业协会或者环境主管部门提供正式文件，请被调研企业给予配合，并在1～2个月内反馈信息真实、全面的调研表。

实地调研是比较重要的工作，形式上包括企业技术负责人座谈、资料查阅、现场走访、实地监测等。选择实地调研的企业应考虑其投产日期，以及目前是否开工、生产运行是否稳定等因素。例如，通过座谈可以了解企业概况、主要工艺流程和技术参数、主要产排污环节和污染控制措施，以及主要技术、设备的成本效益情况，了解企业在污染控制方面存在的困难和问题等，并可以请企业的技术负责人对专家评估问卷进行填写，安排企业技术人员填报调研详表。在实地调研过程中与企业污染防治工作负责人进行深入交流和讨论非常必要。

在实地调研过程中应及时查阅企业内部资料以及各车间生产记录，了解最直接真实的消耗和产排污信息；通过查阅企业清洁生产审核报告，可以了解企业总体消耗排污信息，并可以根据报告中的物料平衡表核算各工段消耗情况；通过查阅环评报告和环境监测报告，了解企业总体及分工段的排污估算和实测值；通过查阅设计文件和可研报告，了解企业总体及分工段消耗排污估算值、企业内各项技术及设备的经济成本信息。最后，应通过现场参观生产工艺和装备，了解企业具体的生产运行情况、工艺流程、技术参数、产排污环节和污染控制措施等信息。

3. 企业验证性监测

验证性监测可采用便携式仪器对关键排污工序节点的污染物浓度和排放总量进行检测，其目的是验证之前通过文献检索、企业座谈、表格填报等方式所获得的污染源和污染物排放是否准确。应根据识别出来的工序节点污染源及其主要污染物，确定现场采样点及其测试分析指标。

例如，针对某些文献检索难以掌握的重要技术参数，应选取典型企业进行实测分析，并结合一定量的样本企业开展书面问卷调查。本书使用了多种便携式监测仪器（表 3-4）实现了对 10 家煤化工企业进行技术应用的验证性监测。主要采样点是煤气冷凝水、锅炉脱盐水、循环冷却排水、污水处理设施入口；主要监测分析指标包括 COD 浓度、硫化物浓度、氰离子浓度等。

表 3-4　验证性监测使用的便携式仪器

设备型号	厂商	用途
DRB200 消解器	美国 Hach	测量 COD、氨氮等水质指标时对试样进行消解
DR2800 便携式分光光度计	美国 Hach	测量 COD、氨氮、氰化物等水质指标
ProPlus 手持式水质检测仪	美国 YSI	测量温度、pH 值、电导率等水质指标

4. 专家咨询及技术交流会

专家咨询及技术交流会座谈会可以快速获取最新污染防治工艺、污染治理技术和污染物产排放信息。例如，在安徽举办了一次煤化工行业污染防治研讨会，与企业和行业内专家就煤化工行业污染减排技术实践现状和发展趋势进行了有效的沟通和交流，获取了有关煤化工行业发展、技术现状和发展趋势的最新资料。

3.3.5 调研企业分析

本书针对污染防治技术的企业调研，全过程共完成函调、实调企业 72 家（代表性企业见表 3-5）。此外，通过举行煤化工行业技术研讨会以及调研技术装备供应商获得了 28 家企业技术参数信息，共 100 家企业。

表 3-5　煤制甲醇重点调研企业名单

一、煤直接气化制甲醇企业					
省份	企业名称	（产品）产能/（万 t/a）	调研方式		
			函调	实调	监测
河南	义马气化厂	（甲醇）20		●	●
河南	永城煤电（集团）有限责任公司	（甲醇）50		●	
河南	平煤蓝天化工股份有限公司	（甲醇）8+10	●		
山东	兖矿国泰化工有限公司	（甲醇）24		●	
山东	兖矿国宏化工有限责任公司	（甲醇）50		●	

一、煤直接气化制甲醇企业

省份	企业名称	（产品）产能/（万 t/a）	调研方式		
			函调	实调	监测
山东	山东明水化工有限公司	（甲醇）30+10	●		
山东	兖矿鲁南化工厂	（甲醇）17	●		
山西	原平昊华化工有限公司	（单醇）10，（合成氨）10	●		
山西	山西兰花清洁能源有限责任公司	（甲醇）20，（二甲醚）10		●	●
山西	山西天成大洋能源化工有限公司	（甲醇）40			
安徽	淮北矿业临涣焦化股份有限公司	（甲醇）20		●	●
安徽	安徽临泉化工股份有限公司	（甲醇）15	●		
陕西	咸阳化工有限公司	（甲醇）60		●	
陕西	兖州煤业榆林能化公司	（甲醇）60		●	●
陕西	陕西渭河煤化工集团有限责任公司	（甲醇）20，（二甲醚）1	●		
陕西	陕西延长石油集团榆林能源化工有限公司	（甲醇）60		●	
山西	神木化学工业公司	（甲醇）60		●	●
陕西	陕西延长石油靖边化工园区	（甲醇）150	●		
河北	新能凤凰（滕州）能源有限公司	（甲醇）36	●		
内蒙古	大唐国际锡盟煤制烯烃项目	（聚丙烯）46（通过煤气化制取）	●		
内蒙古	内蒙古荣信实业有限公司	（甲醇）180	●		
内蒙古	内蒙古新奥新能能源股份有限公司	（甲醇）60，（二甲醚）40	●		
内蒙古	神华包头煤化工项目	（甲醇）180	●		
海南	中海油建滔有限公司	（天然气甲醇制）/60	●		
甘肃	兰州蓝星化工有限公司	（天然气甲醇制）/20	●		
黑龙江	大庆油田化工有限公司甲醇分公司	（天然气甲醇制）/20	●		
宁夏	神华宁夏煤业集团	（甲醇）25	●		
上海	上海焦化有限公司	（甲醇）80	●		

二、焦炉气制甲醇企业

省份	企业名称	（产品）产能/（万 t/a）	调研方式		
			函调	实调	监测
河北	建滔化工有限公司	（甲醇）10		●	
河北	开滦精煤股份有限公司	（甲醇）10	●		
河北	武安市宝烨煤焦化工业有限公司	（甲醇）10	●		
河北	河北金牛旭阳化工有限公司	（甲醇）20		●	
山西	建滔万鑫达化工有限公司	（甲醇）20		●	●
山西	临汾同世达实业有限公司	（甲醇）20		●	
山西	山西天浩化工股份有限公司	（甲醇）10		●	

二、焦炉气制甲醇企业

省份	企业名称	（产品）产能/（万 t/a）	调研方式		
			函调	实调	监测
山西	山西焦化股份有限公司	（甲醇）20		●	
山东	滕州盛隆煤焦化公司	（甲醇）10		●	●
山东	山东海化煤业化工有限公司	（甲醇）10	●		
山东	山东兖矿国际焦化有限公司	（甲醇）10		●	
山东	山东济矿民生煤化有限公司	（甲醇）10		●	
山东	滕州市盛源煤焦化有限责任公司	（甲醇）10		●	
内蒙古	庆华集团	（甲醇）20		●	
云南	云南云维股份有限公司	（甲醇）30		●	
四川	达钢集团焦炉气制二甲醚项目	（二甲醚）20	●		

三、氨醇联产制甲醇企业

省份	企业名称	（产品）产能/（万 t/a）	调研方式		
			函调	实调	监测
河北	延化化工有限公司	（联醇）10，（尿素）30		●	
河北	石家庄柏坡正元化肥有限公司	（甲醇）10，（合成氨）18，（尿素）20	●		
河北	石家庄正元化肥有限公司	（甲醇）8	●		
河北	石家庄中翼正元化工有限公司	（联醇）4.5，（合成氨）7	●		
河北	乐亭县同乐化工有限公司	（联醇）1.5	●		
河北	昊华集团宣化有限公司	（联醇）2，（合成氨）9，（尿素）13.2	●		
河南	河南心连心化肥有限公司	（联醇）10，（合成氨）24	●		
河南	卫辉市豫北化工有限公司	（联醇）8		●	●
河南	昊华骏化集团股份有限公司	（尿素）36	●		
河南	河南延化化工有限责任公司	（联醇）/15		●	
山西	山西晋丰煤化工有限公司	（尿素）/2×26		●	
山东	青岛碱业股份有限公司天柱化肥分公司	（甲醇）4，（尿素）20		●	
山东	中化平原化工有限公司	（氨醇）24		●	●
湖北	湖北三宁化工股份有限公司	（甲醇）10，（合成氨）30	●		
安徽	安徽金禾实业股份有限公司	（合成氨）15	●		
云南	云南玉溪银河化工有限责任公司	（联醇）1	●		
云南	云南云天化股份有限公司	（联醇）26		●	
黑龙江	黑龙江黑化集团	（联醇）3	●		
黑龙江	中煤龙化哈尔滨煤化工有限公司	（甲醇）14		●	
广西	河池化工集团公司	（联醇）3	●		

四、甲醇制二甲醚企业					
省份	企业名称	（产品）产能/（万 t/a）	调研方式		
			函调	实调	监测
河北	河北裕泰集团	（二甲醚）10		●	
山东	山东久泰能源有限公司	（二甲醚）60	●		
内蒙古	内蒙古天河化工有限责任公司	（二甲醚）20	●		
四川	四川泸天化绿源醇业有限责任公司	（二甲醚）20		●	
浙江	中油石化有限公司	（二甲醚）10	●		
湖北	天茂实业集团股份有限公司	（二甲醚）30	●		
广东	潮州市华丰造气厂有限公司	（二甲醚）20	●		
新疆	新疆广汇新能源有限公司	（二甲醚）80	●		

调研企业根据产能布局确定的调研方案，实际调研企业主要分布在山东、河南、山西、陕西、河北、安徽等煤制甲醇产能大省，同时兼顾了其他省区，包括云南、内蒙古、黑龙江、湖北、宁夏、海南等。调研的企业共 100 家，涉及 5 种类型，单醇 35 家、焦炉气制甲醇 15 家、联醇 25 家、二甲醚 11 家、装备和技术提供商 14 家，采用四种调研方式，分别为函调 40 家、实地调研 22 家、实地调研+监测 10 家、行业研讨会 18 家。

在工艺类型上单醇生产占 35%，联醇占 25%；在调研方式上，函调占 40%，现场实调和验证性监测占 32%。根据企业技术调研方案的要求，本书实际调研企业数量确保了一定的覆盖率：其中大型企业覆盖率 75%，中型企业占 84%，而小型企业占 24%；调研企业产能超过全行业的 60%（图 3-5）。在大规模的企业技术调研结束后，自 2011 年后又根据需要开展了一些必要的补充调研，保持与大中型企业经常性的沟通。

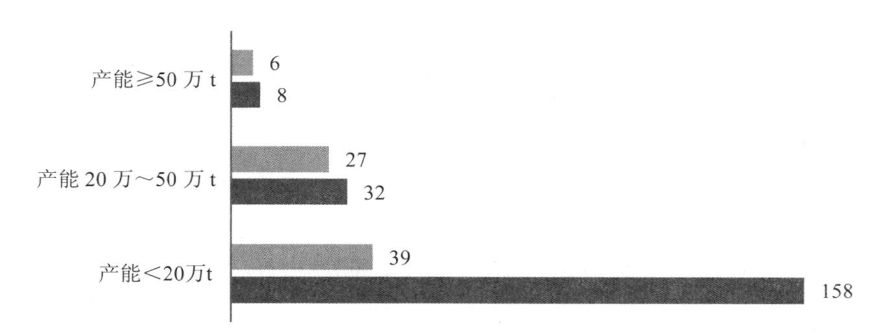

图 3-5　煤制甲醇调研企业数量及产能分布

3.3.6 数据质量控制

为了提高数据的可靠性，对于采用相同工艺技术、生产同类产品的企业要保证一定的样本量；对于调研中差异性较大的关键数据，必须考虑采用多家抽样实测的方法获取尽可能准确的数据。本书采取了三种方式进行交叉数据质量控制：①数据统计分析，即对比样本企业之间的数据差异，结合文献检索结果，识别出质量较差的数据；②专家经验判断，即通过与技术设计单位沟通或专家咨询等方式，对调研数据质量进行把关；③企业电话回访，即结合数据统计分析与专家判断结论，对存在较大数据误差的企业进行电话回访，对数据予以确认和修正。

表 3-6 中列举了 12 家典型企业的排污结果，其中氨氮数据上样本企业 5 和 8 出现了奇异点，可以进行剔除，但是 SO_2 就出现了分区离散现象（图 3-6）。经过对比调研表格以及电话回访，发现原因有两个：一是企业间原料煤含硫量差别较大；二是部分企业在填写调研问卷时将 SO_2 产生量与排放量相混淆。

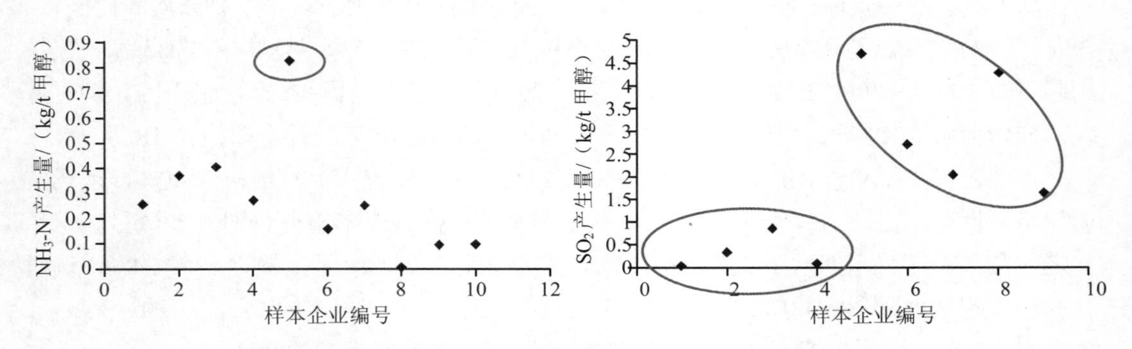

图 3-6 煤制甲醇样本企业氨氮和 SO_2 排放统计分析

表 3-6 煤制甲醇 12 家样本企业排污参数比较分析

污染排放	企业 1	企业 2	企业 3	企业 4	企业 5	企业 7	企业 8	企业 9	企业 10	企业 11	企业 12
气化废水/（t/t 甲醇）	0.851	0.72	1.512	1.357	1.260 6	—	1.98	0.23	0.226	—	0.43
COD/（kg/t 甲醇）	0.434	0.647	—	0.678	0.728 6	1.25	0.75	2.67	—	0.086	0.164
NH_3-N/（kg/t 甲醇）	0.256	0.374	—	0.407	0.273	0.83	0.158	0.25	0.005	0.093	0.096
净化工段放空气/（m^3/t 甲醇）	885	1 257	1 278	1 182	—	—	707	959.00	760	934	—
甲醇合成驰放气/（m^3/t 甲醇）	146	43.7	60.6	130	71.3	60	258	51.00	5.579	—	112

污染排放	企业 1	企业 2	企业 3	企业 4	企业 5	企业 7	企业 8	企业 9	企业 10	企业 11	企业 12
SO_2 /（kg/t 甲醇）	0.04	—	—	0.343	0.825	0.090 75	4.689	2.76	2.062	4.306	1.69
CO_2 /（t/t 甲醇）	1.44	—	—	—	—	—	—	—	—	2.21	3.16
气化废渣/（t/t 甲醇）	0.189	0.436	0.48	0.525	0.509	0.58	0.233 75	0.32	0.274	0.488	0.451
锅炉废渣/（t/t 甲醇）	—	0.072	0.103	0.175	—	—	—	—	—	—	0.145

第4章 污染防治可行技术评估

技术评估是确定污染防治可行技术的关键内容，本章依托煤化工行业的技术评估指标及调研数据库构建了技术评估模型，研发了多种定性、定量相结合的技术评价方法，实现了对备选污染防治技术清单的筛选评估。以煤气化和硫回收的最佳可行技术筛选为例，作为过程控制和末端治理的代表，对污染防治可行技术的筛选和评估进行了详细的介绍，确定了煤气化和硫回收的最佳可行技术清单。

4.1 技术评估框架

4.1.1 筛选的技术路线

在完成技术调研后应对同类工艺（技术）的污染防治综合效果进行比较分析，因此，本书将煤化工污染防治技术分为“过程控制工艺”与“末端污染治理技术”。其中，过程控制工艺分为采用固定床气化技术的单醇生产工艺、采用大型气流床技术的单醇生产工艺、焦炉气制甲醇工艺、联醇工艺；末端治理技术分为工业废水、废气和固废的处理处置技术。

本书充分应用决策科学和系统科学中的综合评价方法，建立了定性和定量相结合的BAT筛选技术路线（图4-1）和方法学，实现了对煤化工特定工艺或技术进行系统科学的分析，筛选出综合效益最佳的污染防治可行技术。对于可定量化的指标由调研获得的实际数据为主进行评价，对于难以定量的定性指标则以专家主观评价为参考（如专家为技术经济、技术稳定性、技术成熟度、费效比等对技术进行定性打分评价）。

技术筛选的主要过程包括行业技术数据收集整理、指标体系建立、指标权重及各技术的定性定量指标综合评价。其中，定量数据整理过程中需借助统计分析对大样本定量数据进行处理；结合Delphi法的思想，通过专家咨询确定指标体系和权重。技术筛选方法以多指标决策的计算模型为主，包括线性加和法、ELECTRE法和PROMETHEE法等。本书对每种方法得到的准可行技术进行比较分析，若结果比较一致，则筛选出的一种或几种技术为最佳可行技术。同时，针对ELECTRE法进行所设阈值的敏感性分析，分析比较结果的不确定性。

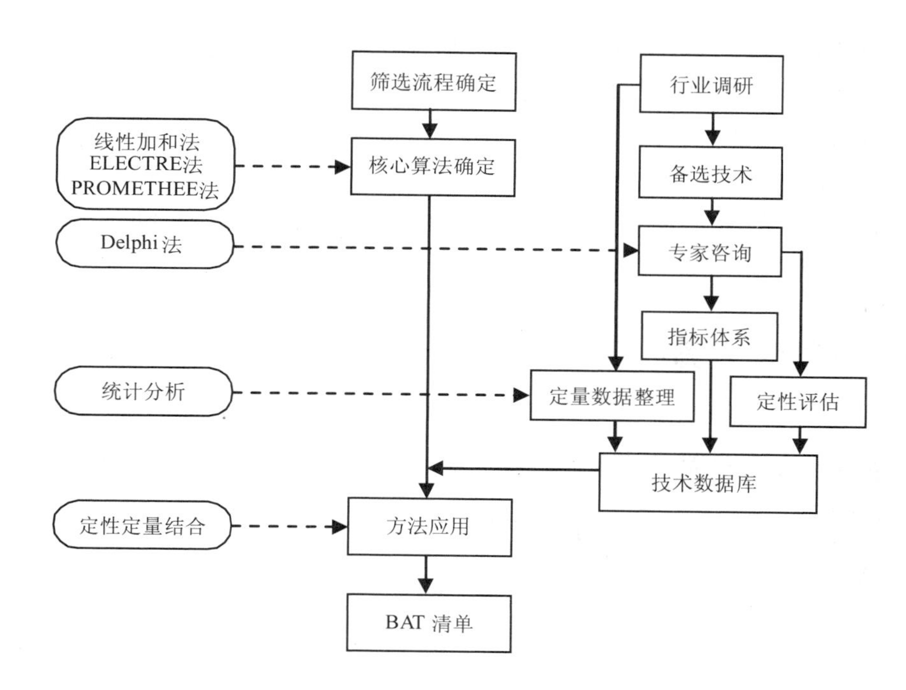

图 4-1　煤化工行业污染防治最佳可行技术筛选技术路线

4.1.2　多指标决策法的评估模型

污染防治最佳可行技术筛选评估综合考虑环境效益，因此最佳可行技术评估模型要考虑多环境准则，还需要同时考虑成本效益和技术参数。多指标决策（Multicriteria Decision Making，MCDM）是一类处理含多个指标的复杂决策问题的辅助手段。该方法能够同时比较备选方案之间的多个指标，全面考察备选方案的优劣。按照指标之间能否互补，多指标决策方法可以分为效用函数法（Utility-Value）和级别不劣于法（Outranking）。

效用函数法度量方案之间相对优劣的基本原理是构建一个基于指标之和的效用函数，通常指标根据其对评价目标的重要程度不同，可以设置权重的差别，故效用函数通常是一个加权和。确定权重是效用函数评价法的关键步骤，根据权重的确定方法，效用函数法可分为主观赋值和客观赋值两大类。

与效用函数不同，级别不劣于Outranking方法考虑到某些指标之间的不可弥补性。“级别不劣于”可以定义为从决策者的角度出发，有足够证据证明在指定的某一方面，备选方案 a_t 至少不劣于另一方案 a_t。从上述定义看出，“级别不劣于”关系是在某一指标下，通过技术方案之间的两两比较得出结果。技术方案之间的关系，除了“强烈偏好”和“无差别”，还有“不可比”和“弱偏好”。本方法比较的最终结果，可以制作出一张技术方案的层次排序图。

ELECTRE 法即是一类常用的级别不劣于方法，最初由 Roy 在 1968 年创造，且现在已经针对问题的具体情况衍生出多个版本。这种方法在欧洲广泛用于水资源管理、能源选择、污染物控制措施选择、核电站选址、固体废弃物处置方式选择等多种环境管理领域。ELECTRE 法的缺点在于计算过程比较烦琐，需要的数据量较大，对于一般的决策者来说不易掌握，特别是在处理模糊数问题时，计算量相当大。相对而言，PROMETHEE 法是一种较为简便的级别不劣于算法。目前，PROMETHEE 方法已经能够与模糊数理论结合，有效处理数据不确定度较大的决策问题。

4.2 最佳可行技术筛选方法

4.2.1 最佳可行技术筛选流程

本书确定的污染防治最佳可行技术筛选以多指标决策为技术优劣比较的核心算法，具体筛选流程见图 4-2。

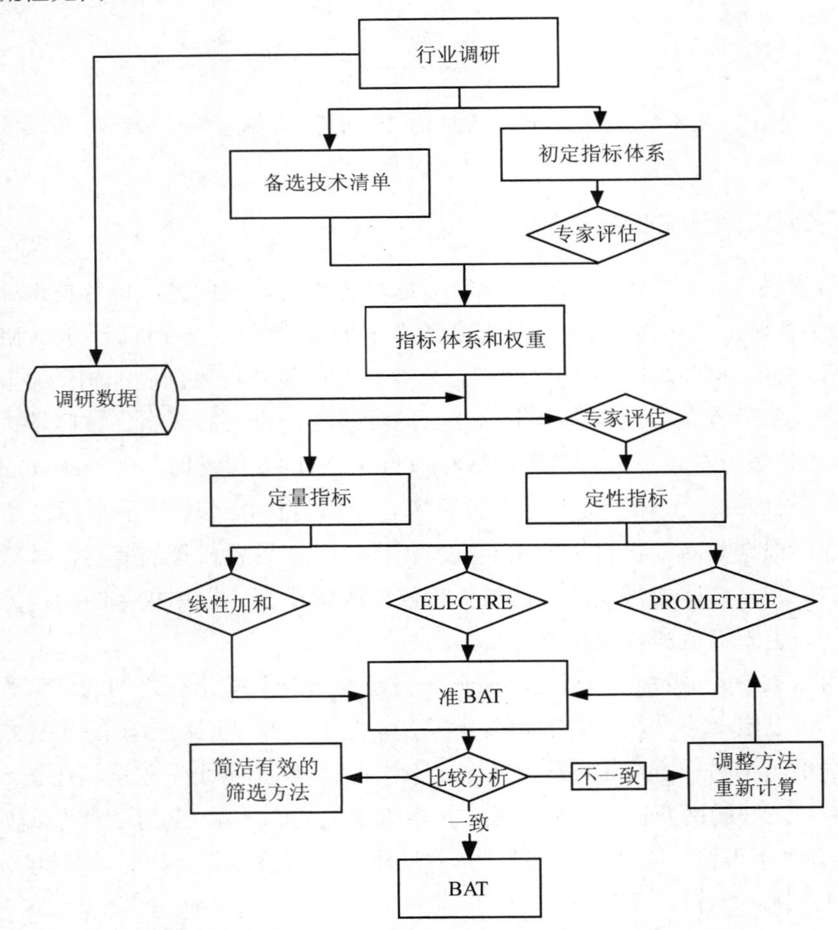

图 4-2 最佳可行技术筛选流程

具体包括的主要环节：

（1）通过行业技术调研得到煤化工污染防治的备选技术清单，初步比较各技术的技术经济性和环境影响。根据特征污染物达标排放能力，或者通过专家咨询，初筛出最佳可行技术备选技术清单。

（2）根据煤化工行业工艺和工序特点初步设计技术评估指标体系，由咨询专家确定最终的筛选指标体系和指标权重。

（3）依托调研获得的技术数据库（来自于文献检索和企业调研数据）确定各技术评估指标的得分。难以定性的指标采用专家主观打分评价。

（4）获得指标权重值和各技术指标的得分后，采用效用函数方法（线性加和法）和两种级别不劣于 Outranking 方法（ELECTRE 法、PROMETHEE 法），筛选最佳可行技术。若每种方法筛选的 BAT 结果比较一致，则确定一种或几种最佳可行技术；若筛选结果不一致，需要分析各种方法所得结果差异的来源，查找不一致原因，调整评估方法并重新筛选。

4.2.2 指标权重确定

煤化工行业污染防治最佳可行技术评估指标包括四个一级指标：技术指标（C_1）、资源能源消耗/回收指标（C_2）、污染物排放/减排指标（C_3）和经济指标（C_4）。根据行业特点和技术特点（过程控制技术/污染治理技术），每个一级指标下设定若干二级指标（C_{11}，…，C_{1n}，…，C_{41}，…C_{4m}）。

根据技术评估指标，设计评分表格，设定打分规则：可以删除的指标特别标识出，其余指标 C_i 得分为 1～5 的整数，得分越高，重要性越大。本书按照如下程序确定各一级和二级指标权重：

（1）组成专家小组。按照煤化工行业特点和技术类型所需要的知识范围选定专家，主要分为过程控制（生产技术）和末端治理（污染治理）两类。由于煤制甲醇生产技术的种类繁多，气化、硫回收等技术的评估都需要精通特定工艺环节的专家。研究最终选定生产过程控制专家 12 人，末端治理专家主要集中在“三废”处理方面（以污水处理专家为主）共 8 人。

（2）请所有专家对于自己所在领域（过程控制或污染治理）的工序的最佳可行技术筛选的一级指标和二级指标进行重要性打分（范围 1～5）。认为指标可以删除，则选择“建议删除”。二级指标的重要性在同一个一级指标下进行比较。在研究过程中已经开发完成技术筛选信息系统，专家打分可在网上信息系统中进行，也可通过邮件、传真或者当面提交。

（3）将第一次打分结果汇总，进行统计分析，再反馈给专家，让专家比较自己同他人的不同意见，修改自己的意见和判断。

（4）重复（3）直到专家形成比较统一的意见。

（5）处理专家打分信息。

①删除不必要指标。若有 50%以上的专家认为某项一级或二级指标可以删除，则将

指标视为不必要，将之删除。删除一级指标时，其包含的二级指标全部删除。

②确定一级指标权重。每位专家的打分结果进行代数平均，得到每项一级指标的重要性平均得分。归一化之后得到每项一级指标的权重：

$$W_i = \frac{c_i}{\sum_i c_i} \quad \text{（公式 4-1）}$$

式中，W_i 为 C_i 指标的权重；c_i 为 C_i 指标的重要性平均得分。

③确定二级指标权重。对每位专家的打分结果进行代数平均，得到每项二级指标的重要性平均得分。对每个一级指标下的二级指标进行归一化，再乘上对应的一级指标权重，即得到二级指标权重：

$$W_{ij} = W_i \times \frac{c_{ij}}{\sum_j c_{ij}} \quad \text{（公式 4-2）}$$

式中，W_i 为 C_i 指标的权重；W_{ij} 为 C_{ij} 指标的权重；c_{ij} 为 C_{ij} 指标的重要性平均得分。

4.2.3 指标得分计算

1. 定性指标得分

请专家用 1～5 标度法对各技术的定性指标进行评估，得分越高该技术在该指标下的表现越好。每项技术的每项指标得分采取专家打分的平均值。

2. 定量指标得分

将定量指标转化为 1～5 的得分，转化方法如下：

（1）若该指标值越大越好（如有效气成分，冷煤气效率等），则将指标值最低的技术赋指标得分为 1，指标值最大的技术赋指标值为 5；若该指标值越小越好（如污染物产生量等），则将指标值最大的技术赋指标得分为 1，指标值最小的技术赋指标得分为 5。

（2）其余技术按照线性内插法得到指标得分：

$$s_{i,t} = \begin{cases} \dfrac{a_{ij,t} - a_{ij,\min}}{a_{ij,\max} - a_{ij,\min}} \times 4 + 1, \text{若} a_{i,t} \text{取值越大越好} \\ 5 - \dfrac{a_{ij,t} - a_{ij,\min}}{a_{ij,\max} - a_{ij,\min}} \times 4, \text{若} a_{i,t} \text{取值越小越好} \end{cases} \quad \text{（公式 4-3）}$$

式中，$a_{ij,t}$ 为技术 t 在定量二级指标 C_{ij} 上的样本平均值；$a_{ij,max}$ 为所有技术在定量二级指标 C_{ij} 上样本平均值的最大值；$a_{ij,min}$ 为所有技术在定量二级指标 C_{ij} 上样本平均值的最小值。

4.2.4　技术优劣比较算法

本书选用线性加和法、ELECTRE 法和 PROMETHEE 法为核心算法。这三种方法的特点比较如下：

（1）线性加和法计算过程最简单，结果也最直观，是最常用的一种效用函数方法，便于集成到最佳可行技术信息管理系统中，易于推广应用于其他行业和本行业其他工艺、工段的最佳可行技术筛选中。但其缺点是指标之间的互补性，即备选技术在某项指标上的好的表现，能弥补其在另一指标上的较差表现。这导致某些对环境影响很大的工艺技术，由于技术经济和物耗能耗的显著优越性而入选污染防治最佳可行技术。

（2）ELECTRE 法的优点在于其结果提供的是不同技术综合的优劣关系，而不是一个排名，因而筛选出来的最佳可行技术可能不是一种，而是几种并列。这几种最佳可行技术通常特点迥异，适用的生产规模等条件不同，便于企业根据自身情况，选择一种最佳可行技术。另外，ELECTRE 法对于相对优劣的判断标准是半定性的，因此在处理不确定度较大的数据时具有兼容性。对于数据不全，或者波动较大的情况，这一优势更加明显。

（3）PROMETHEE 法除了具有 ELECTRE 法的优点外，还有一个强大的功能就是处理主观性的技术数据。由于这种方法是基于“偏好函数”，因此，特别适用于没有具体的技术调研数据，而只有技术专家评估结果的情况。

4.3　煤气化技术筛选应用实例

煤气化是煤化工行业的通用技术，也是污染问题较严重的工序之一，是重要的过程控制技术，并且是其他后续煤化工工序的基础，因此煤气化技术筛选对行业污染控制有重要意义，本节介绍煤气化的污染防治最佳可行技术筛选案例。

4.3.1　煤气化技术概述

煤的气化是使煤在气化剂作用下转化成以 CO 和 H_2 为主要成分的煤气，作为进一步合成甲醇、二甲醚、氨等的基础。目前可作为大型工业化运行的煤气化技术，可分为固定床气化技术、流化床气化技术、气流床气化技术等。煤气化技术总的发展趋势是气化压力由常压向中高压（8.7 MPa）发展、气化温度向高温（1 500～1 600℃）发展、气化原料向多样化发展、固态排渣向液态排渣发展。主要气化技术特性比较见表 4-1。

目前我国煤制甲醇企业主要采用固定床和气流床气化技术，流化床气化制甲醇企业数量很少。固定床气化技术中，新建企业主要采用提升型固定床间歇气化、常压富氧连续气化技术等，现有常压间歇气化技术已逐步进行节能降耗改造。气流床气化技术以德士古水煤浆加压气化（Texaco）和壳牌干煤粉加压气化（SCGT）为代表，同时国内具有自主知识产权的大型气流床煤气化技术，如多喷嘴对置式水煤浆气化技术，近年来也迅速发展。

表 4-1 煤直接气化制甲醇技术特性

气化技术	原料煤适应性	操作温度/℃	操作压力/MPa	有效气成分/%	冷煤气效率/%	环境影响	物耗能耗
提升型固定床间歇气化	适应多种煤	～1 000	0.03	80	90	废水排放量大，COD、氨氮等含量高，含有难处理的焦油、酚等；废气产生和排放量较大，粉尘含量较高；灰渣含碳量较高	氧耗较低，蒸汽耗较高，电耗较高
常压富氧连续气化	适应多种煤	～1 000	～0.02	75	75		
鲁奇加压气化	适应多种煤	800～900	2.5～4.0	55	70		
高温温克勒气化	适应多种煤	800～1 000	1.0～2.5	75	72	灰渣含碳量较高	氧耗和蒸汽耗居中，电耗较低
恩德常压粉煤气化	无烟煤	～1 000	0.04	69	82		
灰融聚流化床气化	烟煤	1 000～1 300	0.03～1.0	70	73		
德士古水煤浆气化	烟煤	1 400～1 600	1.0～6.0	88	76	废水产生量少，COD、氨氮等污染物含量较低，易处理；废气产生和排放量较低，粉尘较少，SO_2基本不排放；灰渣含碳量低	氧耗较高，蒸汽耗较低，电耗较低
多喷嘴对置式水煤浆气化	烟煤	1 300～1 400	4.0～6.5	85	76		
壳牌干煤粉加压气化	适应多种煤	1 500～1 900	1.0～3.0	91	82		
GSP 干煤粉加压气化	适应多种煤			86	80		

不同煤气化技术的环境影响差异甚大。传统的常压固定床气化技术与先进的干煤粉气化技术在主要污染物排放和原料消耗、副产品等方面的比较（图 4-3）表明：生产相同数量的甲醇，干煤粉技术比固定床技术削减 99%的粉尘、67%的 COD、86%的氨氮和 22%的炉渣，同时减少 11%的新鲜水消耗，生产 5 倍以上的副产品硫黄，因而在污染物削减、副产品产量方面都远远优于传统的固定床技术。

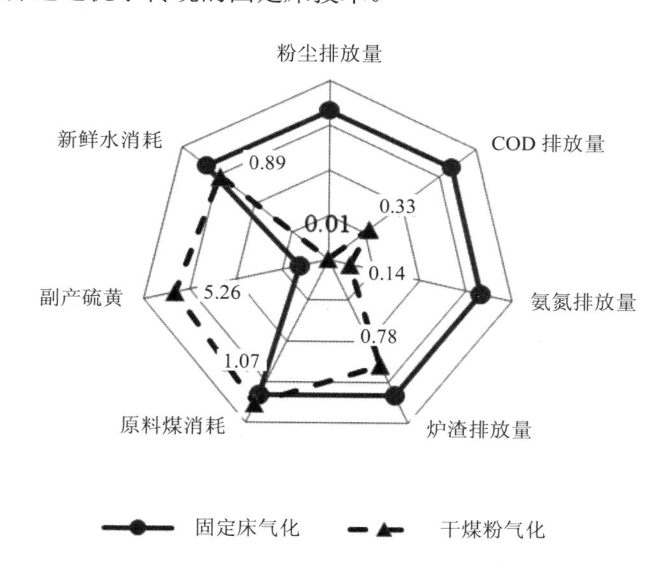

图 4-3　固定床气化技术和干煤粉气化技术比较

注：图中标注的数字表示生产相同数量甲醇，干煤粉气化技术的该指标值相对于固定床技术的倍数。

4.3.2　指标体系和权重

1. 技术指标体系

将最佳可行技术筛选指标中的四个一级指标——技术指标（C_1）、资源能源消耗/回收指标（C_2）、污染物排放/减排指标（C_3）和经济指标（C_4），根据气化工序的技术特点进行名称细化，并在每个一级指标下设定若干二级指标（C_{11}，…，C_{1n}，…，C_{41}，…，C_{4m}），指标及解释见表 4-2。

2. 指标重要性和权重

气化技术由生产过程控制专家评定，根据专家打分计算指标重要性，得到指标权重，每项指标的专家建议删除率都小于 50%，所有指标都入选煤气化最佳可行技术筛选指标体系。指标重要性得分见表 4-3，计算后的指标权重见图 4-4。

表 4-2 煤气化最佳可行技术筛选指标体系

一级指标	二级指标	指标单位	指标解释
技术特性 C_1	原料煤适应性 C_{11}	定性指标	对原料煤粒度、热值、灰分等方面的要求，以及适合该技术的煤种；要求越少，原料煤种越广，原料煤种适应性越高
	有效气成分 C_{12}	%	煤气中 CO 和 H_2 的体积百分数之和；原料煤的物质利用效率
	成熟度 C_{13}	定性指标	该技术发展程度及其在国内外的工业化应用普及情况
	大规模连续运行能力 C_{14}	定性指标	单炉生产规模，连续生产能力；技术运行稳定性
	冷煤气效率 C_{15}	%	煤气的化学能与气化用煤化学能之比；原料煤的能量利用效率
消耗指标 C_2	新鲜水耗 C_{21}	t/t 甲醇	气化环节生产一吨产品甲醇消耗的新鲜水，不包括循环水和再生水；气化环节的主要物质消耗
	电耗 C_{22}	kW·h/t 甲醇	气化环节生产一吨产品甲醇消耗的电；甲醇生产中主要的能量消耗形式
	蒸汽耗 C_{23}	kg/t 甲醇	气化环节生产一吨产品甲醇消耗的蒸汽（低、中、高压蒸汽量之和）；气化环节另一项重要能量消耗
产污指标 C_3	粉尘 C_{31}	kg/t 甲醇	备煤和气化环节产生的粉尘；气化环节主要的大气污染物
	COD C_{32}	kg/t 甲醇	气化环节产生的进入到废水中的 COD；气化环节的主要水体污染物
	氨氮 C_{33}	kg/t 甲醇	气化环节产生的进入到废水中的氨氮；甲醇生产废水中主要的氨氮来源
	氰化物 C_{34}	kg/t 甲醇	气化环节产生的进入到废水中的 CN^-，气化废水中常见的毒性较大的污染物；甲醇生产主要的氰化物污染源
	废渣 C_{35}	kg/t 甲醇	气化产生的飞灰和炉渣；煤制甲醇的主要固废来源
经济有效性 C_4	投资成本 C_{41}	定性指标	包括基建成本、专利和设备购买等所有投资成本
	运行维护成本 C_{42}	定性指标	包括维修费、原材料和能源消耗费用、排污费用、人工费等所有运行

表 4-3　煤气化最佳可行技术筛选指标权重

一级指标	重要性平均分	权重	二级指标	重要性平均分	权重
技术特性	4.6	0.28	原料煤适应性	3.7	0.06
			有效气成分（%）	3.8	0.06
			成熟度	2.3	0.04
			大规模连续运行能力	3.0	0.05
			冷煤气效率（%）	4.3	0.07
消耗指标	3.1	0.19	新鲜水耗（t/t 甲醇）	4.5	0.07
			电耗（kW·h/t 甲醇）	4.6	0.07
			蒸汽耗（kg/t 甲醇）	3.1	0.05
产污指标	4.8	0.29	粉尘（kg/t 甲醇）	3.4	0.05
			COD（kg/t 甲醇）	4.8	0.06
			氨氮（kg/t 甲醇）	4.2	0.06
			氰化物（kg/t 甲醇）	4.6	0.06
			废渣（kg/t 甲醇）	4.5	0.06
经济有效性	4.2	0.24	投资成本	4.5	0.12
			运行维护成本	4.5	0.12

从一级指标专家评估结果看，产污指标在四项一级指标中重要性最大，而技术特性和经济效益也是最佳可行技术的关注点，因此这两项一级指标的权重也较大。从二级指标看，投资成本和运行成本的权重最大，这主要是由于数据可得性的问题，经济有效性一级指标只设了这两个定性二级指标，因此这两个二级指标实际包含了成本的各个方面，是成本效益分析的简化。

4.3.3　技术筛选结果

1. 线性加和法的筛选结果

如图 4-5 所示，从线性加和法的计算结果看，GSP 干煤粉加压气化和壳牌干煤粉加压气化（SCGT）两种技术的总得分有较大优势，多喷嘴对置式水煤浆气化、德士古水煤浆气化和提升型固定床间歇气化略次于前两种技术。而其余的 5 种技术与前 5 种技术得分存在较大差距。根据最佳可行技术不超过备选技术的 50%，确定这 5 种技术为线性加和法得出的准最佳可行技术。

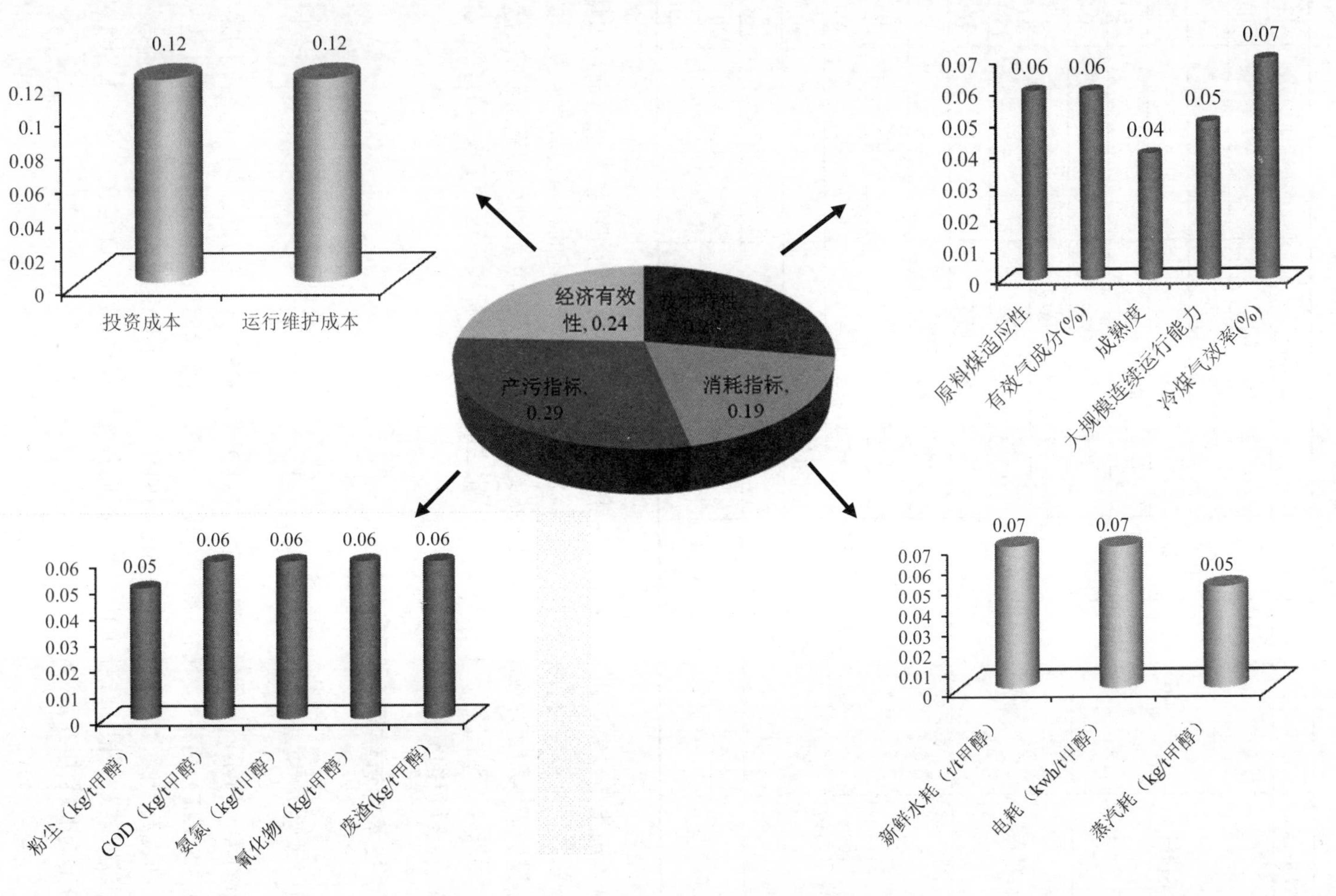

图 4-4　煤气化污染防治最佳可行技术筛选指标权重

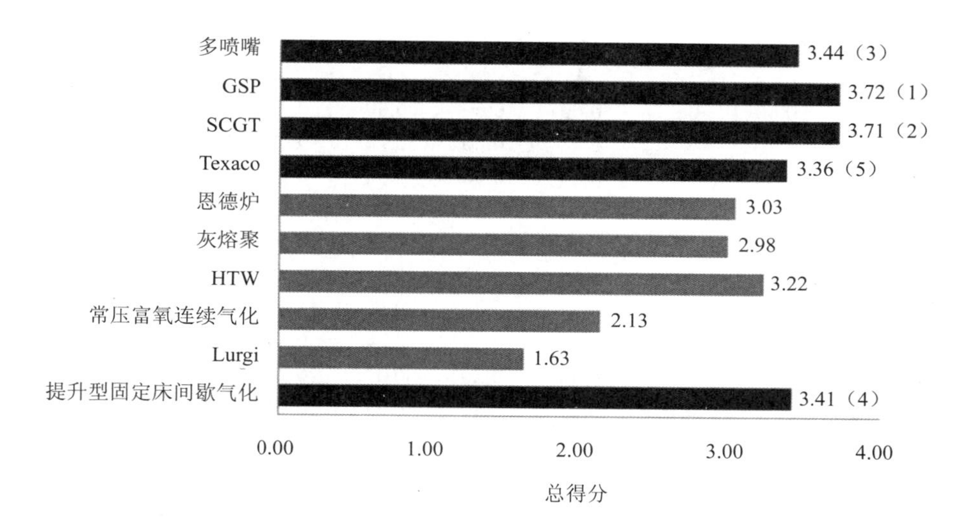

图 4-5　技术筛选线性加和法计算结果

注：深色的为线性加和法的准最佳可行技术，数据标签中前一个数据为总得分，括号里面的数字为得分排名。

2. ELECTRE 法的筛选结果

按照 ELECTRE 法设定的参数，使用 Matlab 进行计算，和谐矩阵 ***C***=

	1	2	3	4	5	6	7	8	9	10
1	1.01	0.96	0.89	0.61	0.61	0.66	0.56	0.37	0.31	0.49
2	0.18	1.01	0.41	0.16	0.16	0.28	0.35	0.17	0.22	0.16
3	0.22	0.78	1.01	0.41	0.48	0.48	0.24	0.24	0.17	0.36
4	0.46	0.90	0.71	1.01	0.59	0.66	0.42	0.31	0.41	0.36
5	0.40	0.85	0.60	0.60	1.01	0.77	0.42	0.30	0.35	0.53
6	0.35	0.85	0.60	0.77	0.48	1.01	0.42	0.36	0.41	0.36
7	0.52	0.90	0.83	0.70	0.59	0.64	1.01	0.46	0.57	0.75
8	0.70	0.84	0.77	0.70	0.84	0.65	0.55	1.01	0.64	0.60
9	0.70	0.84	0.84	0.65	0.84	0.65	0.61	0.78	1.01	0.60
10	0.52	0.90	0.71	0.76	0.48	0.70	0.72	0.41	0.52	1.01

注：①编码代号（本节中所有矩阵都采用这个编码顺序，为简便起见，以下不再标注）为 1-提升型固定床间歇气化，2-鲁奇加压气化，3-富氧连续气化，4-高温温克勒气化，5-灰熔聚流化床气化，6-恩德粉煤气化，7-Texaco 水煤浆气化，8-壳牌干煤粉加压气化，9-GSP 干煤粉加压气化，10-多喷嘴对置式水煤浆气化。
②矩阵中的元素 $C_{i,j}$ 表示第 i 行的技术与第 j 列的技术之间的和谐值。

不和谐矩阵 ***D***=

	1	2	3	4	5	6	7	8	9	10
1	0	0.60	0.38	0.60	0.60	0.60	0.74	0.80	0.65	0.74
2	0.80	0	0.58	0.78	0.80	0.76	0.79	0.80	0.80	0.79
3	0.80	0.60	0	0.80	0.80	0.80	0.79	0.80	0.80	0.79
4	0.73	0.65	0.69	0	0.40	0.20	0.42	0.73	0.74	0.42
5	0.73	0.65	0.69	0.34	0	0.34	0.59	0.73	0.74	0.59
6	0.80	0.65	0.69	0.60	0.30	0	0.80	0.73	0.74	0.80
7	0.65	0.58	0.61	0.57	0.40	0.57	0	0.65	0.67	0.34
8	0.62	0.29	0.47	0.34	0.39	0.34	0.34	0	0.19	0.45
9	0.43	0.28	0.28	0.34	0.20	0.34	0.24	0.20	0	0.35
10	0.78	0.71	0.74	0.27	0.40	0.27	0.14	0.78	0.80	0

注：矩阵中的元素 $D_{i,j}$ 表示第 i 行的技术与第 j 列的技术之间的不和谐值。

级别不劣于关系矩阵 ***O***=

	1	2	3	4	5	6	7	8	9	10
1	2	2	2	0	0	0	0	0	0	0
2	0	2	0	0	0	0	0	0	0	0
3	0	2	2	0	0	0	0	0	0	0
4	0	0	0	2	0	2	0	0	0	0
5	0	0	0	1	2	2	0	0	0	0
6	0	0	0	0	0	2	0	0	0	0
7	0	2	0	2	0	0	2	0	0	2
8	0	2	2	2	2	2	0	2	1	1
9	2	2	2	2	2	2	1	2	2	1
10	0	0	0	2	0	2	2	0	0	2

注：矩阵中的元素 $O_{i,j}$ 表示第 i 行的技术对第 j 列的技术之间的优劣关系，其中 2 表示强优于关系，1 表示弱优于关系，0 表示不优于。

根据上述关系，绘制煤气化技术级别不劣于关系图，见图 4-6。

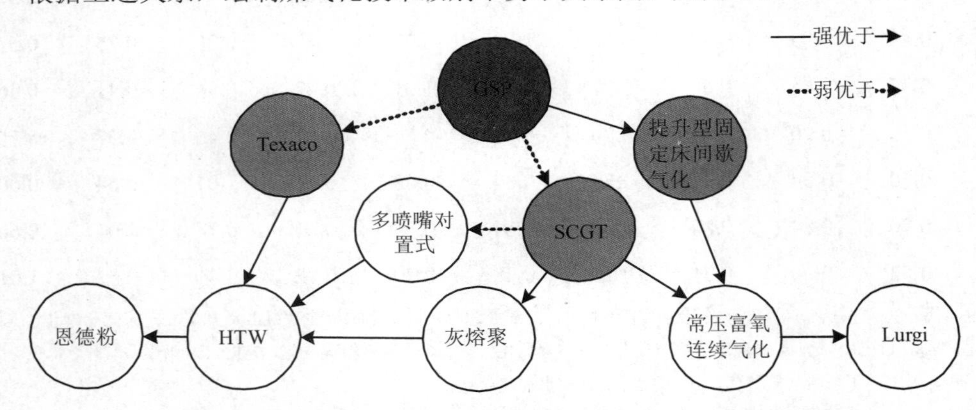

图 4-6 煤气化污染防治最佳可行技术筛选 ELECTRE 关系

注：颜色加深的四种技术可列为 ELECTRE 法计算得到的准最佳可行技术。

如图 4-6 所示，GSP 技术不劣于任意其他技术，处于优劣关系图中的第一级，为 ELECTRE 计算中的首选技术。而 Texaco 水煤浆气化、壳牌干煤粉加压气化、提升型固定床间歇气化仅劣于 GSP，也可作为准最佳可行技术。位于第三级的技术有多喷嘴对置式水煤浆气化、灰熔聚流化床气化、常压富氧连续气化，由于最佳可行技术总数不超过备选技术总数的 50%，故这三种技术暂时不列入 ELECTRE 法的准最佳可行技术。

3. PROMETHEE 法的筛选结果

用 Matlab 计算得偏好矩阵：$\boldsymbol{P}=$

	1	2	3	4	5	6	7	8	9	10
1	0	0.40	0.27	0.20	0.24	0.22	0.19	0.17	0.14	0.18
2	0.04	0	0.07	0.06	0.08	0.06	0.05	0.04	0.02	0.06
3	0.06	0.19	0	0.08	0.06	0.07	0.07	0.07	0.04	0.07
4	0.18	0.41	0.31	0	0.08	0.05	0.08	0.09	0.04	0.04
5	0.15	0.34	0.24	0.03	0	0.03	0.07	0.06	0.02	0.06
6	0.17	0.36	0.27	0.01	0.06	0	0.09	0.09	0.04	0.05
7	0.22	0.46	0.33	0.09	0.18	0.18	0	0.07	0.02	0.01
8	0.31	0.60	0.50	0.26	0.30	0.34	0.22	0	0.02	0.22
9	0.29	0.60	0.47	0.24	0.26	0.30	0.21	0.02	0	0.20
10	0.21	0.46	0.38	0.08	0.18	0.17	0.03	0.09	0.05	0

注：矩阵中的元素 $P_{i,j}$ 表示第 i 行的技术对第 j 列技术的偏好值。

入流、出流和净流的计算结果见表 4-4，各技术比较见图 4-7。

表 4-4　煤气化技术 PROMETHEE 法计算结果

	1	2	3	4	5	6	7	8	9	10
入流	1.62	3.83	2.83	1.05	1.45	1.42	1.01	0.69	0.40	0.89
出流	2.02	0.47	0.71	1.29	1.00	1.15	1.56	2.76	2.59	1.66
净流	0.39	−3.36	−2.13	0.24	−0.45	−0.27	0.55	2.07	2.19	0.77

图 4-7 中按照净流（net flow）降序从左到右排序。从图中可以看出，GSP 干煤粉加压气化在 PROMETHEE 法计算中净流最大，作为首选技术。而壳牌干煤粉加压气化、多喷嘴对置式水煤浆气化、德士古水煤浆气化、提升型固定床间歇气化、高温温克勒（HTW）的净流也大于零，列 2～6 位。其中壳牌技术的出流和入流的绝对值都大于 GSP，净流与 GSP 技术差距不大。说明壳牌技术相对于其他备选的优点比较突出，但在某几项指标上劣势也比较明显。恩德粉煤加压气化、灰熔聚流化床气化、常压富氧连续气化和鲁奇加压气化的净流小于零，说明这几种技术在备选技术中的相对劣势大于优势。

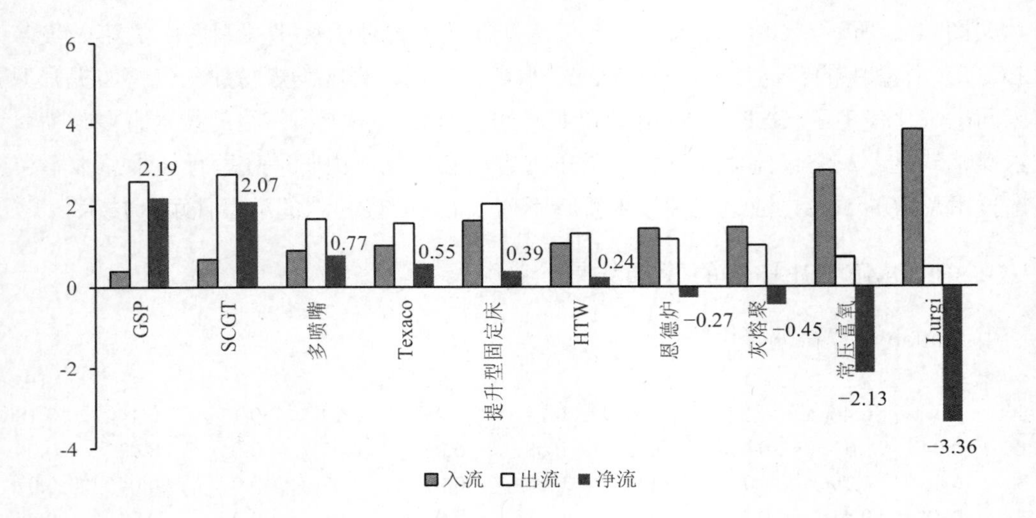

图 4-7 煤气化技术 PROMETHEE 法计算结果比较

注：图中的数据标签为各项技术的净流值。

由于最佳可行技术的个数不超过备选技术的 50%，将净流排名前五的技术——GSP 干煤粉加压气化、壳牌干煤粉加压气化、多喷嘴对置式水煤浆气化、德士古水煤浆气化、提升型固定床间歇气化列为 PROMETHEE 法的准最佳可行技术。

4.3.4 敏感性分析

由于 ELECTRE 法中阈值的设定对级别不劣于关系的判定有影响，故需要对阈值进行敏感性分析，通常是所有 p 值同时变动±0.1，q 同时变动±0.1，再排序与原结果比较，具体假设见①～④。优劣图中第一级和第二级的为最佳可行技术，结果见图 4-8。

从图 4-8 中可以看出：

（1）阈值 p、q 的高低对优劣关系图影响较大，这从一个侧面说明各种备选技术之间的优劣差异不太明显。

（2）GSP、Texaco、SCGT、多喷嘴对置式水煤浆气化四种技术在每个敏感性分析参数设定假设下都列为 ELECTRE 法中的准最佳可行技术。

（3）提升型固定床间歇气化在最后一种假设，即提高拒绝阈值 q 时（实际上是放宽“不劣于”对于不和谐矩阵中相应值的要求），处于优劣图中的第三级，劣于处于第二级的 SCGT，不被列为准最佳可行技术。进一步理解，这种现象说明 SCGT 技术在某些方面劣于提升型固定床（如成熟度、投资成本等），但是这种劣势不很大（小于假设④设定的 q）。

（4）当级别不劣于关系的判定对和谐矩阵的要求提高时（假设①），Texaco 技术不劣于 GSP 技术。说明 GSP 技术在一些指标（如冷煤气效率、有效气成分、污染指标）上优于 Texaco，但是优势不很大（小于假设①设定的 p）。

① $p^*=0.80$，$p^0=0.75$，$p^-=0.70$，$q^*=0.60$，$q^0=0.50$

② $p^*=0.60$，$p^0=0.55$，$p^-=0.50$，$q^*=0.60$，$q^0=0.50$

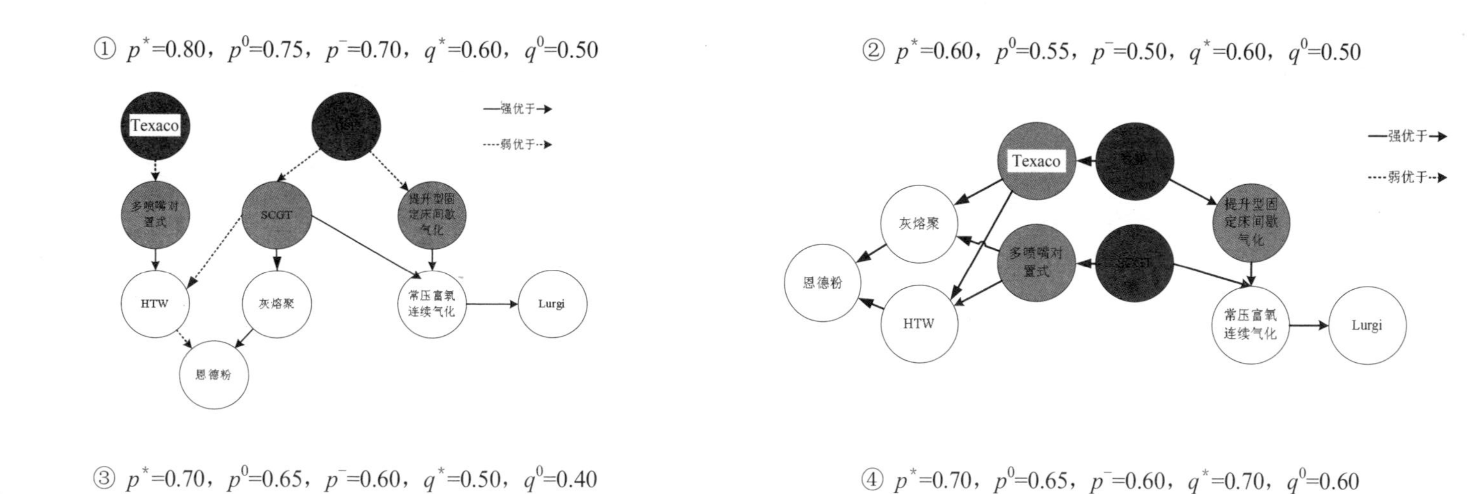

③ $p^*=0.70$，$p^0=0.65$，$p^-=0.60$，$q^*=0.50$，$q^0=0.40$

④ $p^*=0.70$，$p^0=0.65$，$p^-=0.60$，$q^*=0.70$，$q^0=0.60$

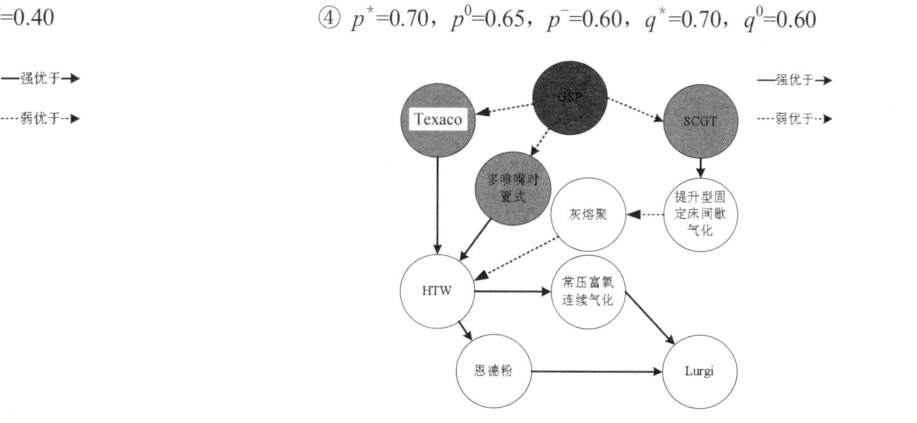

图 4-8 技术筛选 ELECTRE 法敏感性分析结果

（5）当降低级别不劣于关系的判定对和谐矩阵的要求（假设②），SCGT 技术不劣于GSP技术。由于参数设定假设的计算结果中，SCGT弱优于GSP，而GSP强优于SCGT，在假设②中，降低强优于的标准，所以 SCGT 也强优于 GSP，两者不可比。这说明 SCGT 技术在某些指标（如成熟度）上优于 GSP，但优势不很大（小于原假设的 p）。

多喷嘴对置式技术在原假设下没有列为准最佳可行技术，而在四种敏感性分析假设中全部列为准最佳可行技术。因此，考虑将这种技术也列为 ELECTRE 法的准最佳可行技术。

4.3.5　煤气化最佳可行技术确定

三种方法技术筛选结果比较一致：GSP 干煤粉加压气化技术都为准最佳可行技术的首选技术，而壳牌干煤粉加压气化、德士古水煤浆气化、提升型固定床间歇气化和多喷嘴对置式水煤浆气化也都是准最佳可行技术。基于上述结果，本书将这五种技术都推荐为煤气化污染防治最佳可行技术（表 4-5）。

从煤气化污染防治最佳可行技术的筛选结果看，气流床的四种技术（Texaco、SCGT、GSP、多喷嘴对置式水煤浆气化）全部被列为最佳可行技术，而其他两类（固定床和流化床）技术只有提升型固定床间歇气化被列为最佳可行技术。因此，气流床技术是目前煤气化技术的发展方向。

从煤气化最佳可行技术的适用性来看，新建的大规模煤制甲醇企业首推 GSP 干煤粉加压气化技术。中等规模，或者一次投资有限的企业，推荐使用多喷嘴对置式水煤浆气化或者德士古水煤浆气化。城市煤气和火电厂推荐使用壳牌干煤粉加压气化技术。原有的小规模固定床煤制甲醇（联醇）企业推荐用提升型固定床间歇气化改造传统的固定床气化技术。

4.4　煤化工硫回收技术筛选的应用实例

净化气尾气硫回收是煤制甲醇重要的污染物末端治理技术。本节以该工序的污染防治最佳可行技术筛选作为案例，阐述最佳可行技术筛选方法在末端治理技术筛选上的具体应用。由于计算过程与方法基本相同，本节介绍结果以比较说明过程控制技术和末端治理技术在筛选最佳可行技术时的异同。

4.4.1　硫回收技术概述

硫回收工序的主要任务是将净化工序出来的尾气中富含的硫进行回收，从而降低尾气中的 H_2S、SO_2 等污染物含量，达到国家环保排放标准。目前煤化工领域常见的硫回收技术有常规克劳斯技术、超级克劳斯技术、超优克劳斯技术等。常规克劳斯技术是较早的克劳斯硫回收技术，在国内企业中应用较为普遍，但是其尾气浓度基本无法达到环保要求，

表 4-5 煤气化污染防治最佳可行技术

技术名称	技术描述	技术特点	适用性	环境效益	经济性
GSP 干煤粉加压气化	干煤粉进料，液态排渣，加压气化，水激冷	碳转化率 98%～99%，冷煤气效率 80%～83%，有效气成分 90%以上，有效气比煤耗 550～600 kg/km^3，比氧耗 330～360 m^3/km^3，比蒸汽耗 120～150 kg/km^3；生产规模大	国内应用不多；适合新建的大规模煤制甲醇、二甲醚等煤化工企业，以及城市煤气和发电；煤种适应性广	产生废水 COD 100 g/t 甲醇，氨氮 40 g/t 甲醇，炉渣少	投资成本较高，运行费用较低
壳牌干煤粉加压气化	干煤粉进料，加压气化	碳转化率高达 99%以上，产品气体相对清洁，不含重烃，甲烷含量极低，煤气中有效气体 90%以上，氧耗低，热效率高，单炉生产能力大	国内应用不多；适合新建的大规模煤制甲醇、二甲醚等煤化工企业，以及城市煤气和发电；煤种适应性广	基本同 GSP	投资成本和运行成本高于 GSP
德士古水煤浆气化	水煤浆进料，便于提高气化压力，大幅度节约合成气的压缩功耗	能耗大幅度降低少，有效期成分和冷煤气效率高，但氧耗煤耗较大，维修工作量大	国内应用成熟；不适于灰熔点高的煤种；规模较大	不排放重烃、焦油等污染物，粉尘排放低	投资相对较低，运行维护成本高
多喷嘴对置式水煤浆气化	水煤浆气化炉内四喷嘴两两对置，水激冷	稳定性远远高于 Texaco，比煤耗和比氧耗分别降低 2.2%和 7.9%	目前国内已投产和在建的装置有十几套；规模较大；可作为 Texaco 技术的改造	不排放重烃、焦油等污染物，粉尘排放低	专利设备国产化，投资运行成本较低
提升型固定床间歇气化	对传统固定床进行原料、加煤、出灰方式、炉子本体等改进，并加设废气、炉渣利用和污水处理等环节	有效气成分 90%以上，冷煤气效率接近 90%，将传统固定床的水耗、蒸汽耗、煤耗大大降低	小型固定床制甲醇和固定床氨醇联产企业技术改造	改造后可实现污水零排放，大气污染和炉渣大大减少	投资成本低，通过降低物耗能耗降低运行成本

企业的做法一般是将硫回收尾气送到锅炉燃烧后排放；超级克劳斯技术在常规克劳斯技术上发展而来，基本能达到环保要求，目前该装置已经在国内有 30 余套，具有很广的应用前景；超优克劳斯是从超级克劳斯基础上发展而来，能进一步提高硫回收率，2011 年之前国内仅有三套在建装置，尚无实际运行结果。

由于传统的克劳斯及其改进技术在处理效果和成本方面都有缺陷，近年来不断有新技术出现。从常见的硫回收技术中初步筛选出处理后尾气能达到环保要求的列为备选技术清单，各技术的特点见表 4-6。

4.4.2 指标体系及权重

1. 指标体系

根据净化气尾气脱硫技术的实际情况，重点考察三个一级指标：技术特性、成本效益和环境影响，之下各设若干个二级指标（表 4-7）。之所以没有考虑物耗能耗指标是基于以下两个原因：①硫回收技术的典型消耗指标如电耗、水耗等与其他工序相比很小，可以忽略；②这些消耗指标可以从运行成本中反映出来。

2. 指标重要性和权重

净化气尾气硫回收技术属于末端治理技术，但是由于其行业特点比较明显，一般的环保专家对这一工艺不太熟悉，所以本书征求了 12 位过程控制专家和 3 位末端治理专家，发放专家咨询材料 15 份。根据专家给出的指标重要性评估得到指标权重，每项指标的专家建议删除率都小于 50%，所有指标都入选净化气尾气硫回收最佳可行技术筛选指标体系。各指标重要性得分和权重见表 4-8。从表中可见，环境影响中的达标排放能力是末端治理技术筛选中的最重要的指标。事实上，硫回收率也间接反映了达标排放能力。

4.4.3 筛选结果

1. 线性加和法的评估结果

净化气尾气硫回收技术总得分见图 4-9，其中深色的条形对应的为准最佳可行技术。从图 4-9 可以看出，SSR 技术和 Shell-paques 生物脱硫技术在总得分上优势比较明显，酸性气体湿法制硫酸和 SCOT 技术分别列在第三、第四位。由于最佳可行技术的数量不超过备选技术总数的 50%，故取总得分前三位的硫回收技术——SSR、Shell-paques 生物脱硫和酸性气体湿法制硫酸，为线性加和法得出的准最佳可行技术。

表 4-6　硫回收技术比较

技术名称	技术描述	技术特点	适用性	环境效益	技术经济性
超级克劳斯	在常规克劳斯转化之后，最后一级反应器改用选择性氧化催化剂将 H_2S 直接氧化成元素硫	提高克劳斯工艺的硫回收率	国内外已建 120 多套装置，适用于克劳斯工艺改造	硫回收率达到 99%以上	投资成本较高，运行费用较低
超优克劳斯	在超级克劳斯最后一级克劳斯反应器中装填加氢催化剂，并通过特殊催化剂将尾气中余留的 H_2S 选择性氧化成单质硫	进一步提高克劳斯工艺的硫回收率	适用于克劳斯和超级克劳斯工艺的改造	硫回收率达到 99.5%以上	投资运行成本高
Clinsulf	采用等温（内冷）式反应器，在常规的克劳斯燃烧炉和一级反应器（热段）之外，额外设置了二级反应器（冷段，约 125℃）	流程简单，容易操作	适用于克劳斯工艺的改进	硫回收率 99.2%～99.5%，硫纯度 99.9%以上	投资和运行费用相对较低
SCOT	将常规克劳斯工艺尾气中的所有硫化物经加氢还原转化为 H_2S 后，再采用溶剂吸收方法将 H_2S 提浓，循环到克劳斯装置进行处理	是目前世界上装置建设较多、发展速度较快、将规模和环境效益与投资效果结合得较好的一种硫回收工艺	适用于克劳斯工艺的改造，生产能力较大	H_2S 浓度小于 455.4 mg/m^3，硫回收率 99.8%以上	投资运行成本较高，规模效益佳
SSR	一段高温掺合、二段气/气换热生产硫黄；尾气烟气换热加氢还原；配套 LS-300、LS-971、LS-951 等系列催化剂	除制硫燃料炉和尾气焚烧炉，中间过程不涉及在线炉或任何外供能源的加热设备	国内共有 50 多套硫黄回收及尾气处理装置采用了该工艺	硫回收率达到 99.9%以上	技术设备国产化，投资运行成本低，硫回收效率高
Shell-Paque 生物脱硫	利用硫酸盐还原菌（SRB）和好氧菌将硫从系统脱除	工艺流程简单，占地面积少；碱液内部循环，菌种自动再生，不会失活	国外应用于中小型气田、炼油厂尾气、沼气处理等，共 45 套装置，我国已建成首套生物示范线	脱硫率 99.9%以上，硫纯度 99.97%，无 SO_2 排放	能耗低，化学溶剂消耗低，运行维修费用低；菌种驯化时间长，工艺未成熟
酸性气体湿法制硫酸	分为氧化、转化、水合冷凝三步，将 SO_2 转化为硫酸	硫回收效率高，没有废酸及废液外排且回收一定量蒸汽，能耗低	可处理化肥厂、焦化厂、甲醇厂等脱硫装置的酸性气体，也可处理克劳斯尾气	SO_2 转化率和硫回收率均达到 99%	浓硫酸可外售；回收蒸汽能降低能源用量，减少能源投资成本

表 4-7　硫回收最佳可行技术筛选指标体系

一级指标	二级指标	指标解释
技术特性 *C*1	硫回收率（%）*C*11	回收进入产品的硫与尾气中含硫量之比
	运行管理简便度 *C*12	运行管理、操作的难易程度和所需投入的人力
	稳定可靠性 *C*13	对污染物负荷变动的适应能力，处理效果的稳定度，故障发生频率
成本效益 *C*2	投资成本 *C*21	包括基建成本、设备购买等所有投资成本
	运行成本 *C*22	包括维修费、催化剂和能源消耗费用、排污费用、人工费等所有运行费用
	回收效益 *C*23	减排带来的排污费用减少，回收的物质（硫黄、硫酸等）可以带来经济效益
环境影响 *C*3	达标排放能力 *C*31	处理后 SO_2 的达标排放能力

表 4-8　净化气尾气硫回收最佳可行技术筛选指标重要性和权重

一级指标	重要性得分	权重	二级指标	重要性得分	权重
技术特性	4.1	0.32	硫回收率（%）	4.3	0.15
			运行管理简便度	2.1	0.07
			稳定可靠性	2.9	0.1
成本效益	4.2	0.32	投资成本	3.8	0.12
			运行成本	3.8	0.12
			回收效益	2.9	0.09
环境影响	4.7	0.36	达标排放能力	4.9	0.36

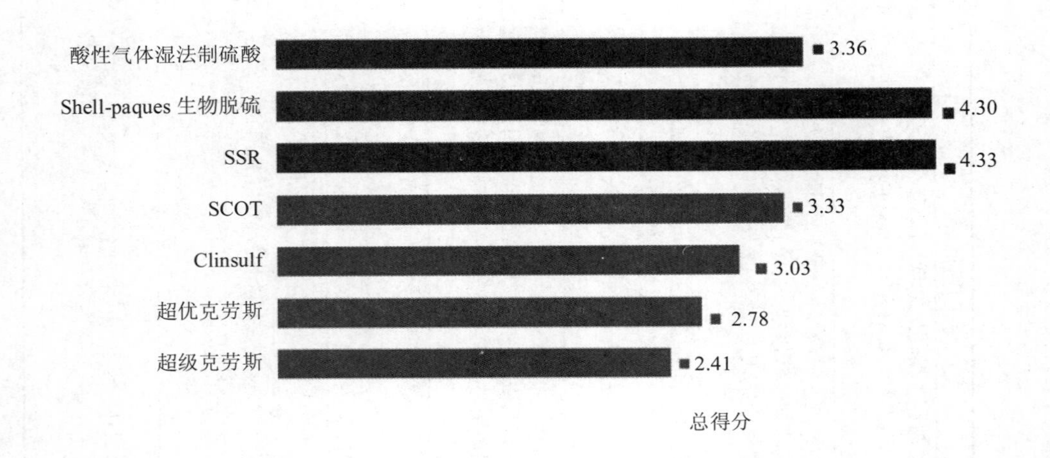

图 4-9　净化气尾气硫回收污染防治最佳可行技术筛选结果——线性加和法

注：数据标签为线性加和总得分。

2. ELECTRE 法的评估结果

级别不劣于关系矩阵 $\boldsymbol{O}$ =

	超级克劳斯	超优克劳斯	Clinsulf	SCOT	SSR	Shell-paques	湿法制硫酸
超级克劳斯	2	2	2	0	0	0	0
超优克劳斯	2	2	2	0	0	0	0
Clinsulf	2	2	2	0	0	0	0
SCOT	2	2	2	2	0	0	0
SSR	2	2	2	2	2	2	2
Shell-paques	2	2	2	2	2	2	0
湿法制硫酸	2	2	2	0	0	0	2

注：矩阵中的元素 $O_{i,j}$ 代表第 i 行的技术与第 j 列技术之间的关系：2 表示强优于，1 表示弱优于，0 表示不优于。

筛选结果见图 4-10。颜色加深的为准最佳可行技术。其中 SSR 和 Shell-paques 生物脱硫技术在优劣关系图中位于第一级，即没有其他备选技术比其更优，故这两种技术被列为 ELECTRE 法得出的准最佳可行技术。SCOT 和酸性气体湿法制硫酸位于第二级，由于最佳可行技术不超过备选技术总数的 50%，故这两种技术暂时不列入 ELECTRE 法的准最佳可行技术。其他备选技术处于第三级，在备选技术中处于劣势较大的地位。

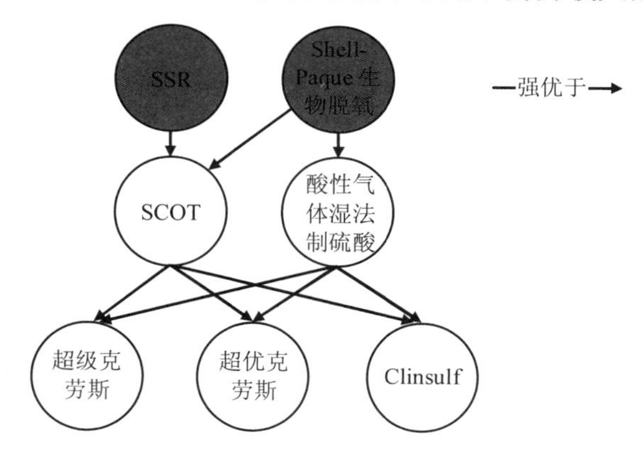

图 4-10　净化气尾气硫回收污染防治最佳可行技术筛选结果——ELECTRE 法

3. PROMETHEE 法的评估结果

各种技术的入流出流和净流见图 4-11。SSR、Shell-paques 生物脱硫和酸性气体湿法制硫酸三种技术净流大于零，在备选技术中优势大于劣势，可以列为 PROMETHEE 法筛选出的准最佳可行技术。

其他技术净流小于零，在备选技术中相对优势小于相对劣势。

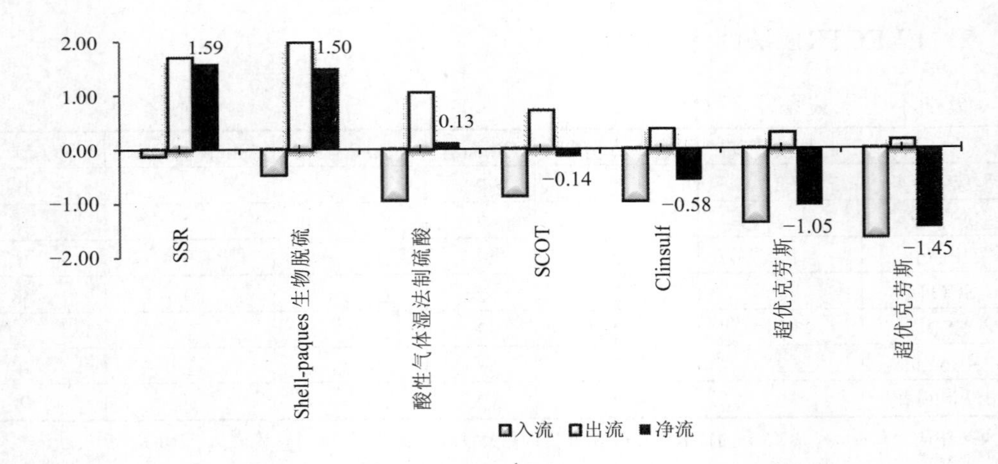

图 4-11 净化气尾气硫回收污染防治最佳可行技术筛选结果——PROMETHEE 法

注：数据标签的值为净流值。

4.4.4 敏感性分析

与上一节相同，将 ELECTRE 法中的阈值进行调整 $p \pm 0.1$，$q \pm 0.1$，计算后将备选技术进行排序，然后与原阈值假设下的结果进行比较，具体假设见①～④排序结果（图 4-12），颜色加深的为各种假设下的准最佳可行技术。

由上述几种假设的计算结果来看，ELECTRE 法筛选出的净化气尾气硫回收污染防治最佳可行技术筛选结果稳定，始终为 SSR 和 Shell-paques 生物脱硫。这一方面是由于硫回收技术之间的优劣差别比较明显，SSR 和 Shell-paques 生物脱硫两种技术较为突出，这两种技术的硫回收效率达到 99.7%以上，回收的硫黄纯度高、质量好，而且这两种技术的运行稳定，投资运行成本比较低，其中 SSR 技术还是我国的自主知识产权；另一方面是由于指标较少，备选技术也较少，对 ELECTRE 法的结果的稳定性是有益的。

① $p^{*}=0.80$，$p^{0}=0.75$，$p^{-}=0.70$，$q^{*}=0.60$，$q^{0}=0.50$

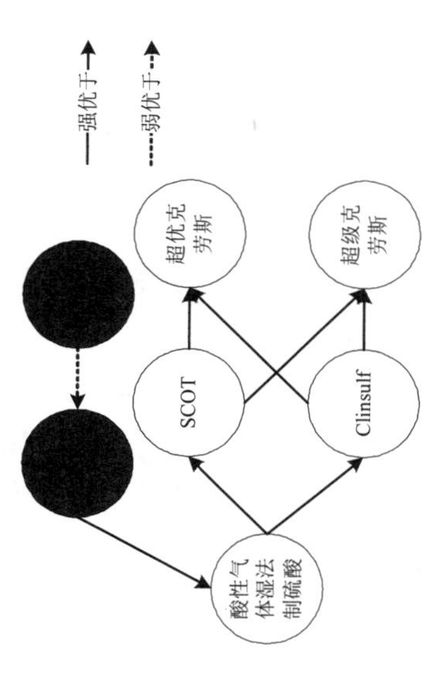

② $p^{*}=0.60$，$p^{0}=0.55$，$p^{-}=0.50$，$q^{*}=0.60$，$q^{0}=0.50$

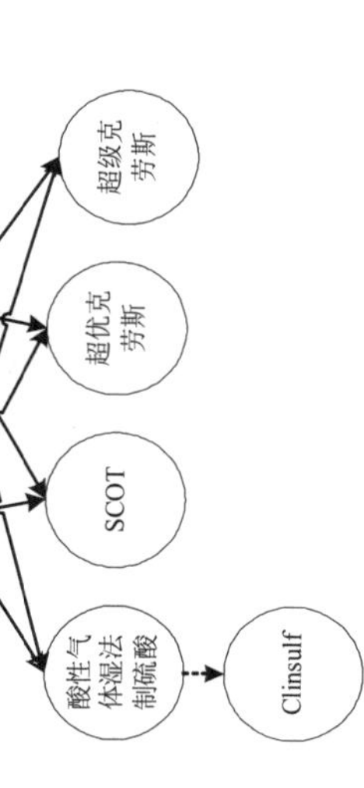

③ $p^{*}=0.70$，$p^{0}=0.65$，$p^{-}=0.60$，$q^{*}=0.50$，$q^{0}=0.40$

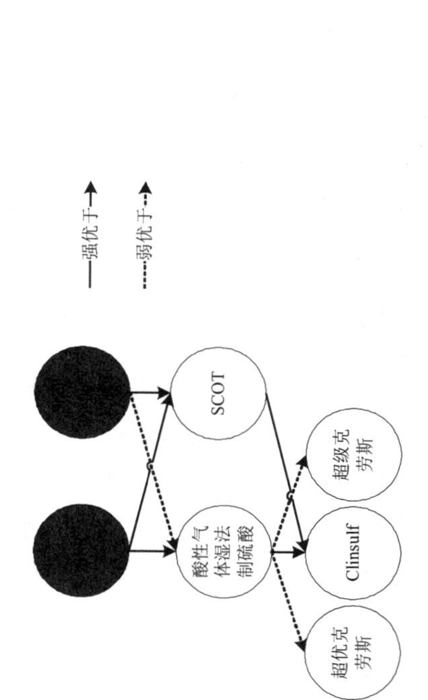

④ $p^{*}=0.70$，$p^{0}=0.65$，$p^{-}=0.60$，$q^{*}=0.70$，$q^{0}=0.60$

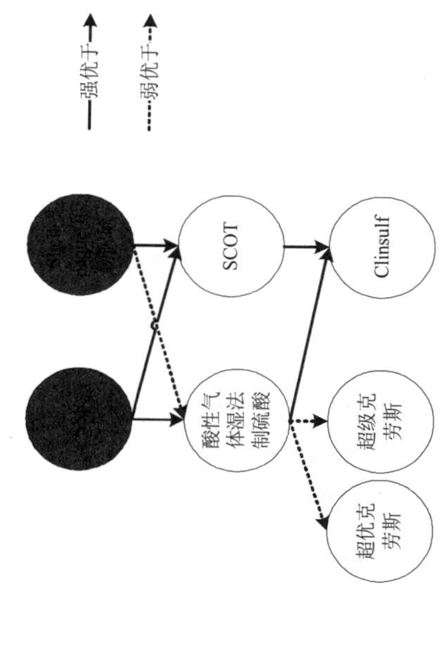

图 4-12 净化气尾气硫回收污染防治最佳可行技术筛选敏感性分析

4.4.5 最佳可行技术确定

由三种方法的筛选结果来看，SSR 和 Shell-paques 生物脱硫技术是三种核心计算方法公认的最佳可行技术。分歧主要在于酸性气体湿法制硫酸。这种技术无论是从经济性、技术成熟稳定性还是运行管理的简便程度上看都比较突出，主要缺点是硫回收率和由回收率导致的达标排放能力。如果净化气尾气中含硫量不高，99%的回收率可以达到排放标准，那么这种技术理应是一种理想的选择，并且在成本上与 SSR 和 Shell-paques 生物脱硫相比还有一定优势。如果净化气尾气中硫含量较高，那么推荐前两种最佳可行技术。因此，煤制甲醇行业净化气尾气硫回收污染防治最佳可行技术为：

（1）SSR，国外 SCOT 技术的国产化改进，适用于各种生产规模的硫回收，国内已有不少企业建成投产。该装置硫回收率高、生产成本低、产品质量好，而且占地少、投资省、操作灵活，是国内新建硫回收装置的首选工艺。

（2）Shell-paques 生物脱硫，适用于硫黄产量在 0.05～50 t/d、气体流量大于 10^7 m^3/d、压力范围 0.1～10 MPa、H_2S 含量低于 500×10^{-6} 的酸性气体净化，特别适宜于流量大、中低 H_2S 含量的气体净化，并且适用于处理含硫废液和含硫废气的合并处理。对于净化度要求较高的气体净化过程，可以采用生物脱硫并串接固定床精脱硫工艺，不仅减少了单一固定床吸附工艺的压力，而且也避免了固定床脱硫法的不稳定性。

（3）酸性气体湿法制硫酸（需要考察处理后能否达标排放），适于利用低含硫浓度、高含水量的尾气生产硫酸，无须干燥。另外适合作为现有克劳斯装置的进一步处理，以达到排放标准。其中丹麦托普索湿法制酸（WSA）技术具有 H_2S 适用范围广、工艺流程高、硫回收率高、操作成本低、经济效益好等特点，是酸性气体湿法制硫酸技术中的首选。

4.4.6 过程控制与末端治理可行技术筛选比较

相较于过程控制技术，末端治理技术净化气尾气硫回收污染防治最佳可行技术的筛选要容易得多，筛选结果与调研得到的专家定性判断也比较一致。这一方面是因为备选技术较少、指标较少、另一方面，也可能是因为备选技术之间的优劣比较明显。

同样地，在硫回收技术的筛选过程中，ELECTRE 法是比较有效的，技术优劣排序合理，筛选结果稳定。可见 ELECTRE 法在指标和备选技术较少时表现出更加优越的优劣排序性能。这也从一个侧面印证了文献调研中的一些发现：欧洲常用 ELECTRE 法筛选环境污染治理技术（如污水处理技术、固体废弃物处理处置技术等），备选方案往往不超过 6 个，指标一般也不超过 8 个。这可能涉及 ELECTRE 法对备选方案数量和指标数量的要求。这一点有待进一步研究考证。

另外，在硫回收技术筛选中，PROMETHEE 法也很有效，特别是在最佳可行技术的最后确定上，根据“PROMETHEE 法计算出的净流大于零”直接得到三种最佳可行技术。究其原因，除了技术之间优劣关系比较显著外，也是由于末端治理技术的筛选指标比较少，且以定性指标为主。由于 PROMETHEE 模型开发的初衷就是为了处理主观得出的偏好数据，故这种方法在处理定性指标较多的技术筛选问题上特别有效，所以在此处表现出较好的应用效果。

对末端治理技术而言，前端生产环节中产生的污染信息是选择技术的基础，因此企业运行数据对于技术筛选尤为重要。对于企业而言，应该根据自己的前端生产技术和污染物产生情况，综合考虑经济效益和环境影响，选择适宜的末端治理技术。具体做法可以与生产技术的选择类似，也可设定适宜企业自身的指标权重，对备选的最佳可行技术进行进一步的选择。就硫回收而言，由于备选的最佳可行技术较少，且各自的适用性比较明确，所以如果是已建成的企业且已有克劳斯硫回收技术，只需加上一个深度处理进一步降低硫排放，那就不必追求过高的回收率，可以采用相对经济的酸性气体湿法制硫酸。

从末端控制最佳可行技术筛选来看，污染防治技术管理部门应尽快建立行业技术数据库，意义十分重大。行业数据库应该包括该行业内所有企业的主要产品、产量、生产工艺、各工序的技术参数，以及主要污染物产生和排放情况。最好能与企业的自动化控制系统相关联，实时在线监控企业的运行情况。这种数据库的建立，首先建立了企业生产和排污的监督和激励机制，实时了解企业生产运行和污染物控制情况，无形中迫使企业重视污染治理。这对于污染物总量控制将是一条立竿见影的措施。其次，行业数据库的建立，将能够直观比较出各生产工艺、技术的生产效果和污染控制能力的优劣，对于过程控制最佳可行技术的筛选是数据储备，也是实际参考。最后，生产数据和污染物产生数据是筛选末端治理最佳可行技术的基础，而各末端治理技术的运行情况也是技术筛选的原始数据和实际参考。

从目前条件来看，马上建立覆盖各行业所有企业的数据库显然是不现实的，也没有必要。建议污染控制重点行业（如钢铁、石化、建材等）率先建立覆盖主要的大中型生产企业的行业技术数据库。

第 5 章　基于污染防治可行技术的政策分析

本章基于第 3 章确定的污染防治最佳可行技术，开展具体环境管理领域中的应用：一是研究编制《煤制甲醇行业污染防治可行技术指南》，包括大气、水和固体污染物污染控制技术以及各种可行技术组织；二是开发了基于工艺—技术的自底向上模型分析污染物减排潜力，分析计算煤化工污染物总量控制的优化目标，提出了污染减排控制目标建议；三是研究编制《煤制甲醇行业污染防治技术政策》，主要包括生产工艺技术政策、水污染防治、大气污染防治、固体废物处理处置、噪声控制、二次污染防治、鼓励发展的新技术以及运行管理九个部分；四是通过与 BAT 污染物排放水平的比较分析，提出了基于 BAT 技术可行性修订污染物排放标准的建议。通过上述四项与环境管理紧密相关的核心研究工作，打通了 BAT 应用于环境管理实践的技术路线。

5.1　污染防治技术指南的制定

本书第 4 章分别以煤气化和硫回收的最佳可行技术筛选为例，针对过程控制技术和末端治理技术应用，详细介绍了煤制甲醇行业污染防治可行技术筛选的流程。其中，GSP 干煤粉加压气化技术、壳牌干煤粉加压气化、德士古水煤浆气化、多喷嘴对置式水煤浆气化等五项技术为煤气化污染防治最佳可行技术。SSR、Shell-paques 生物脱硫和酸性气体湿法制硫酸三项技术为煤制甲醇行业净化气尾气硫回收污染防治最佳可行技术。为贯彻执行《中华人民共和国环境保护法》，防治煤化工行业的环境污染，建立满足环境管理目标可行的技术体系，基于最佳可行技术的筛选结果制定了《煤制甲醇行业污染防治可行技术指南》，包括大气、水和固体污染物污染控制技术。该指南以当前技术发展和应用状况为依据，可为煤制甲醇行业污染防治工作提供参考性技术指南。

5.1.1　大气污染控制技术

大气污染防治最佳可行技术分为 SO_2 控制技术和粉尘治理技术。各技术在适用性、环境效益和技术经济性上的比较见表 5-1。

5.1.2　水污染控制技术

废水处理一般遵循预处理、生化处理和深度处理三个流程，这三个流程一般能保证煤化工企业的出水达到排放标准。在相应工段有对应预处理或回用措施，生化处理和深度处理一般设在煤化工企业的污水处理站。各技术在适用性、环境效益和经济性上的比较见表 5-2。

表 5-1 大气污染防治最佳可行技术

技术名称			技术描述	技术特点	适用性	环境效益	技术经济性
SO_2控制技术	氨法脱硫技术		湿法脱硫的一种；用一定浓度的氨水做吸收剂洗涤烟气中的SO_2	脱硫效率较高，可同时脱硝，生成的亚硫酸铵可进一步制成硫铵出售	锅炉采用氨法脱硫工艺并有相应的强化防腐设计的煤化工项目适用	目前国内运行的氨法脱硫装置脱硫效率均≥95%；NO_x去除率20%～40%	占地面积相对于常规湿法脱硫技术可减少50%，产生硫铵可进一步利用
	石灰/石灰石脱硫技术		石灰/石灰石法是采用石灰石、石灰等作为脱硫剂脱除废气中的SO_2，副产品可以回收；主要包括直接喷射法、流化态燃烧法、石灰-石膏法、石灰-亚硫酸钙法等	选择$CaCO_3$含量大于90%且活性较好的脱硫剂；处理中低燃煤种时石灰石的细度保证250目90%过筛率，中高燃煤种时石灰石的细度保证325目90%过筛率；石灰石分解温度765℃，氧化钙与SO_2有效反应温度为900～1 100℃；石灰石颗粒直径小于2 mm	石灰/石灰石法工艺简单，投资较小，不仅适用于燃中低硫煤企业，而且适用于高硫煤企业	当钙硫摩尔比在1.02～1.05，脱硫效率可达95%以上，SO_2排放浓度200 mg/m^3以下；对除尘后烟气中颗粒物的去除率50%	工艺简单，投资小，但运行成本较高，对煤种、负荷具有较强的适应性，适用于各种高浓度SO_2的烟气脱硫
	酸性气体湿法制硫酸		酸性气体湿法生产硫酸工艺分为氧化、转化、水合冷凝三步将SO_2转化为硫酸	在脱除硫酸的同时可以回收硫酸，硫回收效率高，没有废酸及废液外排且回收一定量蒸汽，能耗低	可直接处理炼油厂、化肥厂、焦化厂、甲醇厂、发电厂等脱硫装置的酸性气体制取硫酸，也可以直接处理克劳斯装置尾气	SO_2转化率和硫回收率均达到99%，不需要另外增加尾气处理装置，尾气排放指标优于国家标准	浓硫酸可外售；回收蒸汽能降低能源用量，减少能源投资成本
粉尘治理技术	挡风抑尘网技术		挡风抑尘网+洒水	在源头控制了粉尘的排放	适用于所有新建和现有的煤化工项目煤场	显著减少煤场扬尘对周围环境的污染	治理费用低
	原料处理系统和锅炉燃烧粉尘控制技术	旋风除尘	在离心力作用下将粉尘同气体分离	结构简单，操作方便，耐高温，阻力较低，寿命长	适用于所有新建和技术改造煤化工项目的原料处理系统和锅炉燃烧系统	除尘效率95%以上	设备投资小
		布袋除尘	布袋阻止一定粒径的颗粒粉尘进入后续系统	占地面积小，运行费用相比于静电除尘要低；运行稳定程度比电除尘器高		除尘效率95%以上	运行和基建费用低
		静电除尘	气流中的粉尘荷电在静电场的作用下被去除	净化效率高，阻力损失小，处理气体范围量大		除尘效率初期99%以上	卧式电除尘器占地面积大，一次性投资大，运行成本高
		湿式除尘	粉尘被水膜捕获	结构简单，金属耗量小，在除尘的同时可去除SO_2；但高度较大，布置困难，并且在实际运行中有带水现象		麻石水墨除尘器脱硫效率90%以上；脱硫效率10%以上	脱除一部分SO_2，减少了控制成本

表 5-2　水污染防治最佳可行技术

技术名称		技术描述	技术特点	适用性	环境效益（影响）	技术经济性
预处理	水煤浆加压气化渣水回用处理技术	采用水煤浆加压气化工艺生产合成气时，由气化炉激冷室、洗涤塔排出的高温黑水经二级减压闪蒸，最终在真空闪蒸罐内降至70～80℃后，送入沉降槽，悬浮固相细渣在絮凝剂的作用下得到沉降，沉降后的清液称为灰水，经脱氧、加压后送回气化工序洗涤塔中循环使用	高温黑水逐级闪蒸是为回收高温黑水余热而设置的，可据蒸汽的用途、用量确定闪蒸级数及各级闪蒸压力；沉降槽底部排出含固率15%～20%的浓缩渣浆，经过滤、脱水后，滤饼作为废渣排出，可用作燃料，部分企业正在试用做原料煤掺烧；滤液目前一般进入废水处理，最优选方案是作为磨煤用水循环使用	有水煤浆加压气化项目的煤化工企业	有效利用了黑水的能量，并大幅度减少了气化废水中的污染物，实现废水和废渣的循环利用	可有效回收水煤浆加压气化过程中气化黑水的能量；经黑/灰水系统处理及过滤后的灰渣，可燃物含量可以达到30%～50%，考虑用作原料或燃料
	碎煤加压气化废水处理技术	废水含酚浓度高，难以处理，通过萃取汽提和废水净化两个过程实现。处理流程如下：萃取脱酚，采用萃取剂进行萃取，脱除99%以上的一元苯酚和77%以上的多酚；汽提脱氨，采用二级汽提，几乎全部的氨和酸性气都被脱除，处理后总氨浓度低于10 mg/L，游离氨、氰和硫化物浓度低于1 mg/L；生物氧化，COD脱除率达到80%，TOC（总有机碳）降低75%，酚浓度降低到2 mg/L，有机物浓度低于5 mg/L，达到二级排放标准要求；活性炭处理，脱除残留微量元素和颜色	由于碎煤加压气化废水含油量较大且含有较多的SS、乳化物、皂化物，首先采用隔油沉淀去除大部分油类物质。对于乳化物和皂化物，可以采用破乳气浮的方式来去除；降低进入污水处理厂（站）的水中COD和氨氮浓度	采用碎煤加压气化的煤化工装置且废水中酚浓度含量较大，适于回收利用的企业	COD脱除率达到80%，TOC降低75%，酚浓度降低到2 mg/L，有机物浓度低于5 mg/L	产出了较高经济价值的酚类物质
	含醇废水汽提/燃烧技术	汽提法利用甲醇与水具有沸点差的特点，将废水中的甲醇用分馏方法从废水中抽提出来回用；焚烧法则直接将含醇废水当做燃料回用，醇类物质经燃烧后去除	汽提法主要针对工艺废水中高浓度、有回收价值的甲醇；而焚烧法主要针对水量小、含甲醇浓度很高的废水或某些工艺废水	甲醇浓度高的企业	有效降低了废水的有机物含量	汽提回收甲醇，燃烧法甲醇可作为燃料，实现综合利用和节能降耗

	技术名称	技术描述	技术特点	适用性	环境效益（影响）	技术经济性
预处理	甲醇残液回收技术	在甲醇处理装置前增设甲醇回收装置，将残液加热到80℃，然后经分离器分离、冷凝器冷凝，得到含甲醇25%～40%的冷凝液，送入回收槽，再去精馏	使部分甲醇能够达到回收利用，但采用改良的直接回用工艺时，增加了废气的排放	用于甲醇蒸馏残液的处理	减轻了残液处理的负担，有效减少了废水产生量，并降低了排放废水中的有机物浓度	增加了甲醇产量，同时该法投资成本较小，并能很好地回收利用甲醇残液的热量，一定程度上减少了能耗
	联醇造气脱硫污水闭路循环处理技术	采用先进造气工艺；洗涤水采用平流沉淀、微涡流澄清；加入磷酸镁使之与氨进行反应生成磷酸铵镁沉淀，随污泥处理后做肥料使用；采用微电解法使氰化物、硫化物与铁屑进行电化反应，生成不溶物，沉淀除去；采用栲胶法脱硫；采用戈尔膜液体过滤器及程序控制系统，进行硫泡沫处理；采用连续熔硫技术；建立锅炉污水循环系统	循环套用，实现蒸发水与补充水平衡；蒸汽分解率44%，洗涤水悬浮物40～50 mg/L，悬浮液硫含量≤5×10^{-6}	可用于以焦炉气、煤（焦炭）为原料的有合成氨及甲醇生产装置的技术改造	回收煤气、吹风气显热和潜热，副产蒸汽；脱硫用水循环利用，大气污染硫防治效果显著，水污染物硫和氨氮减排明显	造气脱硫污水系统的循环水经过回收油后的废水补充至锅炉污水循环系统
生化处理	缺氧-好氧工艺（A/O）、水解酸化-好氧工艺、缺氧-厌氧-好氧（A^2/O）	A/O工艺中，废水首先进入缺氧池，然后进入好氧池；在好氧池中发生硝化反应，氨氮被氧化为亚硝酸盐氮和硝酸盐氮，部分回水返到缺氧池；在缺氧池中，回水中的硝态氮与原水中的有机碳发生反硝化反应，硝态氮被还原为氮气。A^2/O工艺是A/O工艺的一种改进工艺，与A/O工艺相比，在缺氧池前多了一个厌氧池，目的是起水解酸化作用	A/O工艺是传统工艺，技术成熟，该系统主要缺点是缺氧池耐水质冲击性差，废水进入时需稀释，系统脱碳率低，出水COD浓度有时超标。A^2/O工艺与A/O工艺相比，在缺氧池前多了一个厌氧池，目的是起水解酸化作用。复杂的环芳烃类有机物在好氧条件下较难生物降解，通过厌氧酸化处理，可以将其转化为小分子、易生物降解的有机物，提高焦化废水的可生物降解性	当进水COD＞3 500 mg/L或NH_3-N＞245 mg/L时，进水需要进行稀释	COD处理率90%～95%；氨氮处理率85%以下	由于工艺流程简单、装置少、不需要外加碳源，故其运行费用均较低

技术名称		技术描述	技术特点	适用性	环境效益（影响）	技术经济性
生化处理	序批式活性污泥法（SBR）	SBR 工艺集生物降解和脱氮除磷于一体，SBR 池兼均化、沉淀、生物降解、终沉等功能于一体	通过自动控制完成工艺操作，可以方便灵活地进行缺氧-厌氧-好氧的交替运行，不需污泥回流系统；SBR 反应池生化反应能力强，处理效果好，能有效地防止污泥膨胀，耐冲击负荷能力强，工作稳定性好	处理量通常不大，不适合大型煤化工企业	氨氮处理率 93%以上；COD 处理率 90%以上	设备简单，占地面积小，基建和运行费用较低
	间歇式循环活性污泥法（CASS）	是 SBR 的改进，反应池分为生物选择区和主反应区，主反应区安装了自动撇水装置；运行过程包括充水-曝气、沉淀、滗水、闲置四个阶段；整个工艺的曝气、沉淀、排水等过程在同一池子内周期循环运行，省去了常规活性污泥法的初沉池、二沉池和庞大的污泥回流系统；同时可连续进水，间断排水	变容运行提高了系统对水量水质变化的适应性和操作的灵活性；同 SBR 相比，脱氮除磷效果更显著	新建煤化工企业集中污水处理站废水处理工艺改进，较适用于中小规模的污水处理，尤其适合对脱氮有更高要求的企业	有效减少废水中各特征污染物，包括氮、磷	与传统活性污泥法相比，CASS 具有占地面积小、处理效率高、耐冲击负荷、技术先进成熟、动力效率较高、工艺流程简单等优势
深度处理	混凝沉淀法	通过向二级生物处理出水中投加混凝剂，使水中难以沉淀的胶体颗粒凝聚，并通过自然沉淀的方法去除	显著降低废水的浊度和色度，并能去除废水中部分有机物，对二级生物处理出水中难生物降解的物质有一定的去除	经生化处理后水质浊度仍较高的企业	SS 的去除率可达 80%～90%，需要投加大量药剂，工艺过程中产生的沉淀污泥会带来二次污染	药剂费用较高
	吸附法	利用吸附剂的吸附能力进一步显著降低水中的有机物	能够去除由酚和焦油引起的异味，对色度有较好的去除能力，对二级生物处理出水中难生物降解的物质有一定的去除率	经生化处理，色度和 COD 仍不达标的企业	COD 进一步的处理率为 50%	吸附剂购买和再生费用较高
	生物膜（曝气生物滤池、生物接触氧化）	微生物固着在载体上，废水流经微生物膜，废水中的溶解性有机物为微生物所摄取、利用，废水得到净化	曝气生物滤池和生物接触氧化对二级生物处理出水进行深度处理，废水中难降解的有机物质、酚和氰化物得到有效去除	二级生物处理出水 COD 和氨氮不达标的企业	与 A/O 工艺联合使用，COD 去除率 90%～97%，BOD 去除率最高可达到 98%，酚类去除率 97%～99%	设备简单、占地面积小、基建费用低

技术名称		技术描述	技术特点	适用性	环境效益（影响）	技术经济性
深度处理	膜技术	超滤膜在外界推动力（压力）作用下截留水中胶体、颗粒和分子量相对较高的物质，而水和小的溶质颗粒透过膜的分离；反渗透膜是在高于溶液渗透压的作用下，依据其他物质不能透过半透膜 而将这些物质和水分离开来	具有无相变化，节能、体积小、可拆分、出水水质好、投资和运行费用比传统生物处理方法高，应用于废水处理，不受废水的生物降解性影响，膜污染是运行中的主要问题	用于废水深度处理，并且通常只用于废水需要回用的煤化工企业；当进水 TOC 高于 3 mg/L 时，反渗透工艺一般要加生物预处理工艺，进水SDI一般要求小于5	超滤工艺对悬浮物的去除率可达99%，胶体的去除率一般可达 99%，微生物的去除率一般可达 99%，出水SDI小于1；反渗透能阻挡几乎所有溶解性盐及分子量大于 200 的有机物，但允许水和部分盐分透过，反渗透装置的系统脱盐率一般大于 90%；出水一般可达到再生水水质标准的工业用水标准	处理量为 1 m^3/h 的超滤装置造价约为 20 000 元，反渗透装置造价为 10 000 元，废水脱盐的运行费用 2～8 元/t
	联醇(合成氨)生产污水零排放技术	实现含氰、酚、硫、甲醇废液、油、尘废水零排放	污染物减排效益明显；物质回收，水资源回用，经济效益显著	可用于以焦炉气、煤（焦炭）为原料的有合成氨及甲醇生产装置的技术改造，不受规模、占地、电耗、水耗等条件限制	以合成氨 10 万 t/a（中间产品）、甲醇 2 万 t/a、尿素 13 万 t/a、碳铵 8 万 t/a 装置为例，每年可减少污染排放量：NH_3-N 180 t，COD 300 t，氰化物 2.5 t，SS 130 t，石油类 6 t，并可减少挥发酚和硫化物排放，节约用水 100 万 t 左右	合成氨 10 万 t/a（中间产品）、甲醇 2 万 t/a、尿素 13 万 t/a、碳铵 8 万 t/a 装置应用该技术进行改造，项目实施后，正常年份回收硫黄约 400 t、氨 6 900 t、尿素 1 170 t、减排污水 583 万 m^3，增加企业收入及少交排污费等约 2 000 万元，年均总成本费用约 1 100 万元，投资利润率 38.6%，全部资金内部收益率 42.1%，全部投资回收期 3.5 年

5.1.3 固体污染控制技术

固体污染控制技术包括对固体废弃物的处置和回收利用两类技术（表 5-3）。

表 5-3 固体废物污染防治最佳可行技术

技术名称	环境效益	技术经济性
废催化剂回收和再生技术	减少危险固废的排放，实现资源的综合利用	外销获得经济效益；所有煤制甲醇产生废催化剂装置
废渣综合利用技术	实现资源综合利用	外销获得经济效益；煤制甲醇煤气化、热电锅炉、脱硫等产生废渣的过程
粉煤灰综合利用技术	粉尘灰渣的综合利用	适用于煤制甲醇除尘装置
污泥处理处置技术	不外排，掺烧锅炉，实现资源综合利用	实现污泥减量化、资源化、无害化处理，适用于煤制甲醇废水处置、污泥处理处置

5.2 污染排放总量控制方法

5.2.1 技术路线

本书开发了基于污染防治工艺技术的自底向上减排潜力分析模型（BAT-based bottom-up model on reduction potential analysis of industrial pollutants，BRI），设计了包括行业技术结构设定、技术参数输入、计算情景设定、线性运算以及结果分析五个过程在内的整体技术路线（图 5-1），分析计算煤化工主要污染物总量控制的优化目标。

BRI 模型可计算行业活动水平，表征行业的活动水平主要参数为行业产品产量、行业年总废水排放量、行业年污染物 h 总排放量和行业年总能耗。采用情景分析法设定了基准情景、工艺规划情景以及在工艺规划情景基础上设定的技术推广情景，并对比基准情景考察对煤化工行业不同最佳可行工艺或技术污染物排放及水耗上限、工艺或技术污染物量削减潜力，分析比较后确定各项最佳可行技术之间推广普及的优先排序。

5.2.2 模型结构

技术路线（图 5-1）的工艺技术系统结构，应设定最佳可行技术及与其相匹配关系的工艺；技术参数主要包括对应工艺、对应削减物和削减率、技术普及率以及预期最大普及率；结合基准年、预测年的技术情景设置，可以依托 BRI 模型实现污染物减排和技术发展趋势的计算分析。

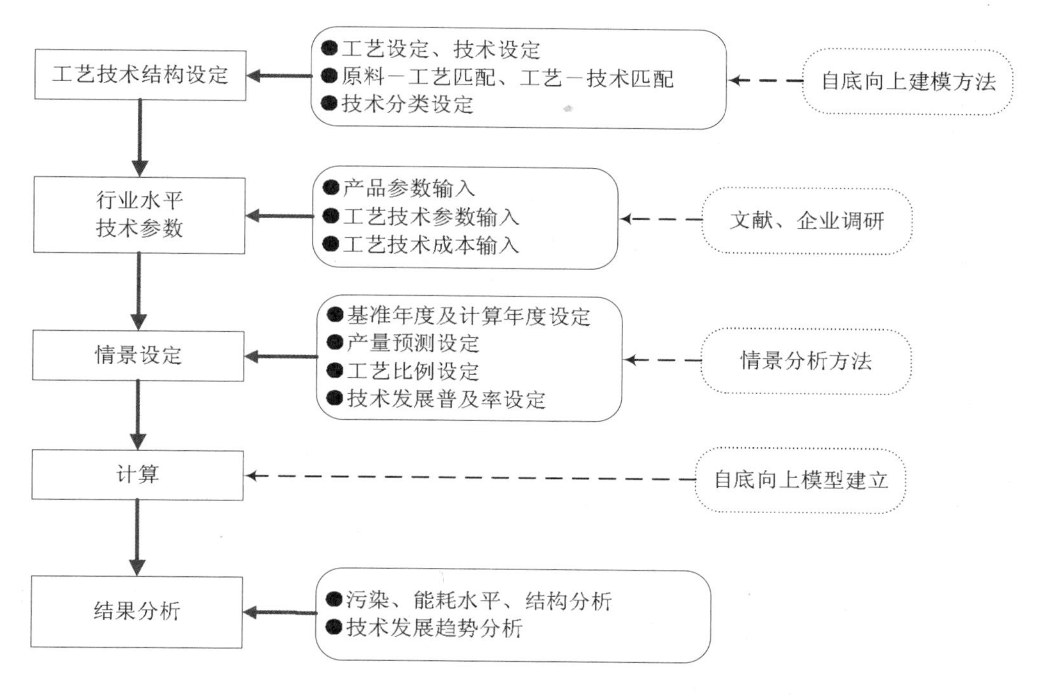

图 5-1　煤化工行业最佳可行技术减排潜力分析技术路线

1. 行业技术结构及系统模拟

工艺技术系统结构模拟设计是 BRI 模型运行的基础，也是体现以工程技术为核心的自底向上建模方法的关键；技术参数的准确性，即数据质量，直接决定了模型运算结果的可信度和合理性，因此行业技术数据收集整理工作至关重要；情景设定等其他环节可根据具体目标自主调整，体现 BRI 模型的灵活性。

依据第 3 章的筛选结果以及《煤制甲醇污染防治最佳可行技术指南》（报批稿），本书在 BRI 模型中对于新增产能应充分体现 BAT 技术的采纳，对于现有产能，其污染减排主要通过增补过程控制技术或末端污染治理技术来实现。在工艺层面上分为煤气化制甲醇、联醇和焦炉气制甲醇三种，对应甲醇单一产品，工艺之间不存在重叠交叉部分，所有工艺设定比例之和为 100%。

每一类工艺对应多个可选最佳可行技术（表 5-4），模型首先建立最佳可行技术及与其相匹配适用关系的工艺，设定行业工艺—技术结构体系。对各工艺下的污染防治最佳可行技术分为生产过程污染预防技术和末端污染控制技术两类（表 5-5），设定同一种类的技术之间互相不存在重叠交叉部分，且各技术之间不存在减排效果相互影响问题。

表 5-4 模型中 BAT 的工艺—技术匹配关系

技术类别	技术清单	主要适用工艺
生产过程预处理及资源回收利用技术	焦炉气工艺废水回用	焦炉气
	固定床联醇造气脱硫污水闭路循环处理技术	联醇
	联醇生产污水零排放技术	联醇
	固定床单醇工艺废水回用	单醇
	水煤浆气化水污染物减排技术	气流床
	水煤浆加压气化渣水处理和回用技术	气流床
	碎煤加压气化废水处理技术	加压固定床
	甲醇精馏残液回收利用	所有煤
	含醇废水汽提/燃烧技术	联醇/单醇
	水系统集成技术	所有
废水末端治理技术	厌氧/好氧二级生化处理技术	所有
	废水深度处理回用技术	所有

表 5-5 模型工艺技术分类及定义

技术类别	定义
生产过程预处理及资源回收利用技术	此类技术是将原材料转化为中间产品，同时生产过程中产生废水、COD 或其他污染物。实际设定时，如果同种技术因为应用规模不同而导致技术经济效益上的很大差异，可按规模划分为不同技术来处理。此类技术以生产过程技术产生的废水、废料为物质输入，通过各种提取、转化方法，充分利用其中有用物质，生产出副产品或可回用于生产环节的化学品、能源等，同时起到削减污染物的作用
废水末端治理技术	为实现水污染物达标排放而对整个生产系统的废水（往往还包括了厂区的生活废水）进行末端治理的技术

在具体模型构建过程中，表 5-4 实际上需要完成煤化工行业的技术系统模拟，描述工业“原料—工艺—技术—产品”系统：一是确定针对工业污染物减排问题的系统边界（工业系统与污染物排放环境的边界、工业系统与社会经济系统的边界）、系统内元素（工艺技术、物质和能量）；二是确定各元素间的相互作用模式（相互匹配关系、系统内约束条件）；三是明晰系统演化的驱动力（最终产品需求）；四是划定污染防治问题的时空尺度（中长期技术演变及污染物排放规律）等。系统分析的方法和观点能使对行业工艺技术系统的认识更加全面、深入，实现对影响技术替代、污染物排放的各种因素的详细解析。

2. 模型参数设定

对于每项污染防治最佳可行技术，首先要明确它的技术应用领域。技术应用领域是指其对应工艺和对应能耗或污染削减对象。一项技术可同时对应多个工艺及多个削减对象，故技术参数主要包括对应工艺、对应削减物及其削减率、工艺普及率和预期最大普及率。

其中，技术普及率是指行业中采用某项技术的产品（或设备能力）占总产品产量（或设备能力）的比例。普及率设定时须综合考虑行业发展水平、技术发展趋势以及技术与技术之间存在的关联等。

（1）下标设定

i 为工艺；k 为过程资源回收利用技术；l 为废水末端处理技术；h 为污染物种类（COD、氨氮等）。

（2）行业水平参数设定

Q_y 为行业 y 年份总甲醇产量，t；TPW_y 为 y 年份行业年废水总量，t；$TPD_{y,h}$ 为 y 年份行业污染物 h 总排放量，t。

（3）技术参数设定

产量参数：$q_{y,i}$ 为 y 年份 i 工艺年甲醇产量，t；$p_{y,i}$ 为 y 年份 i 工艺年甲醇产量，t。

污染物排放量参数：$PW_{i,w}$ 为 i 工艺单位甲醇废水排放量，t；$PD_{i,h}$ 为 i 工艺单位甲醇污染物 h 排放量，g。

技术削减系数：$WR_{i,k,w}$ 为 i 工艺中 k 技术对单位甲醇产品废水量的削减系数，t/t；$PR_{i,k,h}$ 为 i 工艺中 k 技术对单位甲醇产品污染物 h 排放量的削减系数，g/t；$PR_{i,l,h}$ 为 i 工艺中 l 技术对单位甲醇产品污染物 h 排放量的削减系数，g/t。

技术普及率参数：$TP_{y,i,k}$ 为 y 年份 i 工艺中 k 技术普及率，%；$TP_{y,i,l}$ 为 y 年份 i 工艺中 l 技术普及率，%。

减排潜力参数：$RTP_{y,i,w}$ 为 y 年份 i 工艺实际废水减排潜力，t；$RTP_{y,k,w}$ 为 y 年份 k 技术实际废水减排潜力，t；$RTP_{y,k,h}$ 为 y 年份 k 技术实际污染物 h 减排潜力，g；$RTP_{y,l,h}$ 为 y 年份 l 技术实际污染物 h 减排潜力，g。

技术经济参数：I_k，I_l 为 k、l 技术平均单位产能的初始投资，元；FC_k，FC_l 为 k、l 技术平均单位产能的初始投资分摊年均成本，元/t；OC_k，OC_l 为 k、l 技术平均单位产能年运行成本，元/t；TC_k，TC_l 为 k、l 技术平均单位产能年总成本，元/t；$PTC_{i,k,h}$，$PTC_{i,l,h}$ 为 i 工艺中 k、l 技术单位污染物 h 削减成本，元/g；α 为贴现率。

3. 数据来源

我国煤制甲醇行业工艺路线的比例参数按照调研结果设定。工艺产排污系数主要采用《第一次全国污染源普查工业污染源产排污系数手册》中的数据。最佳可行技术减排削减系数主要参考工信部和清华大学 2009 年组织的《合成氨及甲醇行业节能减排先进适用技术目录》以及《煤制甲醇污染防治最佳可行技术指南》，个别数据从文献调研和企业调研数据中获得。技术普及率数据主要参考《合成氨及甲醇行业节能减排先进适用技术目录》，同时从文献检索和企业调研数据中获得，个别缺失数据采用专家判断法获得。

5.2.3 算法开发

1. 行业活动水平

表征行业活动水平的主要参数主要为行业产品产量、行业年总废水排放量、行业年污染物 h 总排放量和行业年总能耗。

（1）行业产品年产量

行业产品产量为各工艺产品产量之和：

$$Q_y = \sum_{i=1} q_{y,i} \qquad \text{（公式 5-1）}$$

式中：Q_y 为行业 y 年份总甲醇产量，t；$q_{y,i}$ 为 y 年份 i 工艺年甲醇产量，t；i=1～6，分别代表天然气制甲醇工艺、焦炉气制甲醇工艺、固定床氨醇联产工艺、常压固定床煤化工工艺、气流床煤化工工艺以及加压固定床煤化工工艺。

（2）行业年总废水排放量

行业年总废水排放量为各工艺废水排放量之和：

$$\text{TPW}_y = \sum_{i=1}\left[q_{y,i} \cdot \text{PW}_i \cdot \left(1 - \text{TP}_{y,i,k} \cdot \text{WR}_{i,k}\right)\right] \qquad \text{（公式 5-2）}$$

式中：TPW_y 为 y 年份行业年废水总量，t；$q_{y,i}$ 为 y 年份 i 工艺年甲醇产量，t；$\text{PW}_{i,w}$ 为 i 工艺单位甲醇废水排放量，t；$\text{TP}_{y,i,k}$ 为 y 年份 i 工艺中 k 技术普及率，%；$\text{WR}_{i,k,w}$ 为 i 工艺中 k 技术对单位甲醇产品废水量的削减系数，t/t。

（3）行业年污染物 h 总排放量

由于污染物削减涉及产污及排污两个环节，分别对应水资源回收利用技术以及废水末端治理技术两类最佳可行技术，而这两类技术无法做简单的线性加和计算，故采取先计算产污再计算排污的方法得出最终的污染物排放量。因此，行业年污染物 h 总排放量为各工艺污染物 h 排放量之和：

$$\text{TPD}_{y,h} = \sum_{i=1}\left\{q_{y,i} \cdot \left[\text{PD}_{i,h} - \sum_{k=1}\left(\text{TP}_{y,i,k} \cdot \text{RP}_{i,k,h}\right)\right] \cdot \left[1 - \sum_{i=1}\left(\text{TP}_{y,i,l} \cdot \text{PR}_{i,l,h}\right)\right]\right\} \qquad \text{（公式 5-3）}$$

式中：$\text{TPD}_{y,h}$ 为 y 年份行业污染物 h 总排放量，g；$p_{y,i}$ 为 y 年份 i 工艺年甲醇产量，t；$\text{PD}_{i,h}$ 为 i 工艺单位甲醇污染物 h 排放量，g/t；$\text{TP}_{y,ik}$ 为 y 年份 i 工艺中 k 技术普及率，%；$\text{TP}_{y,i,l}$ 为 y 年份 i 工艺中 l 技术普及率，%；$\text{PR}_{i,k,h}$ 为 i 工艺中 k 技术对单位甲醇产品污染物 h 产量的削减系数，%；$\text{PR}_{i,l,h}$ 为 i 工艺中 l 技术对单位甲醇产品污染物 h 排放量的削减系数，%。

2. 技术减排潜力计算

技术减排能力参数包括技术的实际减排能力（RTC）与实际减排潜力（RTP），而技术减排能力是减排潜力计算的基准。技术的实际减排能力（RTC）反映了年际变化中的真实减排能力，通过同基准年煤化工行业的技术平均水平进行比较而得出的，因此需将最佳可行技术的设定普及率与相对应的基准普及率进行对比。

预期的技术最大普及率（EPR）用于衡量某一最佳可行技术在研究期内（2008—2020 年）的减排潜力。技术实际减排潜力（RTP）反映了技术从现有普及率增加到预期最大普及率时的潜力，即进一步减排的能力。本书将技术实际减排能力等同于减排潜力，即将研究期内的技术普及率均设定为预期最大普及率，以便分析最大可能的污染物总量控制目标。计算技术减排量和减排潜力时，对同一种技术而言，若该技术对应多项工艺，应汇总计算该技术减排潜力。

5.2.4　情景设定

评估污染物排放趋势，需要开展情景分析。情景是对一些有合理性和不确定性的事件在未来一段时间内可能呈现的态势的一种假定。情景分析是预测这些态势的产生并比较分析可能产生影响的整个过程，其结果包括对发展态势的确认，各态势的特性、发生的可能性描述，并对其发展路径进行分析。研究行业的技术替代和污染物排放问题，其关键在于设计能反映未来宏观经济发展状况、政策制定预期的几类情景。例如，所有技术结构比例维持不变的基准情景、完全市场化竞争的市场情景、考虑污染物排放总量限制排污限制情景、采取补贴税收等措施的经济政策情景等。

本书设定了三种情景，即基准情景、工艺规划情景，以及在工艺规划情景基础上设定的技术推广情景。产量预测时暂不考虑进出口对煤制甲醇行业产量的影响，具体的情景定义和描述见表 5-6。三种情景下在 BRI 模型中的具体参数，尤其是工艺规划情景和技术推广情景，应根据我国煤制甲醇行业的技术发展趋势、行业政策以及模型运算对数据的需求等条件进行设置。

表 5-6　模型的情景设定

情景名称	情景定义	情景描述
基准情景	假定各类技术比例维持基准年（2008 年）的水平，不随其他外部条件变化	以基准年技术普及率和行业产量预测值为计算数据，按照模型建立的甲醇行业工艺系统结构进行自底向上累加，计算各种结果
工艺规划情景	依据相关政府部门已出台的行业规划和政策，对未来行业工艺结构进行调整；该情景下假定行业污染防治技术普及率维持基准年（2008 年）水平	依据行业规划分别对两个时间节点进行合理的工艺比例设定，鼓励清洁先进工艺推广，限制淘汰落后产能

情景名称	情景定义	情景描述
技术推广情景	假定设定更严格的水污染排放控制目标，行业及政府部门开始大力推广污染防治最佳可行技术	2015 年技术普及率主要依据《合成氨及甲醇行业节能减排先进适用技术目录》，2020 年普及率设定为预期技术最大普及率

1. 基准情景参数设定

基准情景所描述的是行业工艺结构维持现状（表 5-7），在产品需求扩张的外部动力推动下，煤制甲醇行业污染物排放总量、水耗等总量指标与产量预测值成比例增长，而单位产品污染负荷等强度指标保持不变。该情景下，虽然传统技术与先进技术、清洁技术产能均有所扩大，但由于不存在技术替代趋势，是一个偏离行业发展政策和技术本身扩散规律的情景，因此可以视作是一个最不乐观的技术减排情景。设置基准情景有助于分析未来甲醇行业污染物排放及水耗上限，对比其他情景能得到工艺或技术污染物量削减潜力。

表 5-7　模型基准情景设定参考依据（2010 年）

工艺	天然气制甲醇工艺	焦炉气制甲醇成套工艺	固定床氨醇联产工艺	固定床间歇式无烟块煤常压气化工艺	气流床加压连续气化工艺	碎煤固定层加压气化工艺	总量
产能/万 t	406	44	453	50	141	32	1 126
比重	36.1%	3.9%	40.3%	4.4%	12.5%	2.8%	100%

2. 工艺情景参数设定

工艺规划情景假设条件较为简单，假定采取措施使先进清洁工艺替代传统工艺。一般而言，先进生产技术具有规模大、效率高、单耗低、污染少等特点，使其可变成本低于相应传统生产技术。

依据已经出台的国家行业规划，设定煤化工行业 2015 年和 2020 年的生产规模、工艺结构调整趋势的具体目标（表 5-8）。如中国氮肥工业协会编制的《甲醇行业“十二五”发展规划》中给出了 2015 年我国甲醇行业工艺结构规划，相比 2008 年实际甲醇行业工艺结构（表 5-6）可知，天然气制甲醇工艺维持原规模不变，气流床工艺得到大力推广普及，而同时焦炉气制甲醇工艺也得到迅速发展。传统以无烟煤为原料的固定床工艺企业在改进工艺的同时，淘汰 300 万～500 万 t 落后产能。假定 2015 年未来原料结构调整进展较为顺利，2020 年天然气制甲醇工艺仍维持原状，气流床工艺制甲醇替代传统固定床工艺不断发展，合理充分利用焦化行业闲置焦炉气为原料制甲醇，其他工艺基本上略有发展。据此可以设定一个基本合理的 2020 年产量情景作为模型输入（表 5-8）。

表 5-8　模型的工艺结构规划情景设定

年度	2015 年		2020 年	
工艺	产能/万 t	比重	产能/万 t	比重
天然气制甲醇工艺	600	15%	720	11%
焦炉气制甲醇成套工艺	600	15%	975	15%
固定床氨醇联产工艺	600	15%	750	12%
固定床间歇式无烟块煤常压气化工艺	150	4%	180	3%
气流床加压连续气化工艺	1 980	50%	3 725	57%
碎煤固定层加压气化工艺	70	2%	150	2%
合计	4 000	100%	6 500	100%

3. 技术情景参数设定

技术推广情景主要考虑通过一些刺激手段或强制性控制措施，如行业清洁生产与行业准入政策等来促进行业技术进步和替代。“十二五”国民经济与社会发展规划纲要针对 NO_x、SO_2、COD、氨氮两种主要水污染物提出了减排的约束性“硬指标”，具体到煤化工行业的具体减排量和允许排放量潜力计算，可以参照目前行业污染物产生、排放量以及对未来行业发展的预期。

对于技术主要参数的设定即为技术最大普及率，而技术最大普及率设定要考虑到任何技术的应用都受到技术替代规律本身的限制，即使是经济性最佳的技术也很难实现 100%的普及应用。技术最大普及率的设定需要参考众多技术文献中对于某项技术未来发展趋势的描述和行业技术发展政策中的建议。本书发放了专家咨询问卷 20 多份，且根据专家给出的技术最大普及率评估得到最终各项技术最大普及率的设定（表 5-9）。

表 5-9　煤制甲醇污染防治最佳可行技术清单

技术名称	基准年普及率	2015 年普及率	2020 年普及率（最大普及率）
焦炉气工艺废水回用	30%	45%	60%
固定床联醇造气脱硫污水闭路循环处理技术	20%	30%	45%
联醇生产污水零排放技术	16%	24%	40%
固定床单醇工艺废水回用	20%	45%	60%
水煤浆气化水污染物减排技术	30%	50%	70%
水煤浆加压气化渣水处理和回用技术	8%	10%	15%
碎煤加压气化废水处理技术	50%	70%	95%
甲醇精馏残液回收利用	固定床 20%，其他工艺 95%	固定床 35%，其他工艺 95%	固定床 60%，其他工艺 95%

技术名称	基准年普及率	2015 年普及率	2020 年普及率（最大普及率）
含醇废水汽提/燃烧技术	30%	15%	20%
水系统集成技术	5%	15%	30%
好氧二级生化处理技术	固定床 60%，其他工艺 95%	固定床 80%，其他工艺 100%	固定床 100%，其他工艺 100%
废水深度处理回用技术	固定床 0%，其他工艺 5%	固定床 15%，其他工艺 20%	固定床 30%，其他工艺 40%

4. 其他参数

参考常用的工程项目技术经济分析中采用的贴现率，模型计算技术单位固定成本时贴现率设定为 8%。

5.2.5 污染物排放结果分析

1. 污染物及废水排放总量

煤制甲醇行业未来各情景下的行业废水排放量和各类污染物排放量的模型计算结果如图 5-2 和图 5-3 所示。

（1）在基准情景下，行业废水及各类污染物排放总量随甲醇产品总量增长而迅速增长：废水排放量 2015 年达到 4.9 亿 t、2020 年达到 8.1 亿 t；COD 排放总量 2015 年达到 61 万 t、2020 年达到 100 万 t；氨氮排放总量 2015 年达到 4.9 万 t、2020 年达到 8.3 万 t；对于行业特征污染物石油类、挥发酚和氰化物也得到同样趋势。所有 2020 年污染物及废水排放总量将比 2008 年均增长了 500%以上，基准情景下甲醇行业将面临非常严峻的污染物排放形势。

（2）在工艺情景和技术情景下，2015 年甲醇污染物及废水排放总量都仍保持了一定量的增长，皆无法实现使污染物及废水排放总量下降的趋势，但以基准情景排放值为参照，在技术推广情景下废水及各污染物排放总量增长幅度明显降低，甚至基本保持不变。而到 2020 年由于对各项最佳可行技术的大力推广，尤其是生化处理及深度处理技术的普及，污染物排放水平得到大大削减。即便在产量增长速度预计乐观的条件下，整个行业污染物排放总量水平也开始降低。

通过工艺结构调整和末端污染治理技术的普及推广，煤化工行业 2020 年废水排放总量 3.8 亿 t，对比基准情景，两种减排途径可使废水排放量分别降低 52%和 17%，使 COD 排放总量下降 56%和 28%，使氨氮排放总量下降 56%和 30%。可以看出，对最佳可行工艺的普及推广所带来的减排效果要相对高于末端污染治理最佳可行技术。

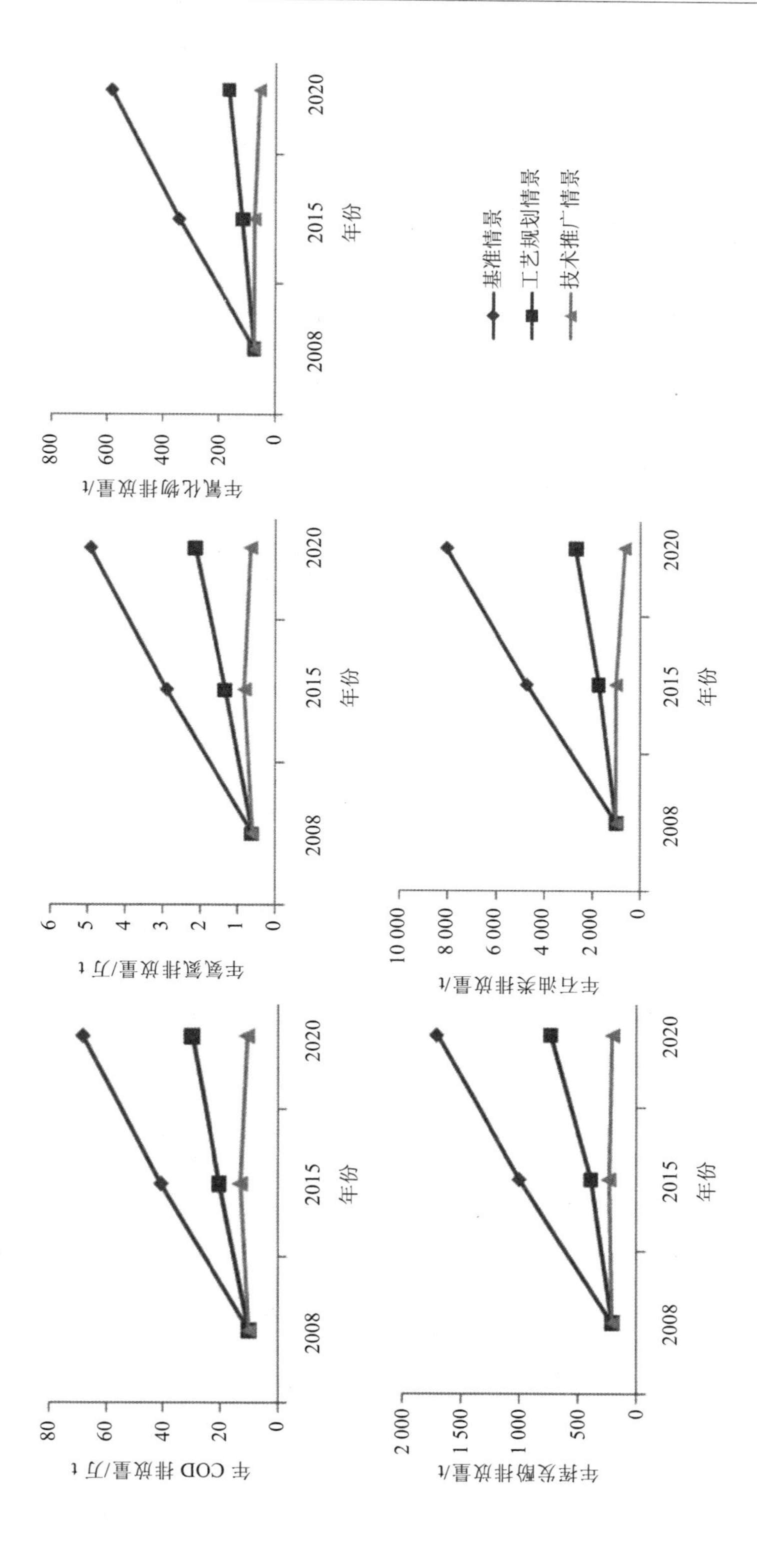

图5-2　不同情景下行业废水和各污染物排放量趋势

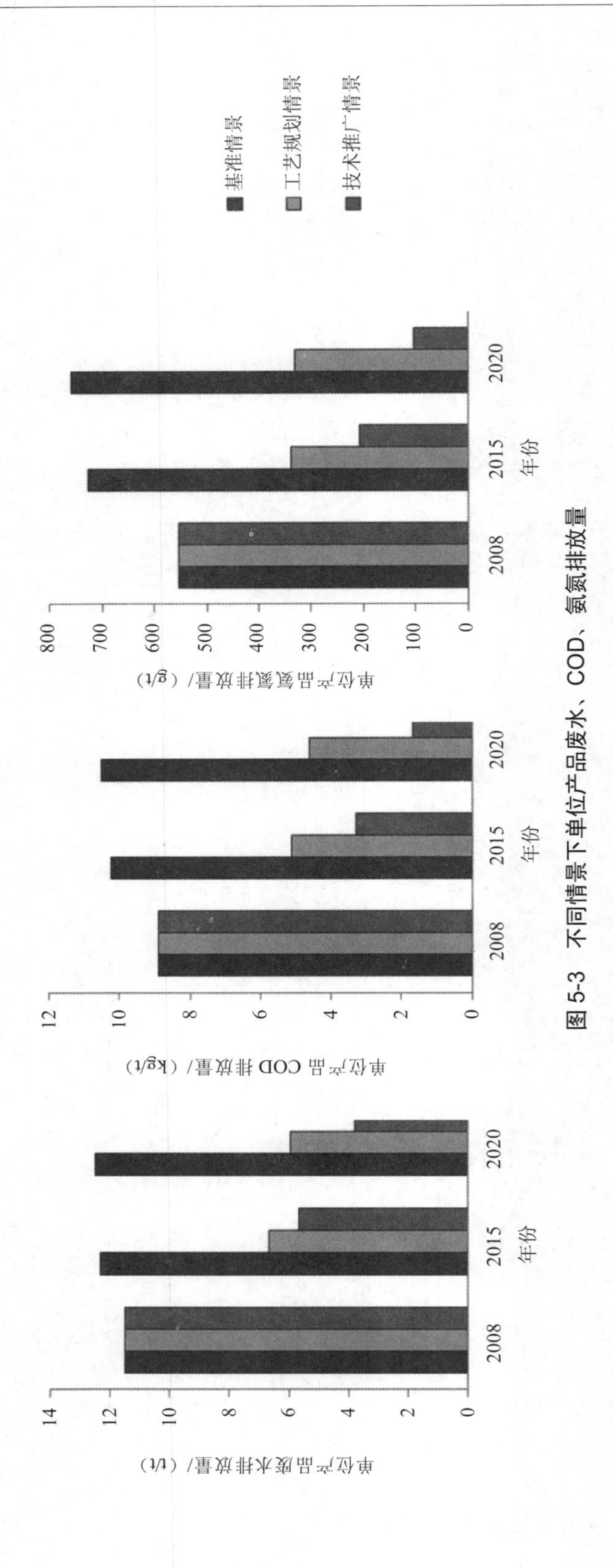

图 5-3 不同情景下单位产品废水、COD、氨氮排放量

对于行业特征污染物，2020 年工艺结构调整和末端污染治理技术可以分别使氰化物排放总量下降了 72%和 19%，使挥发酚排放总量下降了 57%和 31%，使石油类排放总量下降了 67%和 25%。所以综合来看，煤化工行业污染防治的重点首先应该是行业工艺的结构调整，即对先进清洁工艺的推广普及。工艺结构调整能够从源头上大量减少污染物的产生，而不是在产出污染物之后再对其进行回收利用或末端治理。例如，气流床加压连续气化工艺、焦炉气制甲醇成套工艺等最佳可行的先进气化工艺，应对新建企业进行大力推广和鼓励采用。

2. 单位产品平均排放量

工艺情景下 2015 年的单位产品废水排放量为 6.7 t/t，比 2008 年甲醇单位产品废水排放量降低了 41%，2020 年约为 2008 年水平的 50%（图 5-3）。而技术情景下 2020 年的单位产品废水排放量为 3.8 t/t，基本达到国际较先进水平。

工艺情景下 2020 年的单位产品 COD 排放量为 3.3 kg/t，单位产品氨氮排放量为 207 g/t，均比 2008 年甲醇单位产品污染物排放量降低了 63%；而技术情景下 2020 年的单位产品 COD 排放量为 1.7 kg/t，单位产品氨氮排放量为 104 g/t，均比 2008 年甲醇单位产品污染物排放量降低了约 81%。

对于行业特征污染物石油类、挥发酚以及氰化物，不同情景下单位产品污染物排放量（图 5-4）也表明到 2020 年可以达到国际较先进水平。

3. BAT 的污染物总量减排潜力

通过对不同情景下行业废水、各类污染物的排放量计算，可以得出 2015 年、2020 年各 BAT 技术的废水、COD 和氨氮的减排潜力（表 5-10）。在各项 BAT 技术中：①联醇生产污水零排放技术、固定床联醇造气脱硫污水闭路循环处理技术、水煤浆闭路循环节水技术、水系统集成技术等的废水减排潜力较大；②甲醇精馏残液回收利用技术、联醇生产污水零排放技术、水煤浆闭路循环节水技术、含醇废水汽提/燃烧技术等的 COD 减排潜力较大；③联醇生产污水零排放技术、水煤浆闭路循环节水技术等的氨氮减排潜力较大。

从以上分析可以得到，对废水、COD、氨氮减排效果均显著的 BAT 有联醇生产污水零排放技术和水煤浆闭路循环节水技术等。这些 BAT 减排效果显著的原因除有其技术的削减系数较大之外，这几种技术所适用的工艺比例较大也是导致其减排潜力变大的原因之一。因此，加大推广上述重点 BAT 提升技术普及率，对于煤化工综合减排具有重要意义。

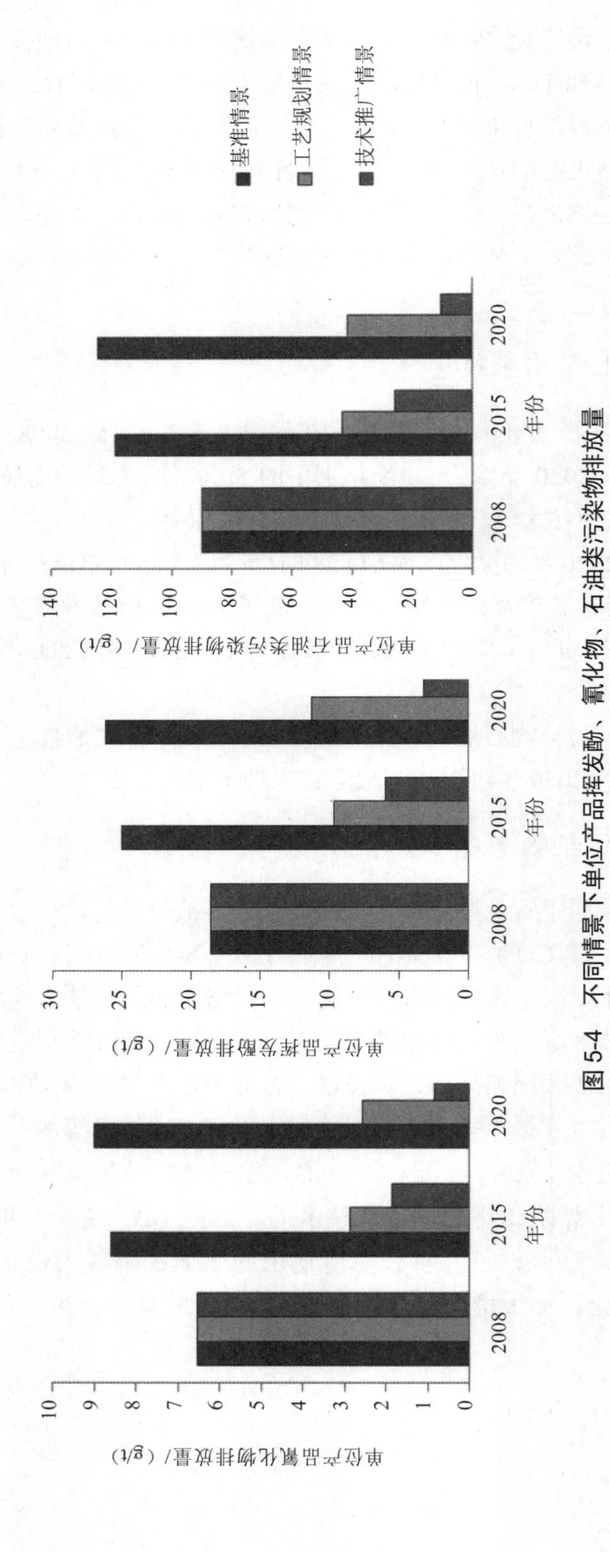

图 5-4 不同情景下单位产品挥发酚、氰化物、石油类污染物排放量

表 5-10 煤化工行业最佳可行技术减排潜力比较

技术名称	废水减排潜力/（万 t/a）		COD 减排潜力/（t/a）		氨氮减排潜力/（t/a）	
	2015 年	2020 年	2015 年	2020 年	2015 年	2020 年
焦炉气工艺废水回用	227	737	2 142	6 962	576	1 872
固定床联醇造气脱硫污水闭路循环处理技术	840	2 625	628	392	193	121
联醇生产污水零排放技术	1 008	3 780	15 024	56 340	1 056	3 960
固定床单醇工艺废水回用	151	362	131	313	155	373
水煤浆闭路循环节水技术	887	3 338	5 623	21 158	2 257	8 493
水煤浆加压气化渣水处理和回用技术	36	234	1 591	10 478	47	309
碎煤加压气化废水处理技术	28	135	1 778	8 573	115	554
甲醇精馏残液回收利用	—	—	18 408	65 410	—	—
含醇废水汽提/燃烧技术	—	—	6 541	17 801	—	—
水系统集成技术	900	2 592	—	—	—	—
好氧二级生化处理技术	—	—	13 442	47 801	678	2 624
废水深度处理回用技术	—	—	83 613	40 406	8 325	6 403

4. BAT 的单位减排成本分析

应当综合考虑污染物排放控制目标以及最佳可行技术的单位减排成本，按削减成本从低往高排序，可以得到污染防治最佳可行技术推广普及的优先序，依据该技术优先序即可得到能够满足行业污染排放控制目标的最佳可行技术名单。对不同类别的污染物，因其对应的技术及相应成本不同，其技术优先序存在区别。其中，技术单位污染物削减成本包括技术的初始投资即固定成本，以及运行过程中的可变成本。图 5-5 为废水减排的最佳可行技术优先序及其各年的减排潜力。

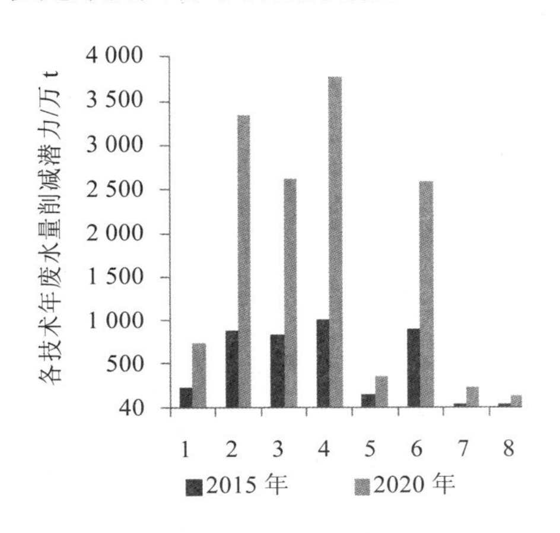

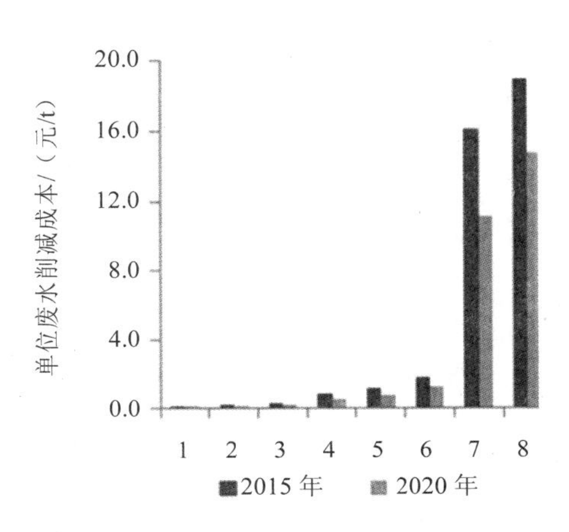

1：焦炉气工艺废水回用；2：水煤浆气化闭路循环节水技术；3：固定床联醇造气脱硫污水闭路循环处理技术；4：联醇生产污水零排放技术；5：固定床单醇工艺废水回用；6：水系统集成技术；7：水煤浆加压气化渣水处理和回用技术；8：碎煤加压气化废水处理技术

图 5-5 各技术废水量和单位废水量削减潜力

在技术推广情景下，所有 BAT 的普及率均以一定的比例增长，2015 年和 2020 年计算所得技术优先序的结果是一致的，仅在年减排潜力数量上因为年产量预测和普及率参数的不同而有所差别。回用类技术的节水潜力较大且节水成本较低，但此类技术在污染物减排中不如生产过程技术的减排潜力大。

以单位废水削减成本从小到大排序所得到的成本较低的前几项技术，不但减排成本低，技术减排潜力也很突出。因此，在制定技术政策时完全可以依据该最佳可行技术优先序来指导制定，减排成本越低的技术应用优先级应该越高。同理可以依据各技术单位 COD 和氨氮削减成本，分别得到 COD 和氨氮减排技术的优先序及其减排潜力（图 5-6 和图 5-7）。

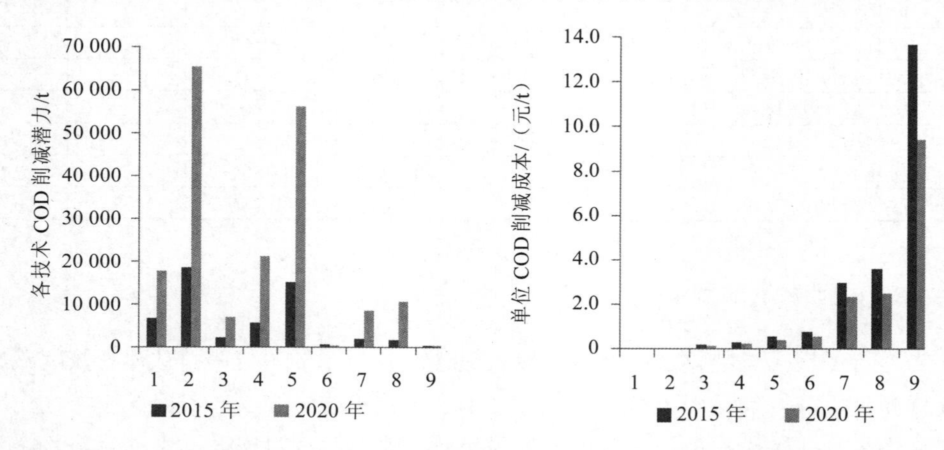

1：含醇废水汽提/燃烧技术；2：甲醇精馏残液回收利用；3：焦炉气工艺废水回用；4：水煤浆气化闭路循环节水技术；5：联醇生产污水零排放技术；6：固定床联醇造气脱硫污水闭路循环处理技术；7：碎煤加压气化废水处理技术；8：水煤浆加压气化渣水处理和回用技术；9：固定床单醇工艺废水回用

图 5-6　各技术 COD 和单位 COD 削减潜力

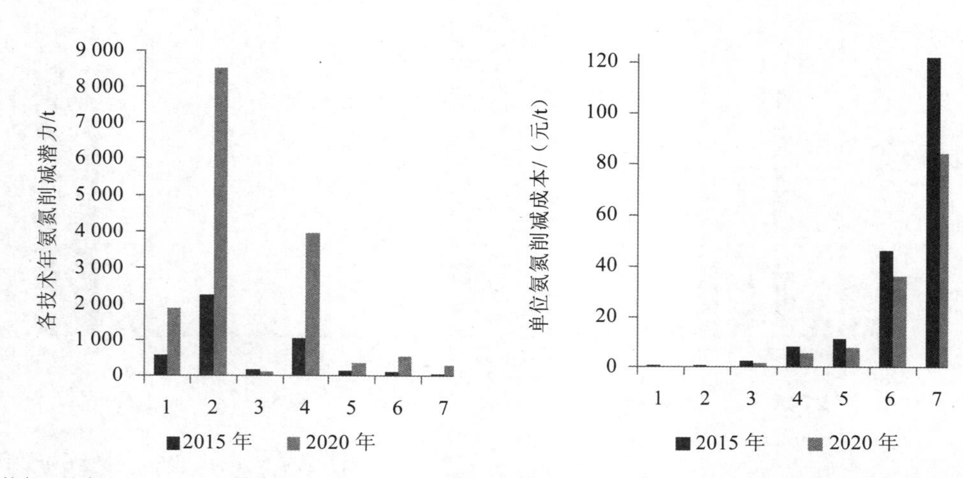

1：焦炉气工艺废水回用；2：水煤浆气化闭路循环节水技术；3：固定床联醇造气脱硫污水闭路循环处理技术；4：联醇生产污水零排放技术；5：固定床单醇工艺废水回用；6：碎煤加压气化废水处理技术；7：水煤浆加压气化渣水处理和回用技术

图 5-7　各技术氨氮和单位氨氮削减潜力

末端污染物治理的最佳可行技术主要有好氧二级生化处理技术和废水深度处理回用两类技术，由于一方面考虑到相较于过程控制及资源回收利用技术，末端治理最佳可行技术之间可比性不大，另一方面，考虑到末端治理最佳可行技术一般来说对任何企业都需要普及应用，并且其处于末端排污环节，受到前端生产环节中产污水平的影响较大，与过程控制及资源回收利用最佳可行技术对比污染物减排潜力并不具有太大意义。因此，本书也未将末端治理最佳可行技术纳入技术排序，企业大多根据前端生产工艺和污染物产生情况，综合考虑经济效益和环境影响选择适宜的末端治理技术即可。

5.2.6　污染物总量控制目标制定

通过设定减排总量控制目标，按照技术减排成本的优先序，可得出在满足成本最小条件下，实现废水减排控制目标的最佳可行技术方案（表 5-11）：2015 年可以实现减排量 4 076 万 t/a，2020 年可以实现减排量 13 803 万 t/a。同样，可得到 COD 和氨氮减排的最佳可行技术推荐方案（表 5-12 和表 5-13）：2015 年可以实现 COD 减排量 5.19 万 t/a，实现氨氮减排 4 399 t/a；2020 年可以实现 COD 减排量 18.7 万 t/a，氨氮减排量 15 680 t/a。

表 5-11　废水减排污染防治最佳可行技术排序及潜力

排序	最佳可行技术名称	2015 年		2020 年	
		年减排潜力/万 t	累计年减排潜力/万 t	年减排潜力/万 t	累计年减排潜力/万 t
1	焦炉气工艺废水回用	227	227	737	737
2	水煤浆气化闭路循环节水技术	887	1 114	3 338	4 075
3	固定床联醇造气脱硫污水闭路循环处理技术	840	1 954	2 625	6 700
4	联醇生产污水零排放技术	1 008	2 962	3 780	10 480
5	固定床单醇工艺废水回用	151	3 113	362	10 842
6	水系统集成技术	900	4 012	2 592	13 434
7	水煤浆加压气化渣水处理和回用技术	36	4 048	234	13 668
8	碎煤加压气化废水处理技术	28	4 076	135	13 803

表 5-12　COD 污染防治最佳可行技术排序及潜力

排序	技术名称	2015 年		2020 年	
		年减排潜力/t	累计年减排潜力/t	年减排潜力/t	累计年减排潜力/t
1	含醇废水汽提/燃烧技术	6 541	6 541	17 801	17 801
2	甲醇精馏残液回收利用	18 408	24 948	65 410	83 211
3	焦炉气工艺废水回用	2 142	27 090	6 962	90 173
4	水煤浆气化闭路循环节水技术	5 623	32 714	21 158	111 331

排序	技术名称	2015年		2020年	
		年减排潜力/t	累计年减排潜力/t	年减排潜力/t	累计年减排潜力/t
5	联醇生产污水零排放技术	15 024	47 738	56 340	167 671
6	固定床联醇造气脱硫污水闭路循环处理技术	628	48 365	392	168 063
7	碎煤加压气化废水处理技术	1 778	50 143	8 573	176 636
8	水煤浆加压气化渣水处理和回用技术	1 591	51 734	10 478	187 114
9	固定床单醇工艺废水回用	131	51 865	313	187 427

表 5-13 氨氮污染防治最佳可行技术排序及潜力

排序	技术名称	2015年		2020年	
		年减排潜力/t	累计年减排潜力/t	年减排潜力/t	累计年减排潜力/t
1	焦炉气工艺废水回用	576	576	1 872	1 872
2	水煤浆气化闭路循环节水技术	2 257	2 833	8 493	10 365
3	固定床联醇造气脱硫污水闭路循环处理技术	193	3 026	121	10 486
4	联醇生产污水零排放技术	1 056	4 082	3 960	14 446
5	固定床单醇工艺废水回用	155	4 238	373	14 818
6	碎煤加压气化废水处理技术	115	4 352	554	15 372
7	水煤浆加压气化渣水处理和回用技术	47	4 399	309	15 681

5.3 污染防治技术政策

本节根据上一节污染物减排的潜力分析和排放总量控制目标的建议，编制了《煤制甲醇行业污染防治技术政策》，包括生产工艺技术政策和污染治理技术政策。其中，污染治理技术政策包括水污染防治、大气污染防治、固体废物处理处置、噪声控制、二次污染防治，可以为制定现有企业和新建企业准入标准提供可行的技术参考，更可以对技术有效推广提出更加合理的技术政策，成为指导行业企业和环保部门制定政策和选择技术的重要依据，并提供企业改进目标和工艺技术优化方向，通过制定清晰的技术路线图从而确保煤化工行业污染控制的管理目标。

5.3.1 技术政策基本框架

《煤制甲醇行业污染防治技术政策》主要包括原则和意义、生产工艺技术政策、水污染防治、大气污染防治、固体废物处理处置、噪声控制、二次污染防治、鼓励发展的新技术以及运行管理九个部分。其中主要基本原则：

（1）技术政策应适用于我国煤制甲醇企业全过程的污染防治。煤制甲醇包括煤气化制甲醇、焦炉气制甲醇和氨醇联产企业。

（2）煤制甲醇企业重点控制污染物包括 COD、NH_3-N、悬浮物、硫化物、氰化物、SO_2、CO_2、CO、粉尘、NH_3、重金属废渣。

（3）对尚未进行技术改造的固定床甲醇装置进行节能减排技术改造；新建甲醇装置推广应用新工艺、新技术以及技术集成，从源头降低能源消耗、减少污染物产生；采用先进的终端处理技术，减少污染物排放浓度和排放总量。

（4）新建新型煤制甲醇项目应尽量选择单台气化装置处理煤量 500 t/d 以上的气化技术、单系列规模 30 万 t/a 以上甲醇合成装置、单系列规模 20 万 t/a 以上二甲醚合成装置。

（5）完善废水处理设施，提高废水处理深度，实施中水回用。在没有废水排放口的地方，强制采用“零排放”。

（6）加强大气污染防治，确保大气污染物达标排放，减少废气无组织排放。鼓励煤制甲醇项目开展 CO_2 回收、利用和贮存，减少温室气体排放。

（7）煤制甲醇固体废弃物应遵循资源化、减量化、无害化的原则，首先考虑综合利用，综合利用不能落实的要落实废物填埋措施。废催化剂首先考虑回收再利用，不能回收的严格按照危险废弃物的管理办法进行安全处置。

5.3.2　生产工艺技术政策

（1）统筹兼顾煤炭工业可持续发展和相关产业对煤炭的需要，优先考虑利用劣质煤发展煤制甲醇，优先使用褐煤和高硫高灰分煤发展煤制甲醇。

（2）新建煤制甲醇项目必须采用节能高效的煤气化技术、净化技术、甲醇合成和甲醇精馏技术、二甲醚气相和一步法合成技术、高效甲烷化技术、新型甲醇制烯烃技术和煤制乙二醇技术。

（3）气化炉大型化，增大气化炉的断面。鼓励采用诸如大型干粉煤加压气化技术、大型水煤浆加压气化技术、提升型固定床加压气化技术等先进煤气化技术。

（4）鼓励采用改良 A.D.A 法、栲胶法、PDA 法、萨尔费班法等湿法脱硫技术；鼓励采用常温氧化铁法、铁（钴）钼加氢转化法、氧化锌法的干法脱硫技术。

（5）鼓励采用超级克劳斯法硫回收技术。

（6）鼓励采用全低温、中低低变换技术，选择合适操作压力和使用温度。

（7）鼓励采用聚乙二醇二甲醚（NHD）法、低温甲醇洗法、碳酸丙烯酯法、变压吸附法等高效脱碳技术。

（8）焦炉气制甲醇项目鼓励采用催化部分氧化法气体转化技术。

（9）鼓励冷管式甲醇合成塔、水管式甲醇合成塔、固定管板列式管式合成塔、内换热式绝热换热式合成塔、外换热式绝热换热式合成塔等大型甲醇合成技术。

（10）甲醇精馏鼓励采用三塔径流技术。

（11）以焦炉气为原料制甲醇鼓励焦炉器制甲醇采用成套设备；鼓励焦炉气与煤制气联合制甲醇；鼓励通过洗醇塔回收合成驰放气中的甲醇；鼓励高热值废气回收利用和转化气高温预热梯级回收。

（12）氨醇联产制甲醇鼓励醇烃化或醇烷化工艺取代铜洗精制工艺联产甲醇。

（13）鼓励空分大型化技术。采用两级精馏工艺制取氧气和氮气；采用增压透平膨胀机；热交换器采用铝板翅式换热器。

（14）强化节水，提高水重复利用率，要求不低于 97%，吨甲醇水耗低于 12 t，吨二甲醚水耗低于 16 t（以煤为原料计）。优先采用空冷技术，采用循环水冷却的，循环水浓缩倍数不得小于 4。

5.3.3 污染治理技术政策

1. 大气污染防治

（1）鼓励煤场扬尘治理。露天储煤场设置挡风抑尘网；煤库或者煤场设置喷洒水系统，定时进行喷水；堆取料实行机械化；局部较大的尘源散发点设置机械除尘装置，控制在转运和破碎过程中煤尘外溢。

（2）原料处理时控制粉尘。鼓励采用旋风除尘技术、袋式除尘技术、静电除尘技术、湿式除尘技术等进行粉尘处理。

（3）必须有完善的脱硫设施，脱硫效率应达到99.85%以上。含硫尾气必须达标排放。鼓励采用氨法脱硫技术、石灰/石灰石法脱硫技术、酸性气体湿法制硫酸技术。

（4）鼓励合成气尾气分离回收利用。可采用深冷分离、膜分离或变压吸附分离等方法分离出其中有效气体、如 CO、H_2、CO_2 等，并循环至甲醇合成系统用作甲醇合成原料。

（5）工艺设计应采用密闭设备，生产时密闭式操作，原料采用密闭管道进行输送；输料泵、阀门、法兰、搅拌器等设备选择适当的密封材料、密封结构及密封方式；生产过程中投料采用放料、泵料或压料，避免采用真空抽料，以减少废气无组织排放。对输料泵、管道、阀门等定期检查，建立视频监控和报警装置，对易发事故的设备和工段进行实时监控。

（6）溶剂类物料、容易挥发的物料，按要求采用储罐集中储存，储罐呼吸气收集后处理。

（7）对长期持续散发有害人体健康气体的设备或者工段，必须采取必要措施，用抑制、收集与净化等方法改善作业环境。

2. 水污染防治

（1）鼓励废水分类收集和按质处理，分别处理；鼓励废水回用技术与“零排放”；分别建立生产废水、生活污水和清净下水收集系统，建立废水处理场。

（2）鼓励从源头控制废水，减少污水产生量，降低污水有害物质含量；鼓励从生产工艺到废水出厂全过程控制废水水质和水量。

（3）废水预处理鼓励采用水煤浆加压气化渣水回用处理技术、碎煤加压气化废水处理技术、含醇废水汽提/燃烧技术、甲醇残液回收技术、联醇造气脱硫污水闭路循环处理技术。工艺段出水水质和水量必须满足末端处理设施要求。

（4）生化处理段鼓励采用厌氧—好氧系列工艺（A/O、A^2/O）、序批式活性污泥法等。

（5）深度处理鼓励采用曝气生物滤池法、生物接触氧化法、膜技术等。

（6）鼓励采用氨醇联产废水零排放技术。

3. 固体废物处理处置

（1）鼓励对各种固体废物进行回收或者综合利用，减少向环境中排放的数量。

（2）鼓励对废催化剂进行回收和再生利用。装置替换下来的废催化剂送往具有相应资质的重金属回收单位，对催化剂中有用的金属进行合理、有效的回收。

（3）鼓励对造气炉渣和粉煤灰等废渣进行综合利用。减少造气炉废渣的外排数量，实现废弃物的综合利用。

（4）废水处理排放的污泥必须进行处理处置，可以采用填埋或者综合利用方法。

（5）废气处理使用除尘器收集的烟尘，应综合利用、回收金属。

（6）废气处理时烟气洗涤产生的含重金属或其他有害物质的酸泥、污泥、沉渣，不能直接外排到环境中，鼓励回收其中的重金属或其他物质。有害物质不能进行回收的，应妥善存放于专用渣场。

（7）对于危险废物，按照相关法律法规、标准规范进行存放、运输和处理处置。

4. 噪声控制

（1）合理布局生产设施，减少对外界敏感目标的影响。

（2）工艺设计时，鼓励采用技术成熟、可靠的产生噪声较低的工艺和设备，选用的锅炉、汽轮发电机组及其辅机设备符合国家噪声标准规定。

（3）对于从声源上无法根治的生产噪声，鼓励采取有效的隔声、消声、吸声等控制措施，如加设隔音间，消声器等，以降低噪声，减轻对操作人员的危害。

（4）鼓励将压缩机设置在单独的厂房内，靠自然衰减、厂房阻挡和设备自带的隔音罩，以减少对外界影响。鼓励在压缩机厂房内设独立的隔音操作室，对噪声较大的磨煤机设置单独的、有隔音门窗的操作室，使操作室噪声降至 70 dB（A）以下。

5. 二次污染防治

（1）在工艺设计时，鼓励采用能够避免产生二次污染的工艺；生产中产生二次污染时，必须采取有效措施进行处理处置。

（2）废水处理设置应当采取必要的措施，防治恶臭等大气污染。可采取化学吸收、生物吸收等方法对恶臭气体进行处理。

（3）废水处理过程中产生的剩余污泥应进行有效处理，识别为非危险废物的可用于生产有机肥料或卫生填埋；含有危险物质的，应该按照相关法律法规、标准规范进行有效处理。

（4）除尘器截留的粉尘，应按照固体废物采用有效措施进行处理处置。

5.3.4 技术创新政策

（1）鼓励研发和应用节能降耗、环境友好的煤制甲醇工艺技术和设备，鼓励研发和应用经济技术合理的先进污染防治技术。

（2）鼓励研发和应用一步法合成二甲醚工艺技术，缩短二甲醚生产流程，降低能耗，减少废物排放。

（3）鼓励研发和应用以煤为原料合成气制乙二醇工艺技术，作为传统石油化工乙烯制乙二醇工艺路线的补充。

（4）鼓励研发和应用以煤为原料的甲醇制烯烃工艺技术，替代传统通过石脑油裂解生产乙烯、丙烯工艺路线，实现煤制甲醇向石油化工延伸发展。

（5）鼓励研发和应用直接甲烷化技术，降低脱硫工作负荷。

（6）鼓励研发和应用先进控制技术，改变过程动态控制的性能、减少过程变量的波动，降低运营成本，减少环境污染。

（7）鼓励研发和应用 CO_2 捕集、贮存和利用技术，减少 CO_2 的排放。

（8）鼓励研发和应用微生物脱硫、NO_x 净化和 CO_2 固定技术。

（9）鼓励研发和应用综合污水生化处理技术，诸如生化反应池和粉末活性炭结合、流动床生物膜法、改进 SBR 工艺等。

（10）鼓励研发和应用综合污水深度处理技术，诸如多效蒸发、浓缩结晶处理高含盐废水技术。

5.4 基于 BAT 的污染物排放标准修订

5.4.1 BAT 污染物排放水平比较

目前我国煤化工行业并没有专门的污染物排放标准，故大多数企业和地方采用的是《污水综合排放标准》（GB 8978—1996）（表 5-14），根据《工业污染源产排污系数手册》，可换算为我国煤化工行业污染物平均排放水平（表 5-15）。

表 5-14　污水综合排放标准中相关污染物排放标准

污染物种类	单位	1997 年 12 月 31 日前建设的企业			1998 年 1 月 1 日后建设的企业		
		一级标准	二级标准	三级标准	一级标准	二级标准	三级标准
COD	mg/L	100	150	500	60	120	500
石油类	mg/L	10	10	30	5	10	20
挥发酚	mg/L	0.5	0.5	2	0.5	0.5	20
氰化物	mg/L	0.5	0.5	1	0.5	0.5	1
氨氮	mg/L	15	50	—	15	50	—

表 5-15　污水综合排放标准折算的污染物排放水平

排放方式	直接排放					生化处理后排放				
污染物	COD	氨氮	氰化物	挥发酚	石油类	COD	氨氮	氰化物	挥发酚	石油类
单位	mg/L	mg/L	mg/L	mg/L	mg/L	mg/L	mg/L	mg/L	mg/L	mg/L
传统常压固定床工艺废水无回用	2 176.7	88.3	0.9	0.2	9.3	122.9	51.4	0.4	0.1	6.3
传统常压固定床工艺废水回用	2 128.3	30.8	0.3	0.1	2.7	74.3	22.9	0.2	0.0	1.8
加压固定床循环水未回用	4 125.0	2 166.7	5.6	74.2	1 935.2	771.4	38.6	0.1	0.1	4.6
加压固定床循环水回用	3 066.7	583.3	3.1	27.4	2.3	145.0	0.6	—	0.0	2.0
水煤浆未实现闭路循环	2 232.5	65.8	0.1	0.0	3.0	52.9	15.7	0.1	0.0	1.2
水煤浆采用闭路循环节水技术	2 114.2	18.3	0.0	0.0	0.2	28.6	6.4	0.0	0.0	0.2
联醇（固定床）未实现闭路循环	2 608.3	183.3	2.1	2.9	28.3	214.3	125.7	1.5	1.5	17.6
联醇（固定床）采用闭路循环节水技术	2 172.5	49.2	0.5	0.7	5.3	125.7	34.3	0.4	0.5	4.1
焦炉气工艺废水无回用	1 776.7	59.2	—	—	—	45.7	5.7	—	—	—
焦炉气工艺废水回用	1 578.3	5.8	—	—	—	4.3	0.6	—	—	—

5.4.2　污染物排放标准存在的问题与修订建议

比较排放标准（表 5-14）和污染防治最佳可行技术指标（表 5-15），目前，基于 BAT 的污染物排放标准存在以下问题：

（1）在未经生化二级处理前直排的污染物水平基本不达标，所有工艺的 COD 和氨氮的行业平均排放标准无法达到，即便对照污水综合排放标准三级标准都无法达到；

（2）目前我国绝大多数固床层甲醇生产企业现有设施处理能力有限，生化二级处理技术的普及率仅为 60%～70%，而对于小型煤化工企业来说生化处理技术的普及率更低，故相当一部分比例企业的排放污染物严重超标；

（3）焦炉气制甲醇工艺及水煤浆加压气流床工艺等较为先进清洁的工艺，由于大多数为新建厂家并且规模较大，基本都采用了生化处理的末端治理技术，而通过产排污系数可以看到，这类工艺在生化处理后全部污染物指标都能够达到污水综合排放标准中的一级标准；

（4）对于传统工艺，如传统常压固定床、氨醇联产和加压固定床等工艺，即便经过了生化工艺处理后也有部分污染物排放水平不能够达到一级标准，甚至无法达到三级标准，排放水平超标物主要为 COD 及氨氮两类。

由我国煤化工行业现行污染排放标准及其基于 BAT 的排放现状对比分析，建议：

（1）对于新建企业，应大力推广采用气流床加压连续气化工艺以及焦炉气制甲醇工艺的先进清洁工艺；

（2）对于现存的采用传统工艺的甲醇企业，应对可适用的最佳可行技术出台可操作性强、经济适用的推广普及政策，对这些企业进行技术改造升级，而对于末端治理技术应予以强制性普及。

第 6 章　污染防治技术管理决策支持系统

污染防治技术的发展日新月异，环境管理决策也正在逐步精细化、动态化和智能化，需要建立决策支持系统以保障行业污染防治技术管理的可持续性。我国煤化工行业由于技术管理体系不完善、行业技术基础信息不完整，导致污染物减排管理工作面临诸多困难。本章以行业“工艺—技术—产品”耦合清单为基础，设计了行业污染防治技术管理决策支持系统的整体架构及实现功能，设计了污染物综合防治技术评估指标体系，采集了关键技术的参数和样本企业，建立了包括物料消耗、水耗、能耗、污染物排放等数据在内的行业环境技术管理决策支持系统。

6.1　系统设计

行业污染防治技术管理决策支持系统体现了“工艺—技术—产品”匹配的自底向上技术系统结构，涵盖主要产品和不同类型技术的参数指标，同时应面向环境技术管理部门提供统计查询和计算分析功能，支撑煤化工行业生产与污染防治技术的评估筛选。

项目采用 XML 技术、.NET 架构设计 B/S 结构，实现了数据库建设和指标的参数管理功能，方便进行大样本的企业调研和数据收集整理，具备数据远程录入、自动校核、查询、批量导出、技术评估方法学集成等功能。该管理系统在应用过程中，实现了可以随技术参数调研过程逐步升级、维护，是服务于技术导则编制、行业排污标准制定、技术政策制定的基础性平台。

以行业污染防治技术评估体系为基础，集成用户管理需求，围绕项目建设目标设计系统框架（图 6-1）。行业污染防治技术管理决策支持系统主要分为四部分：信息采集系统、查询分析系统、技术评估系统和初筛打分系统。

系统用户由管理员和专家组成：管理员拥有系统所有权限，可以添加专家及查看评估表；专家权限为给评估表打分及查看自己的打分表。系统总业务流程如图 6-2 所示。

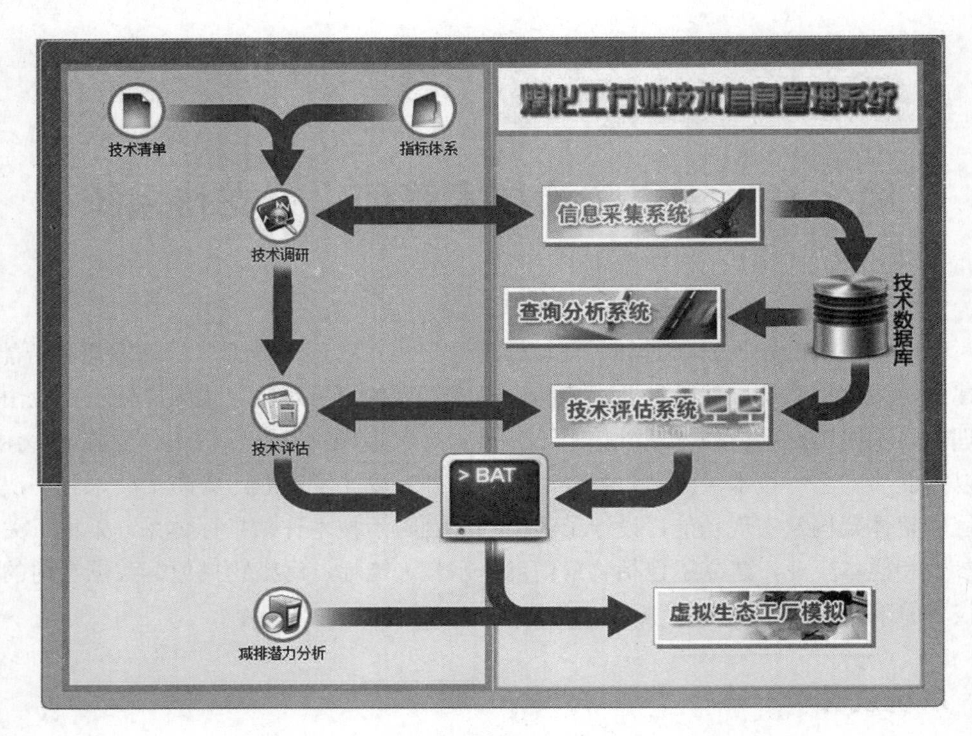

图 6-1 行业污染防治技术管理决策支持系统

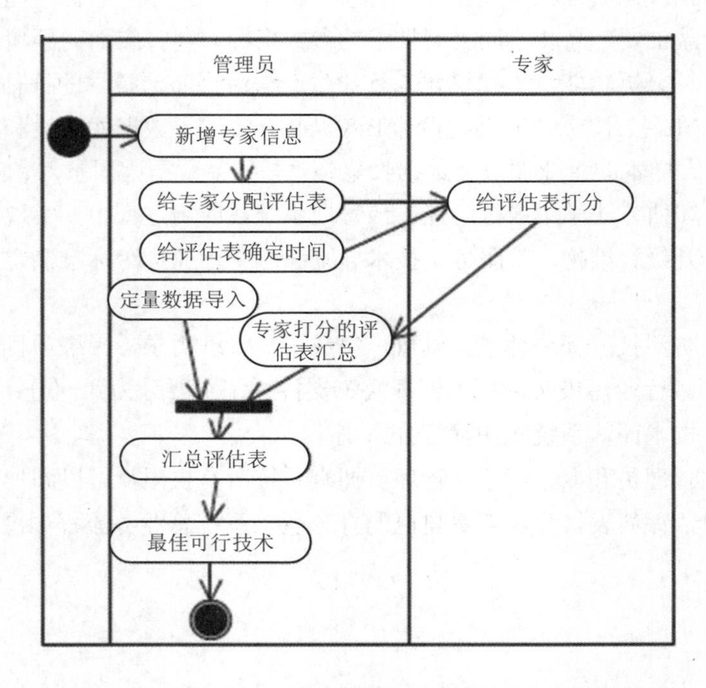

图 6-2 行业污染防治技术管理决策支持系统业务流程

6.2　系统功能

6.2.1　信息采集系统

信息采集系统主要实现企业总体信息、工艺类型和技术信息等三类数据的采集功能。企业总体信息包括基本信息、装置及产能、原料消耗、能源消耗、主副产品信息及污染物排放；工艺类型信息包括煤气化制甲醇（单醇）、联醇及焦炉气制甲醇；技术信息包括经济成本、技术特性、资源能源消耗、污染物排放及工艺流程图上传。

（1）企业总体信息：基本信息、装置及产能、原料消耗、能源消耗、主副产品信息及污染物排放（图 6-3）。

企业总体信息
基本信息
装置及产能
原料消耗
能源消耗
主副产品信息
污染物排放
工艺类型
单醇
联醇
焦炉气制甲醇
基本信息
企业名称：
***
选择企业
通讯地址：
***
行政区：
内蒙古自治区
联系人：
***
邮政编码：
100140
电话：
***
传真：
E-mail：
***
网址：
单位体制：
大中型国有企业
外商投资企业
股份制企业
私营企业
其他
建厂时间：
2006-08
员工总人数(人)：
1300
上年度企业总产值(万元)：
保存

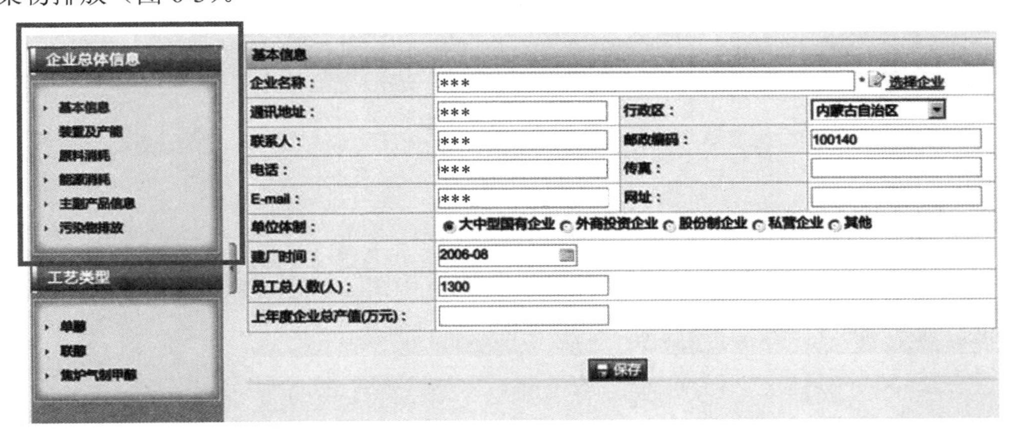

图 6-3　企业总体信息

（2）工艺选择：煤气化制甲醇（单醇）、联醇及焦炉气制甲醇（图 6-4）。

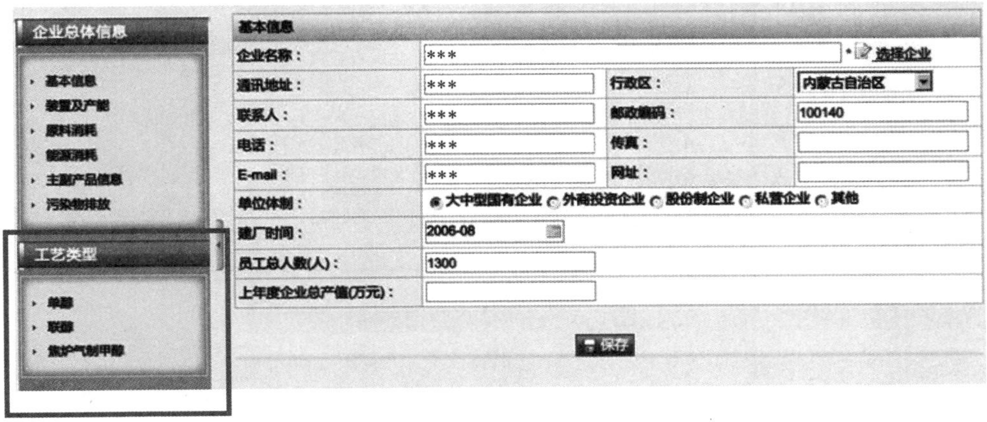

企业总体信息
基本信息
装置及产能
原料消耗
能源消耗
主副产品信息
污染物排放
工艺类型
单醇
联醇
焦炉气制甲醇
基本信息
企业名称：
***
选择企业
通讯地址：
***
行政区：
内蒙古自治区
联系人：
***
邮政编码：
100140
电话：
***
传真：
E-mail：
***
网址：
单位体制：
大中型国有企业
外商投资企业
股份制企业
私营企业
其他
建厂时间：
2006-08
员工总人数(人)：
1300
上年度企业总产值(万元)：
保存

图 6-4　工艺类型选择

（3）技术信息：经济成本、技术特性、资源能源消耗、污染物排放及工艺流程图上传（图 6-5）。

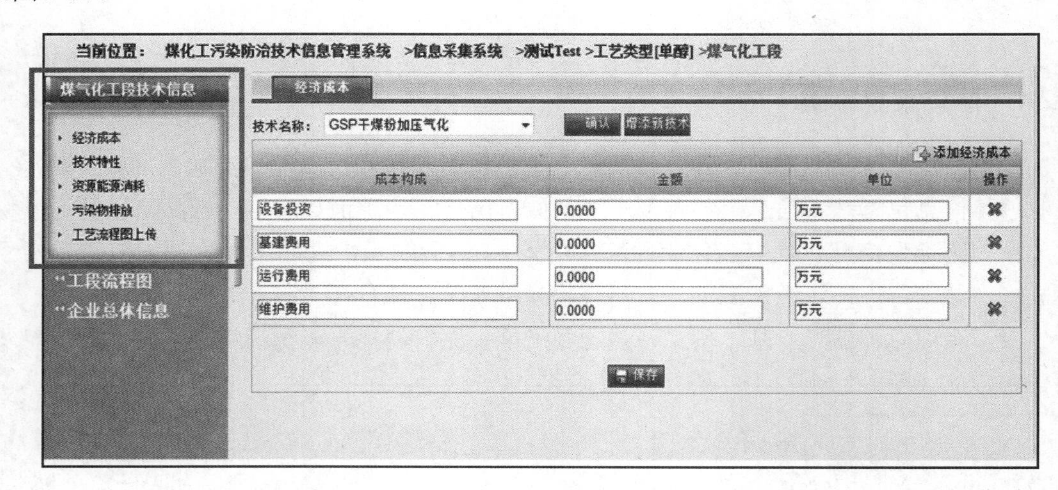

图 6-5 技术信息

6.2.2 查询分析系统

行业污染防治技术管理决策支持系统中查询分析系统主要实现四方面的信息数据查询分析：技术信息查询，工艺查询，企业查询及统计分析。

（1）技术信息查询：技术信息可按工艺类型及工段查询（图 6-6）。

当前位置： 煤化工污染防治技术信息管理系统 >查询分析系统

技术信息查询 | 工艺查询 | 企业查询 | 统计分析

技术信息查询

工艺类型： 单醇　工段： 煤气化[单醇]　搜索　导出Excel

序号	企业名称	技术名称	设备投资(万元)	碳转化率(%)	气化污水排放量(t/t甲醇)	气化废气排放量(Nm3/h
1	安徽金禾实业股份有限公司	块煤常压固定床间歇式造气技术				
2	安徽临涣焦化公司	GSP干煤粉加压气化				
3	安徽临泉化工股份有限公司	常压固定床富氧连续气化				
4	测试Test	GSP干煤粉加压气化				
5	大唐国际锡盟煤制烯烃项目	壳牌干煤粉加压气化		>99%	1123.00	93000.00
6	泛海能源投资包头有限公司	GE(德士古-Texaco)煤气化技术	51000.0000	97	0.63	5494.70
7	河北峰峰集团	恩德常压粉煤气化				
8	河北迁安化肥股份有限公司	HT-L粉煤加压气化技术				
9	河南省煤业化工集团煤气化公司义马气化厂	鲁奇加压气化				0.00

图 6-6 技术信息查询界面

（2）工艺查询：工艺可按工艺类型、产能范围及行政区查询（图 6-7）。

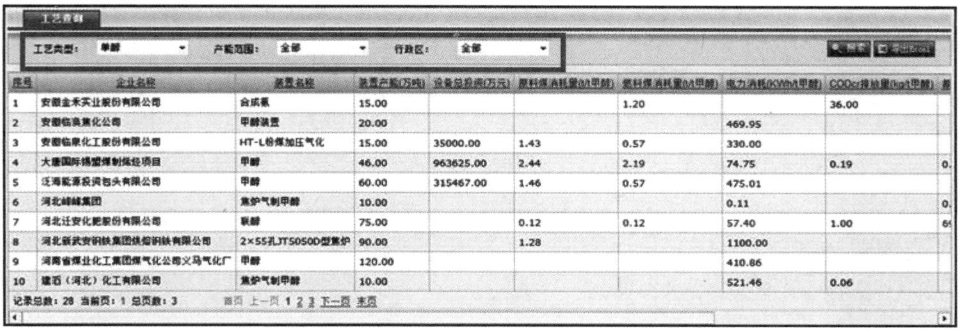

工艺查询

工艺类型：单醇 产能范围：全部 行政区：全部

序号	企业名称	装置名称	装置产能(万吨)	设备总投资(万元)	原料煤消耗量(t/t甲醇)	燃料煤消耗量(t/t甲醇)	电力消耗(KWh/t甲醇)	CODcr排放量(kg/t甲醇)	
1	安徽金禾实业股份有限公司	合成氨	15.00			1.20		36.00	
2	安徽临涣焦化公司	甲醇装置	20.00				469.95		
3	安徽临泉化工股份有限公司	HT-L粉煤加压气化	15.00	35000.00	1.43	0.57	330.00		
4	大唐国际锡盟煤制烯烃项目	甲醇	46.00	963625.00	2.44	2.19	74.75	0.19	0.
5	泛海能源投资包头有限公司	甲醇	60.00	315467.00	1.46	0.57	475.01		
6	河北峰峰集团	焦炉气制甲醇	10.00				0.11		0.
7	河北迁安化肥股份有限公司	联醇	75.00		0.12	0.12	57.40	1.00	6
8	河北新武安钢铁集团烘熔钢铁有限公司	2×55孔JT5050D型焦炉	90.00		1.28		1100.00		
9	河南省煤业化工集团煤气化公司义马气化厂	甲醇	120.00				410.86		
10	建石（河北）化工有限公司	焦炉气制甲醇	10.00				521.46	0.06	

记录总数：28 当前页：1 总页数：3 首页 上一页 1 2 3 下一页 末页

图 6-7 工艺查询

（3）企业查询：企业可按企业名称查询（图 6-8）。

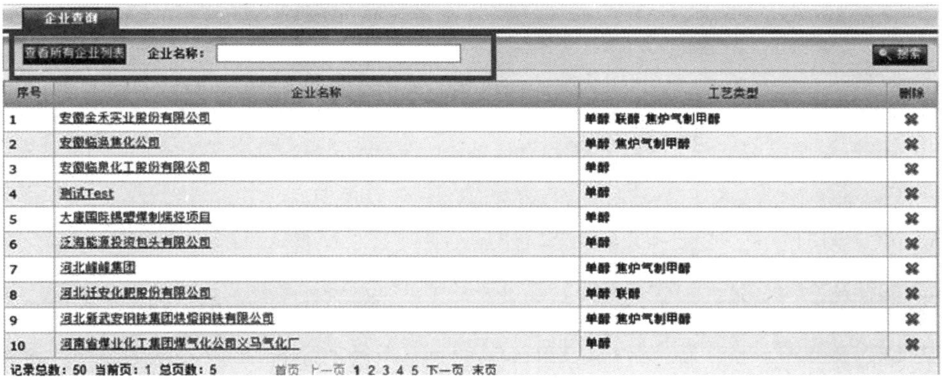

企业查询

查看所有企业列表 企业名称：

序号	企业名称	工艺类型	删除
1	安徽金禾实业股份有限公司	单醇 联醇 焦炉气制甲醇	✖
2	安徽临涣焦化公司	单醇 焦炉气制甲醇	✖
3	安徽临泉化工股份有限公司	单醇	✖
4	测试Test	单醇	✖
5	大唐国际锡盟煤制烯烃项目	单醇	✖
6	泛海能源投资包头有限公司	单醇	✖
7	河北峰峰集团	单醇 焦炉气制甲醇	✖
8	河北迁安化肥股份有限公司	单醇 联醇	✖
9	河北新武安钢铁集团烘熔钢铁有限公司	单醇 焦炉气制甲醇	✖
10	河南省煤业化工集团煤气化公司义马气化厂	单醇	✖

记录总数：50 当前页：1 总页数：5 首页 上一页 1 2 3 4 5 下一页 末页

图 6-8 企业查询

（4）统计分析：技术信息统计和企业信息统计。其中，技术信息统计的查询条件为工艺类型、工段、统计指标；企业信息统计的查询条件为工艺类型、产能范围、行政区、统计指标（图 6-9）。

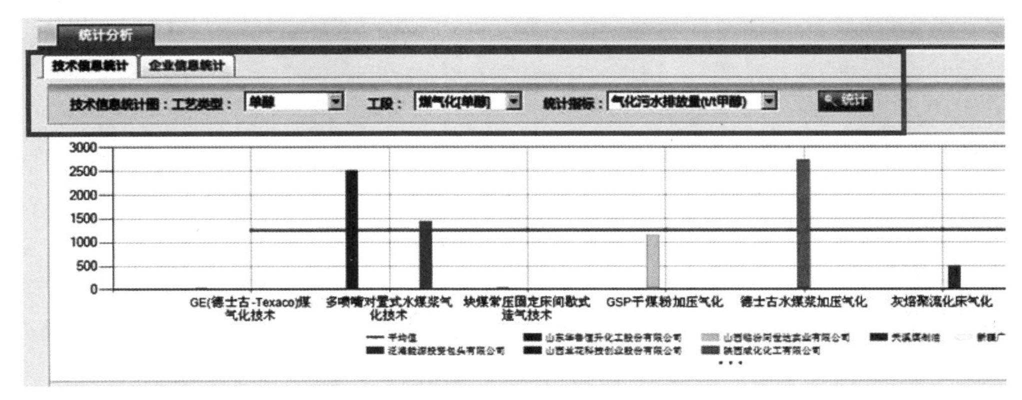

图 6-9 统计分析

6.2.3 技术评估系统

技术评估系统主要实现三方面管理功能：技术筛选管理，专家管理和结果输入管理。

（1）技术筛选管理：技术维护、一级指标维护、二级指标维护、定量数据维护及评估表维护（图 6-10）。

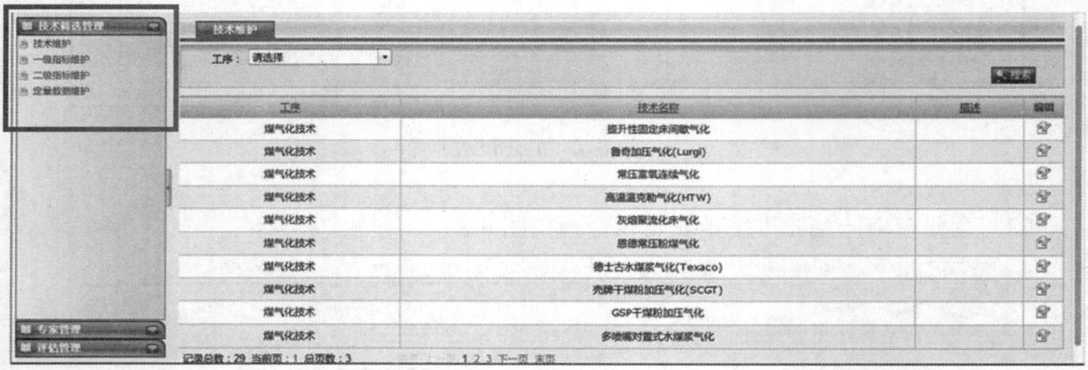

工序	技术名称	描述	编辑
煤气化技术	提升性固定床间歇气化		
煤气化技术	鲁奇加压气化(Lurgi)		
煤气化技术	常压富氧连续气化		
煤气化技术	高温温克勒气化(HTW)		
煤气化技术	灰熔聚流化床气化		
煤气化技术	恩德常压粉煤气化		
煤气化技术	德士古水煤浆气化(Texaco)		
煤气化技术	壳牌干煤粉加压气化(SCGT)		
煤气化技术	GSP干煤粉加压气化		
煤气化技术	多喷嘴对置式水煤浆气化		

图 6-10 技术筛选管理

（2）专家管理：可以实现专家信息管理及添加专家（图 6-11）。

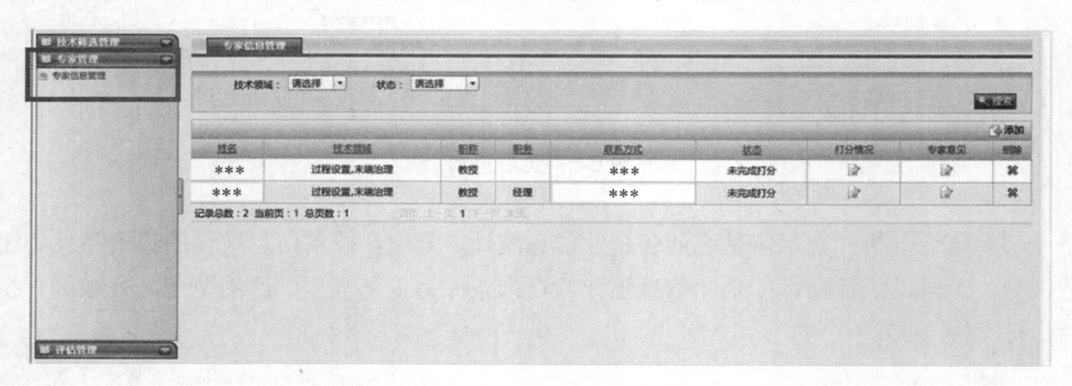

图 6-11 专家管理

（3）评估管理：可以实现记录技术评估结果、权重评估结果、评估汇总及筛选结果（图 6-12）。

6.2.4 专家辅助评分系统

专家打分系统包括专家在线打分及查看打分表。在项目完成后，本系统可以支撑后续动态地对新技术进行快速在线的定性筛选评估（图 6-13）。

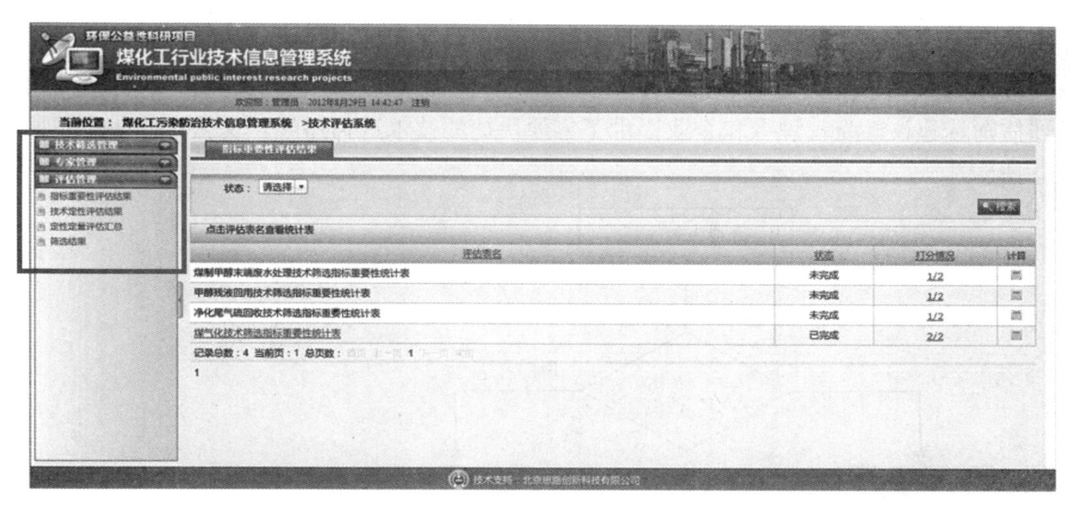

图 6-12　评估管理

净化气尾气硫回收技术定性评估表

说明	各指标按照优劣程度进行1-5打分。某技术运行管理越简便，稳定可靠性越高，投资成本越低，运行成本越低，占地面积越小，二次污染越少，处理后水的可回用性越高，对应的各项指标得分越高。若有需要，可填写专家建议。

净化气尾气硫回收技术定性评估表							
一级指标		技术特性		成本效益			环境污染
二级指标		运行管理简便度	稳定可靠性	投资成本	运行成本	回收效益	达标排放能力
净化尾气硫回收技术得分	二级克劳斯	□5□4□3 □2□1	□5□4□3 □2□1	□5□4□3 □2□1	□5□4□3 □2□1	□5□4□3 □2□1	□5□4□3 □2□1
	三级克劳斯	□5□4□3 □2□1	□5□4□3 □2□1	□5□4□3 □2□1	□5□4□3 □2□1	□5□4□3 □2□1	□5□4□3 □2□1
	超级克劳斯	□5□4□3 □2□1	□5□4□3 □2□1	□5□4□3 □2□1	□5□4□3 □2□1	□5□4□3 □2□1	□5□4□3 □2□1
	超优克劳斯	□5□4□3 □2□1	□5□4□3 □2□1	□5□4□3 □2□1	□5□4□3 □2□1	□5□4□3 □2□1	□5□4□3 □2□1
	Clinsulf	□5□4□3 □2□1	□5□4□3 □2□1	□5□4□3 □2□1	□5□4□3 □2□1	□5□4□3 □2□1	□5□4□3 □2□1
	SCOT	□5□4□3 □2□1	□5□4□3 □2□1	□5□4□3 □2□1	□5□4□3 □2□1	□5□4□3 □2□1	□5□4□3 □2□1
	SSR	□5□4□3 □2□1	□5□4□3 □2□1	□5□4□3 □2□1	□5□4□3 □2□1	□5□4□3 □2□1	□5□4□3 □2□1
	Shell-paques 生物脱硫	□5□4□3 □2□1	□5□4□3 □2□1	□5□4□3 □2□1	□5□4□3 □2□1	□5□4□3 □2□1	□5□4□3 □2□1
	酸性气体湿法制硫酸	□5□4□3 □2□1	□5□4□3 □2□1	□5□4□3 □2□1	□5□4□3 □2□1	□5□4□3 □2□1	□5□4□3 □2□1

图 6-13　专家打分

6.3　虚拟生态工厂系统

为了推动行业污染防治最佳可行技术的推广应用，本书尝试开发了面向企业和有关设计机构的“虚拟生态工厂”系统。该系统是一种形象化的技术模拟评估软件系统，实现与技术管理决策支持系统无缝集成，可提供给用户可视化的、自由可定制的、执行高效的技术评估筛选建议，为管理者和企业提供了方便快捷的技术选择路线。其总体框架流程如图6-14所示。

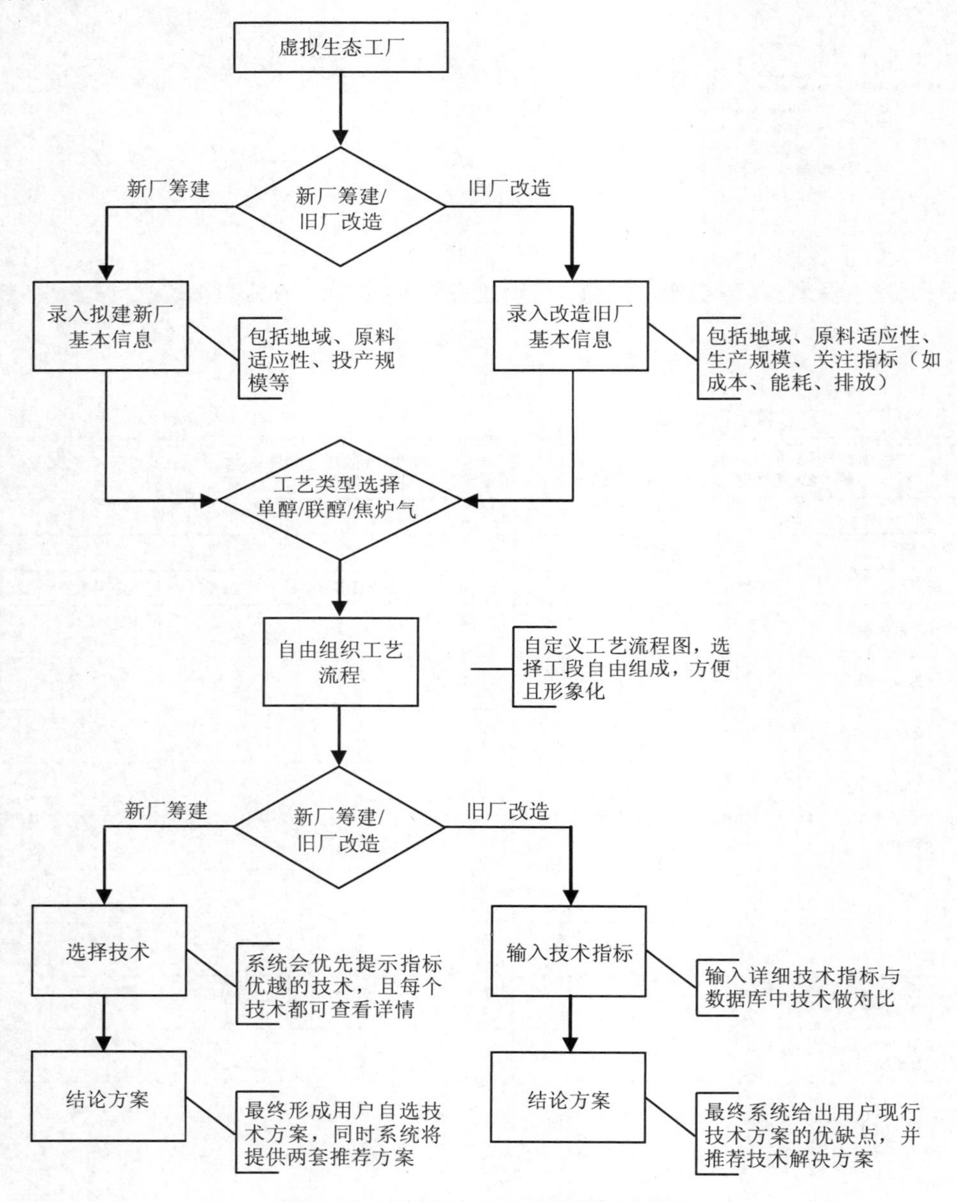

图6-14 虚拟生态工厂总体框架流程图

本系统可以输入原料适应性、项目区域、产能规模及其所关注的资源、能源和污染物排放标准，自主选择拟采用的工艺类型，方便而形象地自由组合工艺—技术，提示 BAT

技术的先进指标，经计算评估后：①为新厂筹建项目可研的先进适用技术选择、投资的能源预评估提供支持；②为旧厂提供节能技术改造诊断、节能审计以及改造方案效果评估。

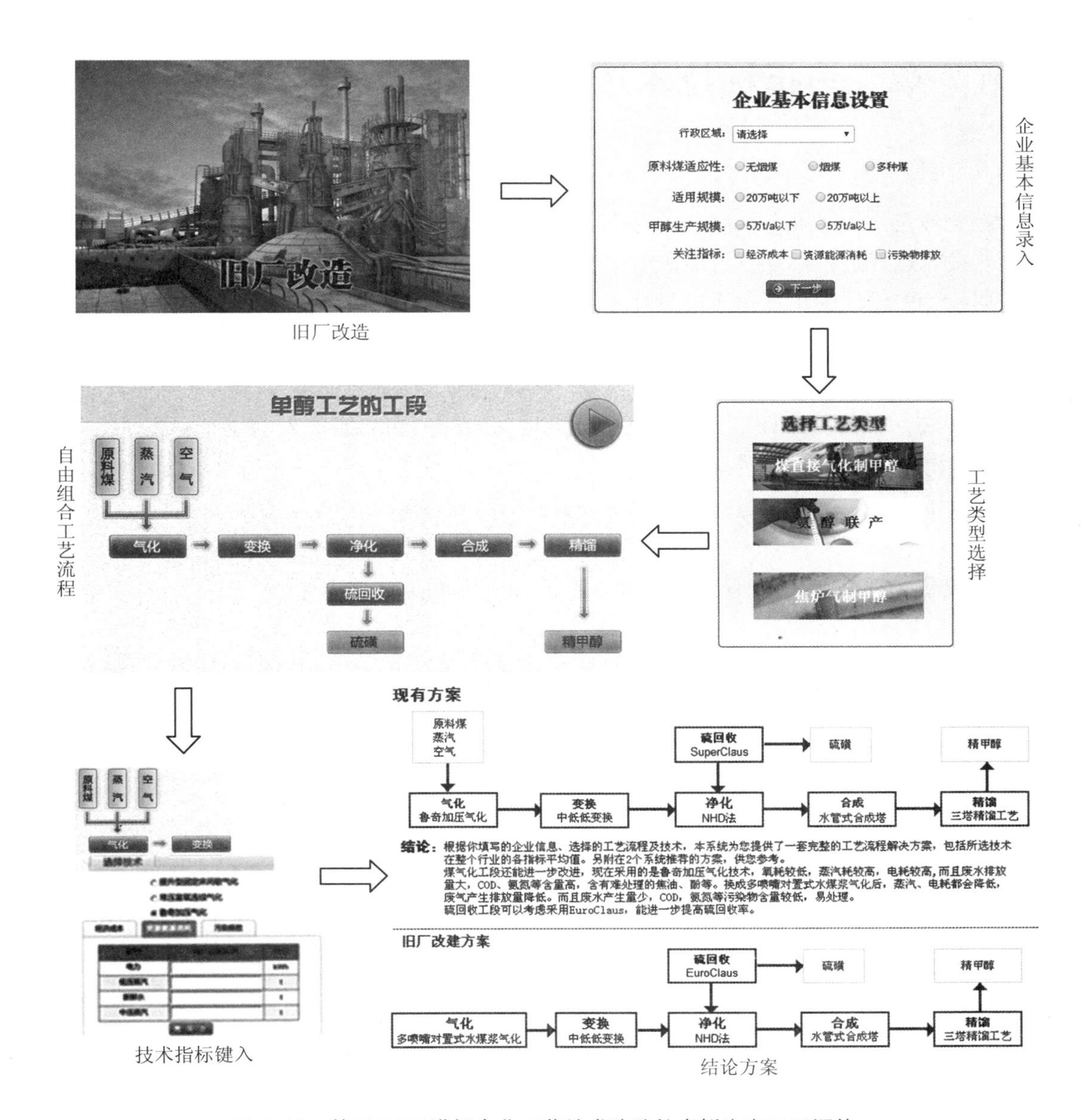

图 6-15　基于 BAT 进行企业工艺技术改造的虚拟生态工厂评估

第7章 多指标技术选择新方法及其案例应用研究①

在全球范围内工业节能减排的要求日益提高，工艺技术集成水平持续不断提升，企业在工艺技术选择过程中往往对能源效率、污染物排放以及经济效益等方面进行综合考虑，这需要构建多维度的指标体系进行技术的评估筛选。本章针对世界范围内工业绿色发展的趋势，介绍了研究团队开发的数据包络分析（Data Envelopment Analysis，DEA）方法，并以燃煤电厂的污染防治技术中的应用实例，从而探索了污染防治单项技术和技术组合的优化选择方法。DEA 技术评估方法定义了技术效率（TE）和环境效率（EE）两项评估指标，采用 GAMS（通用代数建模语言）进行规划求解，针对燃煤电厂污染防治单项技术以及全工艺流程的污染防治技术组合，实现了能源、环境和技术经济等多指标综合评估。

7.1 数据包络分析方法综述

DEA 方法的一个直接和重要的应用就是根据输入、输出数据对同类型部门、单位（即决策单元）进行相对效率与效益方面的评估。该方法在处理评估问题时比一般常规统计方法更具有优越性，一方面由于 DEA 方法对输入、输出指标有较大的包容性（如它可以接受难以量化或赋予权重的指标，而且输入、输出指标的单位可以不必统一），另一方面由于 DEA 方法可以同时对多指标问题进行评估，不必将多指标折合成单一指标。目前，DEA 方法的应用主要有以下几个领域：

1. 投资分析

杨宝臣根据我国商业银行的特点，建立了银行经营效率评估指标体系，相应地提出了应用产出增加型 DEA 模型评估其经营效率的方法，并对某银行进行了纵向评估和其分支机构的内部横向评估。丁文桓等采用 DEA 方法进行投资基金业绩评估。樊宏在 DEA 的 CCR 模型基础上，建立了一种证券运营效率评估和排序的数学模型，同时建立了相应的投影模型，并用其对 14 家综合类证券公司进行了评估和排序。

① 本章联合作者刘晓宇，于 2005 年考入清华大学环境科学与工程系。

2. 涉及成本、收益、利润的问题

利用 DEA 模型的基本假设，可以得到一个生产可能集，它能代替一般生产关系（如生产函数）求出最小成本、最大收益和最大利润，这为讨论分配有效性奠定了基础。分配有效性不同于技术和规模有效性，它与价格有关，不但要求技术有效，而且同时要求决策单元达到最小成本或最大收益，从中可以看出输入（输出）在价格意义下是否搭配合理。

3. 技术、生产力进步和技术创新

许水龙将广义技术进步分解为生产技术进步和效率进步，揭示两者之间的内在联系，并给出各决策单元各年技术进步速度，以及技术进步对经济增长贡献的测算方法。Diewert 提出了利用 DEA 方法来估计各决策单元的技术进步情况，继而，魏权龄借助 DEA 有效前沿面的变化来估计行业的平均技术进步率和技术进步的滞后及超前年限。姜秀山采用 C2GS2 模型对铁路运输业科技进步速度进行测算。金玲娣利用 DEA 方法对福建省电子、纺织、机械、化工、医药五个行业的技术创新情况进行评估，指出其在技术创新方面存在的主要问题及改进措施。杜栋在对几种技术进步评估方法简要评述的基础上，探讨 DEA 方法在企业技术创新评估中的应用。

近年来，DEA 方法的应用范围也逐渐涉及环境领域。Kuosmanen 和 Kortelainen 等利用 DEA 方法对芬兰三个城市道路运输的环境效率进行了评估，考虑了温室气体、酸化、烟尘、颗粒物和噪声多种环境影响。Koeijer 等以荷兰的甜菜种植为案例，针对不同农业生产技术的环境影响进行了评估。Sarkis 和 Weinrach 利用 DEA 方法对不同的废物管理系统进行了评估。

7.2　燃煤电厂污染防治技术评估指标

7.2.1　技术评估指标参数选取

由于我国电力行业高耗能、高污染的特点，在构建技术评估指标体系时，需要重点考虑能源消耗和污染物排放两方面的参数。同时，考虑到许多企业的规模还比较小，难以支撑投资较大的技术改造，导致一些效果良好的节能减排技术，由于投资成本超出中小企业负担限度而无法得到很好的落实推广。因此，在构建技术评估指标体系时，又加入了常规成本方面的参数。

基于上述分析，在构建燃煤电厂污染防治技术评估指标体系时，指标参数的选取以常规成本、能源成本和排污成本三方面的定量化参数为主，同时也包括技术的适用规模、应用范围、稳定性，以及针对固体废物综合利用技术的投资收益等方面的参数（表 7-1）。

表 7-1 燃煤电厂污染防治技术评估指标参数

<table>
<tr><th>一级指标参数</th><th>二级指标参数</th><th>三级指标参数</th></tr>
<tr><td rowspan="6">常规成本</td><td rowspan="2">固定成本</td><td>设备投资</td></tr>
<tr><td>基建费用</td></tr>
<tr><td rowspan="4">运行和维护成本</td><td>原料成本</td></tr>
<tr><td>辅料、化学助剂成本</td></tr>
<tr><td>维修成本</td></tr>
<tr><td>劳动力成本</td></tr>
<tr><td rowspan="3">能源成本</td><td>电力成本</td><td rowspan="6"></td></tr>
<tr><td>煤耗成本</td></tr>
<tr><td>水耗成本</td></tr>
<tr><td rowspan="3">排污成本</td><td>SO_2排放成本</td></tr>
<tr><td>NO_x排放成本</td></tr>
<tr><td>烟尘排放成本</td></tr>
</table>

7.2.2 技术评估指标定义

1. 技术效率

通过对技术评估指标参数的收集，建立起技术信息数据库，其中技术的常规成本用 w 表示，能源成本用 x 表示，排污成本用 y 表示，产出（对于锅炉燃烧技术和大气污染物减排技术用发电量来计算，对于粉煤灰综合利用技术用副产品收益来计算）用 z 表示。可以用这些数据信息定义一个生产集合 S：

$$S=\{(z,w,x,y):w,x,y\text{ 能生产 }z\} \quad \text{（公式 7-1）}$$

用生产集合 S 的外表面来定义技术的效率边界，构成技术有效的包络线，通过衡量各种备选技术到边界的距离来计算其技术效率。对于上述燃煤电厂污染防治技术，距离函数可定义为：

$$D(z,w,x,y)=\max_{\alpha}\left\{\alpha:(z,\frac{(w,x,y)}{\alpha})\in S\,,\alpha\in\Re_{+}\right\} \quad \text{（公式 7-2）}$$

距离函数是用来衡量对于给定的输出向量 z，输入向量（w，x，y）通过因子 α 降低的最大限度。它用来衡量输入向量（w，x，y）为达到效率边界所需收缩到的最小比例。落在技术有效的包络线上的点，距离函数取值为 1。

因此，可通过距离函数定义技术效率（TE）这一指标，该指标包含了表 7-1 中的所有指标参数，即常规成本、能源成本和排污成本，其可定义为：

$$\mathrm{TE}(z,w,x,y)=\frac{1}{D(z,w,x,y)} \quad \text{（公式 7-3）}$$

如果 TE 等于 1，则说明该备选技术在能源、环境、技术经济上的综合表现与同类技术相比处于优势。否则，说明该备选技术在节能减排上仍存在一定的提升空间，或者投资上不够经济合理。

2. 环境效率（EE）

环境效率（EE）这一指标与 TE 的不同点在于，EE 只包含技术在能源成本和排污成本两方面的指标参数，忽略了其在常规成本上的差异。因此，其距离函数可定义为：

$$D_E(z,x,y)=\max_{\beta}\left\{\beta:\left[z,\frac{(x,y)}{\alpha}\right]\in S\ ,\ \beta\in\Re_+\right\} \qquad \text{（公式 7-4）}$$

相应的，环境效率（EE）则定义为：

$$\mathrm{EE}(z,x,y)=\frac{1}{D_E(z,x,y)} \qquad \text{（公式 7-5）}$$

如果将环境效率（EE）的含义在图中直观地表示出来，如图 7-1 所示，对于备选技术 Q，其环境效率（EE）记为比值 OQ′/OQ。

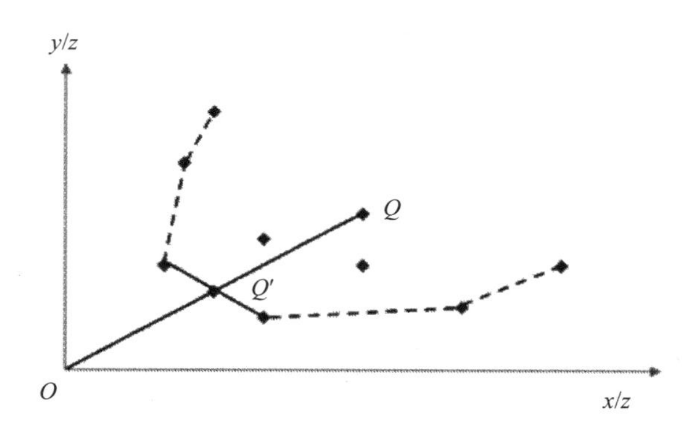

图 7-1　技术环境效率定义示意图

7.3　燃煤电厂污染防治技术评估模型

本节对燃煤电厂工艺流程中耗能产污的关键环节进行了识别，选取相应环节的污染防治技术作为研究对象，确定评估范围，并运用 DEA 方法，建立技术评估模型。该模型以常规成本、能源成本和排污成本作为输入指标，以技术的产出为输出指标，经运算可以得到各种备选技术在技术效率（TE）和环境效率（EE）上的得分，由此实现燃煤电厂污染防治技术的评估。

7.3.1 评估范围的确定

燃煤电厂的生产工艺流程：原煤运至电厂后，需将原煤碾磨成细粉并经气力输送方式以一定风煤比和温度将煤送至锅炉炉膛，经化学处理后的水在锅炉内被加热成高温高压蒸汽，推动汽轮机高速运转，气轮机带动发电机旋转发电。在此生产环节中，煤炭的燃烧会向大气、水体和土壤中排放各种污染物质，其中大气的污染是最主要的环境问题，主要污染物是 NO_x、颗粒物和 SO_2，因此需要加装脱硝、除尘和脱硫的末端污染控制装置。生产工艺中所排放的废水主要是外排冷却水，主要污染是热污染，另外还有少量的污水，主要污染是有机物、金属及其盐类、颗粒物和重金属。电厂通常会根据废水的水质和水量的特点制定不同的处理和回用途径。除此之外，生产工艺同样会产生各种固体废物和副产品，以粉煤灰和脱硫石膏为主，其中粉煤灰通常会在厂内收集并进行综合利用。

根据燃煤电厂污染物排放的特点，需要选用的污染防治技术包括生产过程的污染预防技术（以锅炉燃烧技术为主）、大气污染物减排技术（包括脱硝技术、除尘技术和脱硫技术）、水污染防治技术和固体废物综合利用技术。其中，对于水污染防治技术，针对不同的废水种类和水量特点，已经形成了比较成熟的防治技术体系；固体废物中的脱硫石膏目前的综合利用率仍很低，主要以粉煤灰的综合利用为主。因此对于燃煤电厂污染防治技术的评估就针对于锅炉燃烧技术、大气污染物减排技术和粉煤灰综合利用技术。

燃煤电厂的生产工艺流程以及其中包含的污染防治技术备选清单如图 7-2 所示。

7.3.2 模型下标和集合设定

1. 下标设定

i —— 工序；
j —— 污染防治技术；
k —— 原料；
l —— 能源种类（电、煤等）；
n —— 副产品种类。

2. 集合设定

$W_{(i,j)}^{i}$ ——属于工序 i 的污染防治技术集合；
$H_{(i,j)}^{i}$ ——污染防治技术 j 的原料集合；
$R_{(i,j)}^{i}$ ——污染防治技术 j 的能源集合；
$V_{(i,j)}$ ——在每种工序 i 中选取一种污染防治技术 j 形成的技术组合；
$A_{(i,j)}$ ——在大气污染物减排工序 i 中取一种技术 j 形成的技术组合；
$N_{(i_0,j)}^{i_0}$ ——粉煤灰综合利用技术 j 的副产品集合。

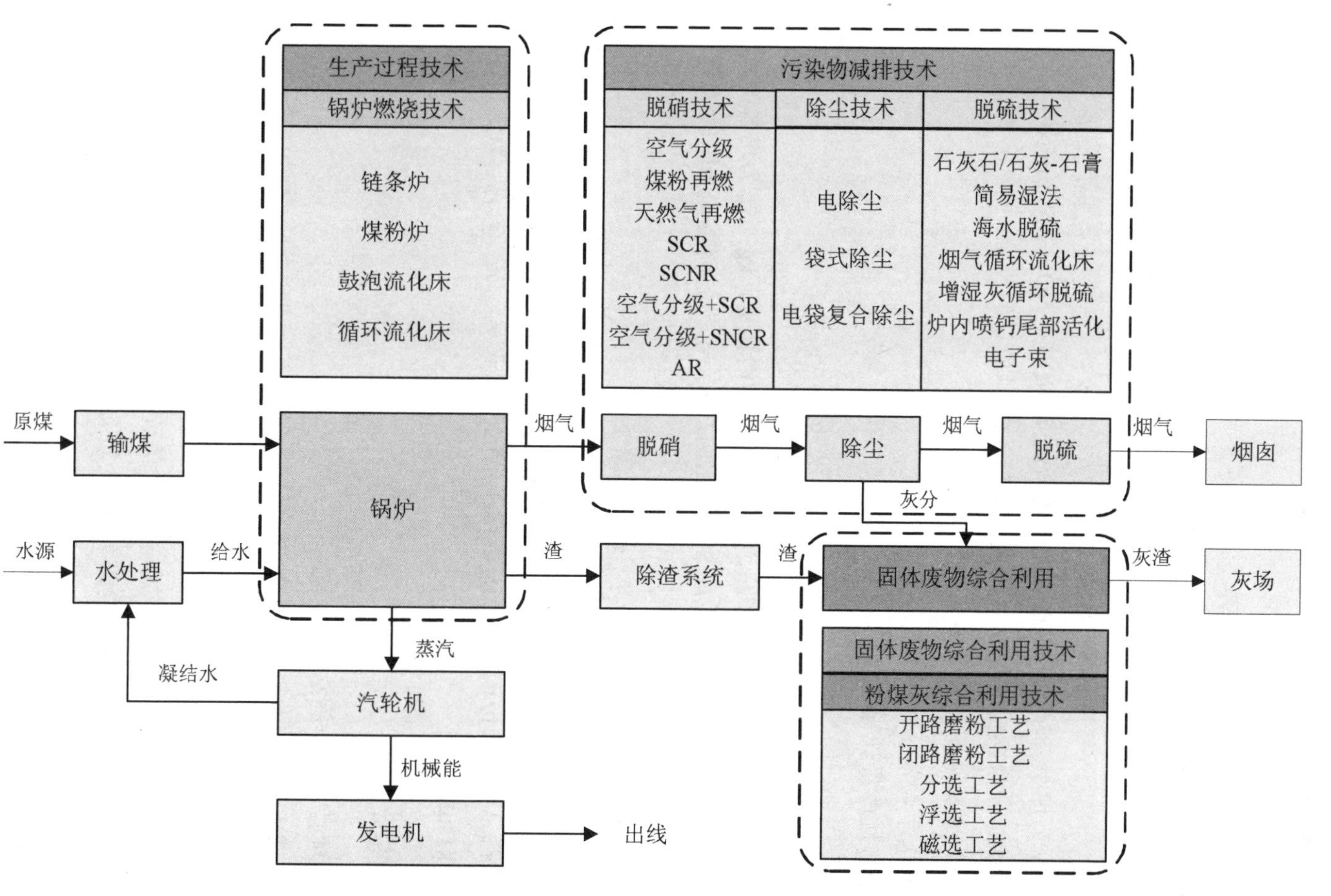

图 7-2 燃煤电厂工艺流程及污染防治技术备选清单

7.3.3 关键变量的计算方法

1. 污染物排放量 G_i 的计算

（1）NO_x 排放量计算

$$G_{NO_x} = \frac{30.8}{14} \cdot b \cdot N \cdot \frac{\eta_n}{m}(1-\eta_N) \qquad \text{（公式 7-6）}$$

式中：N 为煤中含氮的平均百分比，30.8/14 为 $NO_x[w(NO)=95\%, w(NO_2)=5\%)]$ 与 N 的分子量之比；m 为燃料氮生成的 NO_x 占全部 NO_x 排放量的比率，%；η_n 为燃料氮的转化率，%；η_N 为脱氮装置的脱氮效率，%。

一般取 $\eta_n = 25\%$，$\eta_N = 80\%$。

（2）SO_2 排放量计算

$$G_{SO_2} = \frac{32}{16} \cdot b \cdot S_{ar} \cdot t \cdot (1-\eta_s) \qquad \text{（公式 7-7）}$$

式中：32/16 为 SO_2 与 S 分子量之比；b 为燃料消耗量，kg；S_{ar} 为燃料的收到基含硫量，%；t 为燃料燃烧后 S_{ar} 氧化生成 SO_2 的比例，%；η_s 为脱硫装置的脱硫效率，%。

（3）烟尘排放量计算

$$G = b \cdot (\frac{Q_{ar,net,v}}{29\,271.2} \cdot q_4 + A_{ar} \cdot \alpha_{fh})(1-\eta_c) \qquad \text{（公式 7-8）}$$

式中：b 为燃料消耗量，kg；q_4 为锅炉固体未完全燃烧的热损失，%；α_{fh} 为飞灰中的含碳量占燃料总灰量的份额，%；η_c 为除尘器的除尘效率，%；$Q_{ar,net,v}$ 为燃料的收到基低位发热量，kJ/kg。

2. 成本计算

（1）单项技术的年固定成本

年固定成本是将初始投资依据贴现率分摊到技术寿命期中每一年的年均投资。

$$F_{i,j} = F_{0(i,j)}(A/P,i,n) \qquad \text{（公式 7-9）}$$

式中：$F_{i,j}$ 为 i 工艺 j 技术的年固定成本，万元/a；$F_{0(i,j)}$ 为 i 工序 j 技术的初投资，万元；$(A/P,i,n)$ 为年均化系数；i 为基准收益率；n 为设备寿命年限，年。

（2）单项技术的运行和维护成本

对于单项技术 j，运行和维护成本主要包括原料费用，人力、维修等其他费用，不包括电、煤等能源费用。

$$OC_{i,j} = \sum_{m \in H^j_{(j,k)}} f^m_{i,j} p_m + f^{etc}_{i,j} \qquad \text{（公式 7-10）}$$

式中：$OC_{i,j}$为 i 工艺 j 技术的运行和维护成本，万元/a；$f_{i,j}^{m}$为 i 工艺 j 技术原料 m 消耗量，t/a；$f_{i,j}^{etc}$ 为 i 工艺 j 技术的其他费用（人力、维修等），万元/a；p_m 为原料 m 的价格，万元/t。

（3）单项技术的常规成本

对于单项技术 j，常规成本是其年固定成本与运行和维护成本的加和。

$$F'_{i,j} = F_{i,j} + OC_{i,j} \qquad \text{（公式 7-11）}$$

式中：$F'_{i,j}$ 为单项技术的常规成本，万元/a；$F_{i,j}$ 为 i 工艺 j 技术的年固定成本，万元/a；$OC_{i,j}$ 为 i 工艺 j 技术的运行和维护成本，万元/a。

（4）单项技术的排污成本

$$P_{i,j} = \lambda_1 \lambda_2 (\eta_i \times G_{i,j}) \qquad \text{（公式 7-12）}$$

式中：$P_{i,j}$为 i 工序 j 技术排放污染物所带来的排污成本，万元/a；λ_1 为环境功能分区收费调整系数（三类取 0.9，二类取 1.0，一类取 1.1）；λ_2 为地区收费调整系数（不发达地区取 0.8，一般地区取 1.0，发达地区取 1.2）；η_i 为 i 工序对应的污染物排放收费标准（元/kg）；$G_{i,j}$ 为 i 工序 j 技术污染物排放总量，kg/a。

对于粉煤灰综合利用技术，其排污成本可以忽略不计。

（5）单项技术的能源成本

对于单项技术 j，能源成本包括电力成本、煤耗成本和水耗成本。

$$H_{i,j} = \sum_{n \in R_{(j,J)}^{j}} f_{i,j}^{n} p_n \qquad \text{（公式 7-13）}$$

式中：$H_{i,j}$ 为 i 工序 j 技术的能源成本，万元/a；$f_{i,j}^{n}$ 为 i 工艺 j 技术能源 n 消耗量；p_n 为能源 n 价格。

（6）技术组合的常规成本

对于第 x 种技术组合，其常规成本等于该组合方案的每一步工序中所选取的备选技术的常规成本的加和。

$$F'_{x} = \sum_{i,j \in V_{(i,j)}} F'_{i,j} \qquad \text{（公式 7-14）}$$

式中：F'_{x} 为第 x 种技术组合的常规成本，万元/a；$F'_{i,j}$ 单项技术的常规成本，万元/a；

（7）技术组合的排污成本

对于第 x 种技术组合，其排污成本等于该组合方案的大气污染物减排工序中所选取的备选技术的排污成本的加和。

$$P_x = \sum_{i,j \in A_{(i,j)}} P_{i,j} \quad （公式 7-15）$$

式中：P_x为第 x 种技术组合排放污染物所带来的排污成本，万元/a；$P_{i,j}$为 i 工序 j 技术排放污染物所带来的排污成本，万元/a。

（8）技术组合的能源成本

对于第 x 种技术组合，其能源成本等于该组合方案的每一步工序中所选取的备选技术的能源成本的加和。

$$H_x = \sum_{i,j \in V_{(i,j)}} H_{i,j} \quad （公式 7-16）$$

式中：H_x为第 x 种技术组合的能源成本，万元/a；$H_{i,j}$为 i 工序 j 技术的能源成本，万元/a。

3. 副产品收益计算

（1）单项技术的副产品收益

副产品收益计算仅针对粉煤灰综合利用技术，计算公式如下：

$$Y_{i_0,j} = \sum_{n \in N^n_{(i_0,j)}} f^n_{i_0,j} p_n \quad （公式 7-17）$$

式中：$Y_{i_0,j}$为粉煤灰综合利用技术 j 的副产品收益，万元/a；$f^n_{i_0,j}$为粉煤灰综合利用技术 j 技术副产品 n 产量，t/a；p_n为副产品 n 的销售价格，万元/t。

（2）技术组合的副产品收益

第 x 种技术组合的副产品收益是指在该技术组合中所选取的粉煤灰综合利用技术所带来的产品收益，用 Y_x 表示。

7.3.4 单项技术评估模型

考虑到技术的规模可能对其投资效果产生一定的影响，而且不同技术所适用的规模也会存在差异，因此，燃煤电厂的单项技术评估模型是在规模效益改变的假设下建立的。

对于锅炉燃烧技术和大气污染物减排技术，在计算技术效率（TE）时，将常规成本（$F'_{i,j}$）、能源成本（$H_{i,j}$）和排污成本（$P_{i,j}$）作为输入指标，将发电量（$E_{i,j}$）作为输出指标；在计算环境效率（TE）时，则将能源成本（$H_{i,j}$）和排污成本（$P_{i,j}$）作为输入指标，将发电量（$E_{i,j}$）作为输出指标。评估模型建立如下：

$$
\begin{aligned}
& \mathrm{TE} = \min \theta \\
& \text{s.t.} \\
& -E_{m,n} + \sum_{j \in W_{(i,j)}^{i}} \lambda_{i,j} E_{i,j} \geqslant 0 \\
& \theta F'_{m,n} - \sum_{j \in W_{(i,j)}^{i}} \lambda_{i,j} F'_{i,j} \geqslant 0 \\
& \theta P_{m,n} - \sum_{j \in W_{(i,j)}^{i}} \lambda_{i,j} P_{i,j} \geqslant 0 \\
& \theta H_{m,n} - \sum_{j \in W_{(i,j)}^{i}} \lambda_{i,j} H_{i,j} \geqslant 0 \\
& \sum_{j \in W_{(i,j)}^{i}} \lambda_{i,j} = 1 \\
& \lambda_{i,j} \geqslant 0, \theta \leqslant 1 \\
& m \in V_i, n \in W_{(m,j)}^{m}
\end{aligned}
$$

$$
\begin{aligned}
& \mathrm{EE} = \min \phi \\
& \text{s.t.} \\
& -E_{m,n} + \sum_{j \in W_{(i,j)}^{i}} \lambda_{i,j} E_{i,j} \geqslant 0 \\
& \phi H_{m,n} - \sum_{j \in W_{(i,j)}^{i}} \lambda_{i,j} H_{i,j} \geqslant 0 \\
& \phi P_{m,n} - \sum_{j \in W_{(i,j)}^{i}} \lambda_{i,j} P_{i,j} \geqslant 0 \\
& \sum_{j \in W_{(i,j)}^{i}} \lambda_{i,j} = 1 \\
& \lambda_{i,j} \geqslant 0, \theta \leqslant 1 \\
& m \in V_i, n \in W_{(m,j)}^{m}
\end{aligned}
$$

对于粉煤灰综合利用技术，由于该技术几乎不存在污染物的排放，因此仅计算其技术效率。在计算技术效率（TE）时，将单位发电量的常规成本（$F'_{i_0,j}/E_{i_0,j}$）和能源成本（$H_{i_0,j}/E_{i_0,j}$）作为输入指标，将副产品的收益（$Y_{i_0,j}$）作为输出指标。评估模型建立如下：

$$
\begin{aligned}
& \mathrm{TE} = \min \theta \\
& \text{s.t.} \\
& -Y_{i_0,n} + \sum_{j \in W_{(i,j)}^{i}} \lambda_{i_0,j} Y_{i_0,j} \geqslant 0 \\
& \theta F'_{i_0,n} / E_{i_0,j} - \sum_{j \in W_{(i_0,j)}^{i_0}} \lambda_{i_0,j} F'_{i_0,j} / E_{i_0,j} \geqslant 0 \\
& \theta P_{i_0,n} / E_{i_0,j} - \sum_{j \in W_{(i_0,j)}^{i_0}} \lambda_{i_0,j} P_{i_0,j} / E_{i_0,j} \geqslant 0 \\
& \theta H_{i_0,n} / E_{i_0,j} - \sum_{j \in W_{(i,j)}^{i}} \lambda_{i_0,j} H_{i_0,j} / E_{i_0,j} \geqslant 0 \\
& \sum_{j \in W_{(i,j)}^{i}} \lambda_{i,j} = 1 \\
& \lambda_{i,j} \geqslant 0, \theta \leqslant 1 \\
& n \in W_{(m,j)}^{m}
\end{aligned}
$$

7.4　燃煤电厂污染防治单项技术评估结果

上一节介绍了针对燃煤电厂污染防治单项技术和技术组合的评估指标体系的构建、评估模型的建立以及模型算法。本节以燃煤电厂的锅炉燃烧、大气污染物减排（包括脱硝、除尘和脱硫）和粉煤灰综合利用的的备选技术为对象，把所建立的技术信息数据库应用到技术评估模型中，计算了各种单项备选技术的技术效率和环境效率得分，以此为依据对其在能源、环境和技术经济上的综合表现进行评估。

7.4.1 锅炉燃烧技术

根据燃烧方式，燃煤电厂锅炉可分为室燃炉和流化床锅炉两种类型。室燃炉分为煤粉炉和链条炉，流化床锅炉分为循环流化床锅炉和鼓泡流化床锅炉。上述四种备选技术在适用规模上存在差异，具体的适用规模如表 7-2 所示。

表 7-2 锅炉燃烧技术的适用规模

备选炉型	中小型机组	大型机组
链条炉	√	
煤粉炉	√	√
鼓泡流化床锅炉	√	
循环流化床锅炉	√	√

从图 7-3 和图 7-4 可知，无论对于大型机组还是小型机组，循环流化床锅炉和煤粉炉在技术效率和环境效率上的得分均较高。从技术效率上看，循环流化床的优势在于排污成本低，主要由于其采用石灰等脱硫剂进行炉内脱硫，脱硫效率可达 85%～90%。而且，由于循环流化床锅炉的低温燃烧特性，氮氧化物排放浓度非常低（氮氧化物的生成温度约为 1 000℃，其排放浓度可控制在 200×10^{-6} 以下）。但相比于煤粉炉，循环流化床锅炉的运行成本、启动与停炉成本、检修成本都相对偏高。从环境效率上看，煤粉炉的燃烧效率高于循环流化床锅炉，其燃烧效率可以达到 99%，煤耗量低。而且相比于煤粉炉，循环流化床锅炉的分离循环系统结构复杂，布风板阻力及系统阻力大，能耗较高，所以煤粉炉在节能上占有优势。在污染物减排上，循环流化床以高脱硫效率和低 NO_x 排放浓度占有绝对的优势。除此以外，循环流化床锅炉的燃料适应性广，既可燃用优质煤，也可燃用各种劣质燃料，如高灰煤、高水分煤、煤矸石、煤泥，以及油页岩、泥煤、石油焦、炉渣、垃圾等。

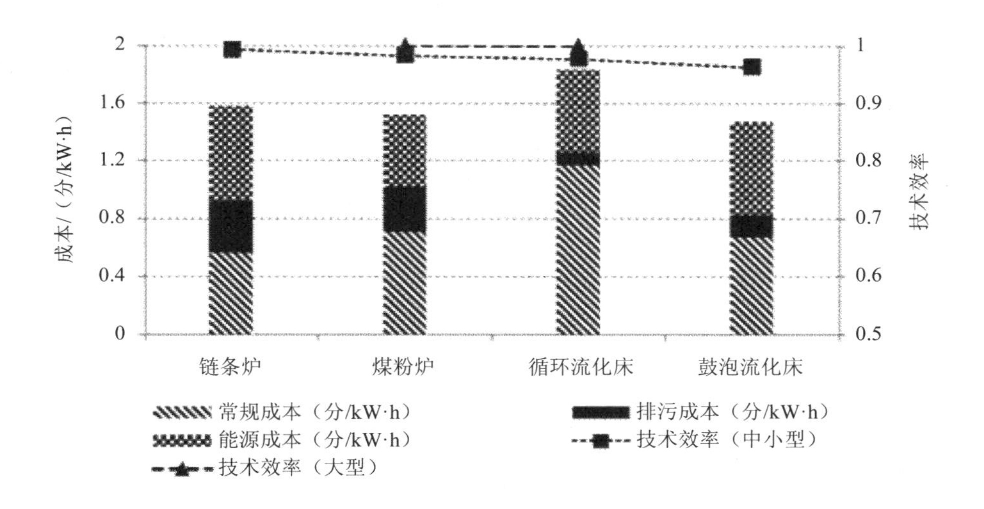

图 7-3　锅炉燃烧技术的技术效率和成本比较

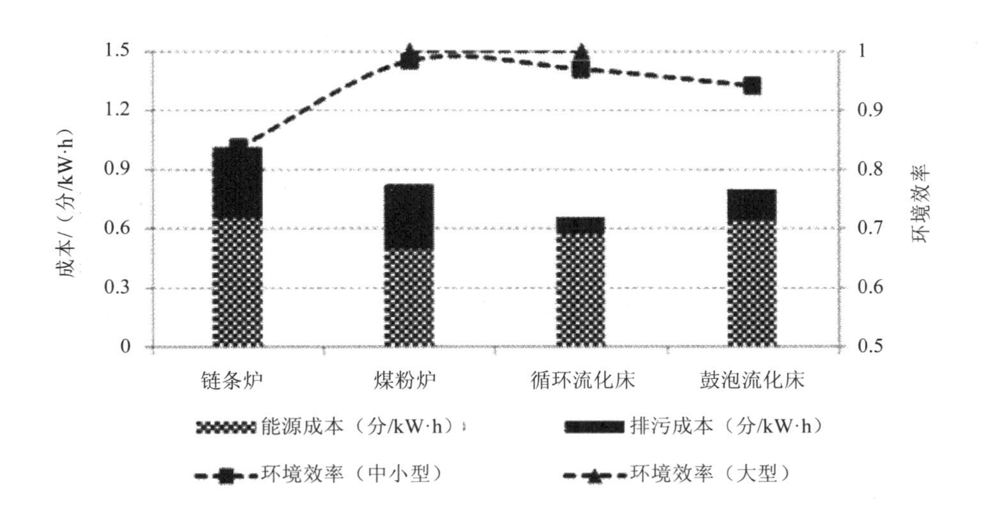

图 7-4　锅炉燃烧技术的环境效率和成本比较

对于中小型机组，链条炉由于附属设备少，制造、安装简便，易于运行操作，因而在技术效率上占有优势，但其由于燃烧效率较低，炉渣和飞灰中可燃物含量多，锅炉效率一般为 75%～85%，在环境效率上处于劣势。而煤粉炉以非常高的燃烧效率在环境效率上占有优势，但其减排效果较差。相比较而言，循环流化床锅炉更好地平衡了技术效率和环境效率两方面的优势，因而具有最好的综合表现。

对于大型机组，煤粉炉和循环流化床锅炉的综合表现相当，但两者具有不同的技术特点。煤粉炉的优势在于常规成本低，节能效果好，而循环流化床锅炉的优势在于污染物减排效率很高。

煤粉炉和循环流化床锅炉均适用于中小型机组和大型机组，从二者在不同规模下的技术效率和环境效率得分的比较可以看出，这两种锅炉均更适用于大型机组。

7.4.2 大气污染物减排技术

1. 脱硝技术

燃煤电厂烟气脱硝工艺中的备选技术分为单项技术和联用技术，单项技术包括空气分级技术、煤粉再燃技术、天然气再燃技术、选择性催化还原技术（SCR）和选择性非催化还原技术（SNCR）。其中空气分级技术、煤粉再燃技术和天然气再燃技术属于低 NO_x 燃烧技术；选择性催化还原技术（SCR）和选择性非催化还原技术（SNCR）属于末端脱硝技术。联用技术则是由低 NO_x 燃烧技术和末端脱硝技术联合使用而成的，包括空气分级+SCR、空气分级+SNCR 和煤粉再燃+SNCR（AR）。

由于上述备选技术基本不存在适用规模的限制（除 SNCR 技术一般不用于大型机组），规模效益对于技术的相对优劣势的影响并不显著，因此在烟气脱硝工艺中仅讨论备选技术在不同规模机组下的平均表现。

（1）单项技术

对于单项技术而言，空气分级、煤粉再燃和 SCR 在技术效率上占有优势。其中，空气分级技术的优势主要体现在常规成本上，其一次投资和运行费用最低。但是该技术适用范围比较局限，一般只适合用于燃用烟煤或褐煤的锅炉。煤粉再燃技术的优势则体现在其各项成本的相对均衡，相比于其他技术，其投资和运行费用较少，污染排放量不高。SCR 技术的优势主要体现在排污成本上，其脱硝效率是单项技术中最高的，可以达到 85%～90%。但由于 SCR 系统较为复杂，且催化剂价格高昂，所以初始投资和运行费用高于其他单项技术。

在技术效率上，天然气再燃和 SNCR 技术略显不足。对于天然气再燃技术，主要问题在于其高昂的投资和运行费用，虽然脱氮效率略高于煤粉再燃技术，可以达到 60%左右，也不存在再燃燃料的燃尽问题，但技术效率仍然最低。高昂的成本主要是由于消耗天然气的花费，其占到了年运行费用的 90%以上，所以天然气再燃技术的经济性几乎完全由天然气的价格决定。对于 SNCR 技术，其技术效率偏低的原因是其脱氮效率相对较低，一般在 40%左右，而且其在投资和运行费用上并没有明显优势。

在环境效率上，空气分级、SNCR 和 SCR 占有优势。其中，空气分级和 SNCR 的优势主要体现在能源成本上，但它们的脱氮效率很低，分别只有 30%和 40%。而 SCR 的优势主要体现在排污成本上，而且其与 SNCR 相比，同样是采用氨基还原剂来还原烟气中的

NO_x，但由于加入了催化剂，还原反应可以在 200～450℃的温度范围内有效进行，因而 SCR 系统可以布置在尾部烟道内来高效地还原烟气中的 NO_x，同时不影响锅炉的燃烧。

与上述三项技术相比，煤粉再燃和天然气再燃技术在环境效率上略显不足。煤粉再燃技术在环境效率上的不足具体表现在其节能效果较差，由于该技术一般都会采用超细煤粉再燃，新置的超细煤粉磨煤机将使厂用电量增加，几乎占了年花费的 24%。若采用普通煤粉，可以降低新增厂用电量，也不存在超细磨的维护费用，但飞灰含碳量的增加会导致新增煤耗大大增加，进而提高了运行成本。而且，考虑到超细煤粉的采用还可以适当提高脱硝效率，因此一般情况下推荐采用超细煤粉再燃。而天然气再燃技术是由于节能和减排效果均不明显，因此其环境效率与其他单项技术相比偏低。

将技术效率和环境效率综合考虑，除天然气再燃技术外，其他各种脱硝技术都具有各自较为明显的优势。但这些单项技术也大多存在着比较大的局限性（表 7-3）。因此，一些单项技术，如空气分级、SNCR、SCR，更适于与其他单项技术联合使用，如果将空气分级或煤粉再燃技术作为 SNCR 和 SCR 等技术的前处理手段，这样既可以降低 NO_x 入口浓度，降低运行成本，还可以通过联合使用提高脱氮效率。

表 7-3　脱硝单项优势技术的局限性

单项技术	局限性
空气分级	脱硝效率只能达到 30%，难以达到 2003 年新执行的《火电厂大气污染排放标准》；只适合用于燃用烟煤或褐煤的锅炉
SNCR	有比较严格的反应温度限制，很难保证还原反应在要求的温度范围内进行；还原剂的花费占年运行费用的绝大部分，且随 NO_x 入口浓度的升高而增加
SCR	系统复杂，且催化剂价格高昂，难以大规模推广使用

（2）联用技术

与单项技术相比，联用技术在技术效率和环境效率上均占有优势（图 7-5、图 7-6）。其中，空气分级+SCR 的优势最为明显。这主要是由于经过空气分级技术的预处理，可以降低烟气中的 NO_x 浓度，减轻 SCR 的 NO_x 脱除压力，并减少还原剂泄漏，从而减小 SCR 的系统规模，降低投资和运行费用，而且两种技术的结合可以取得高达 90%的脱硝率。煤粉再燃+SNCR 与空气分级+SNCR 相比，总成本虽然偏高，但技术效率和环境效率却略有优势。这主要是因为其再燃区内 CO 浓度较高，可以为 SNCR 技术提供更大的温度区域，从而提高还原剂利用率，减少 NH_3 残余。这样既节省了还原剂，降低了运行成本，又由于煤粉再燃技术的使用提高了脱硝效率。

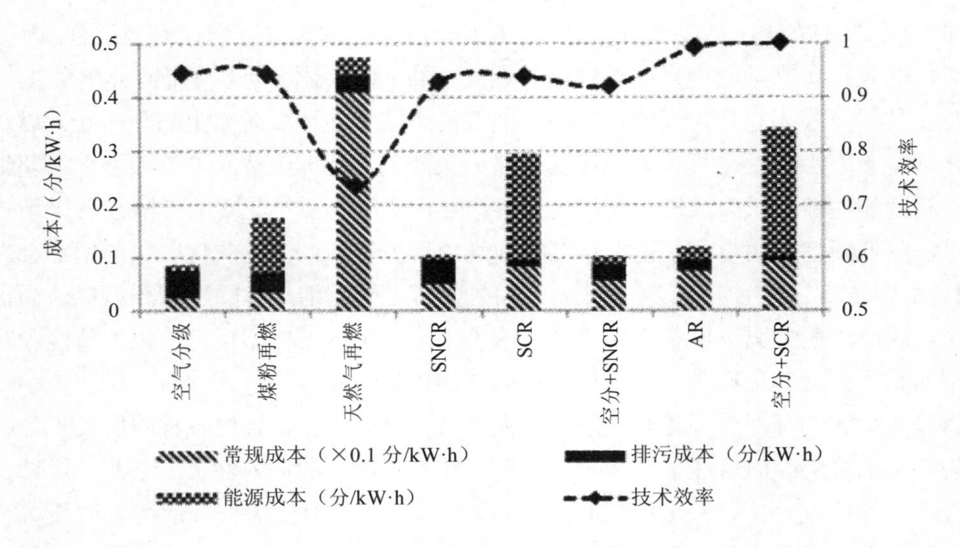

图 7-5 脱硝技术的技术效率和成本比较

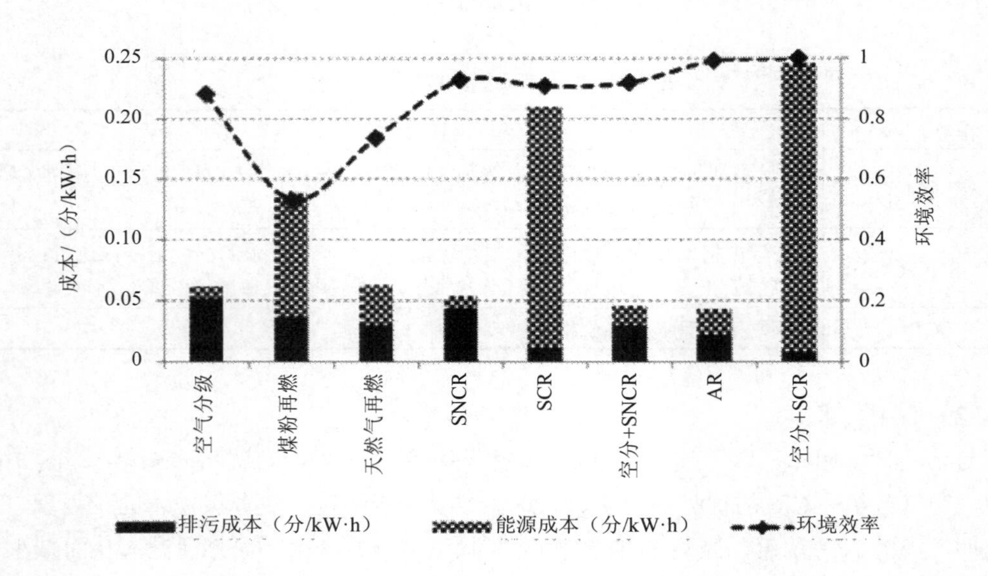

图 7-6 脱硝技术的环境效率和成本比较

2. 除尘技术

燃煤电厂除尘技术包括电除尘技术、袋式除尘技术和电袋复合除尘技术。上述三种除尘技术在适用规模上存在差异，具体的适用规模如表 7-4 所示。三种除尘技术的除尘效率都较高，所以除了除尘效率以外，除尘技术的选择主要取决于机组规模、投资成本、能源消耗、燃料类型等因素。

表 7-4　除尘技术的适用规模

备选技术	中小型机组	大型机组
电除尘技术	√	√
袋式除尘技术	√	√
电袋复合除尘技术	√	

图 7-7 和图 7-8 有关技术效率、环境效率和成本分析的结果表明，对于中小型机组，电袋复合除尘技术在技术效率和环境效率上均占有优势。这主要是因为与布袋除尘技术相比，电袋复合除尘技术可以保证较低的运行阻力，其滤袋承受的粉尘负荷少，荷电粉尘改变了滤袋粉饼结构，粉尘之间排列蓬松有序、透气性好，使滤袋阻力变小，并且易于清灰。而且电袋复合除尘技术还减少了布袋收尘部分的成本，并延长了滤袋的使用寿命，可以降低滤袋的更换维护费用。与电除尘技术相比，电袋复合除尘技术的除尘效率不受煤种、烟气工况、飞灰特性的影响，排放浓度可以长期高效、稳定。

对于大型机组，电袋复合除尘技术不再适用。在技术效率上，电除尘技术和袋式除尘技术得分相同，而在环境效率上，袋式除尘技术则更有优势。这主要是因为电除尘技术的特点是常规成本低，而袋式除尘技术的特点是排污成本和能源成本低。

电除尘技术和袋式除尘技术均适用于中小型机组和大型机组，从在不同规模下的技术效率和环境效率得分的比较可以看出，这两种技术均更为适用于大型机组。

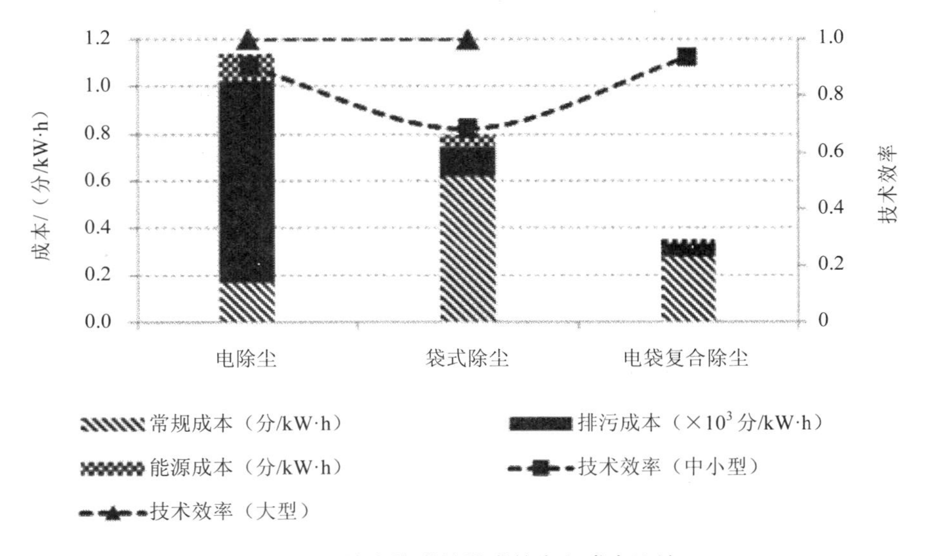

图 7-7　除尘技术的技术效率和成本比较

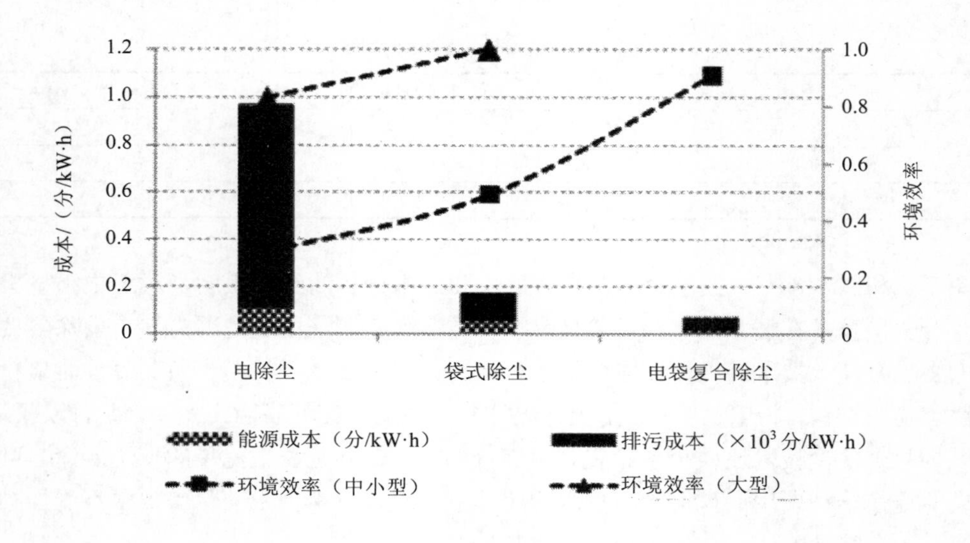

图 7-8 除尘技术的环境效率和成本比较

3. 脱硫技术

按脱硫工艺是否加水和脱硫产物的干湿状态，烟气脱硫技术可分为湿法和干法（半干法）两种工艺。其中，湿法工艺主要包括石灰石/石灰-石膏法、简易湿法和海水脱硫法；干法（半干法）工艺主要包括烟气循环流化床脱硫技术、增湿灰循环烟气脱硫技术、炉内喷钙尾部烟气增湿活化脱硫技术和电子束烟气脱硫技术。不同脱硫技术有着各自较为适用的机组规模（表 7-5）。总体而言，湿法脱硫技术成熟，效率高，Ca/S 比低，运行可靠，操作简单，但工艺比较复杂，占地面积和投资较大；干法（半干法）脱硫技术的工艺较简单，投资一般低于传统湿法，但用石灰作脱硫剂的干法、半干法的 Ca/S 比高，脱硫效率和脱硫剂的利用率较传统湿法低。

表 7-5 脱硫技术的适用规模

备选技术	中小型机组	大型机组
石灰石-石膏法	√	√
简易湿法	√	
海水脱硫		√
烟气循环流化床	√	√
增湿灰循环烟	√	
炉内喷钙	√	
电子束	√	

对于中小规模机组，从图 7-9 和图 7-10 可以看出，增湿灰循环烟气脱硫技术、石灰石/石灰-石膏法和炉内喷钙尾部烟气增湿活化脱硫技术在技术效率和环境效率上表现均衡，且具有较高的得分。综合技术效率和环境效率两方面考虑，增湿灰循环烟气脱硫技术在常规成本和能源成本上的优势较为明显，主要体现在流程简单、占地少、一次性投资少，而且系统阻力低、能耗低，但它仅适用于煤种含硫量在 1.5%以下的中低硫煤脱硫。石灰石/石灰-石膏法则在排污成本上具有显著的优势，这主要由于其具有很高的脱硫效率，基本保证在 95%以上。而且石灰石/石灰-石膏法技术适应性强，对煤种的变化、负荷的变化、脱硫率的变化均有较强的适应性。但由于其一次性投资较高，且占地面积大，因而在常规成本上有一定的劣势。炉内喷钙尾部烟气增湿活化脱硫技术在节能上的优势最为显著，但脱硫效率相对较低。

相比较而言，其他技术都在不同程度上存在着较为明显的劣势。简易湿法和电子束烟气脱硫技术在技术效率和环境效率上均处于劣势。其中简易湿法最明显的劣势在于脱硫效率偏低，仅在 80%～85%，而电子束烟气脱硫技术在于能耗偏高，能耗率约为 1.5%～2%。

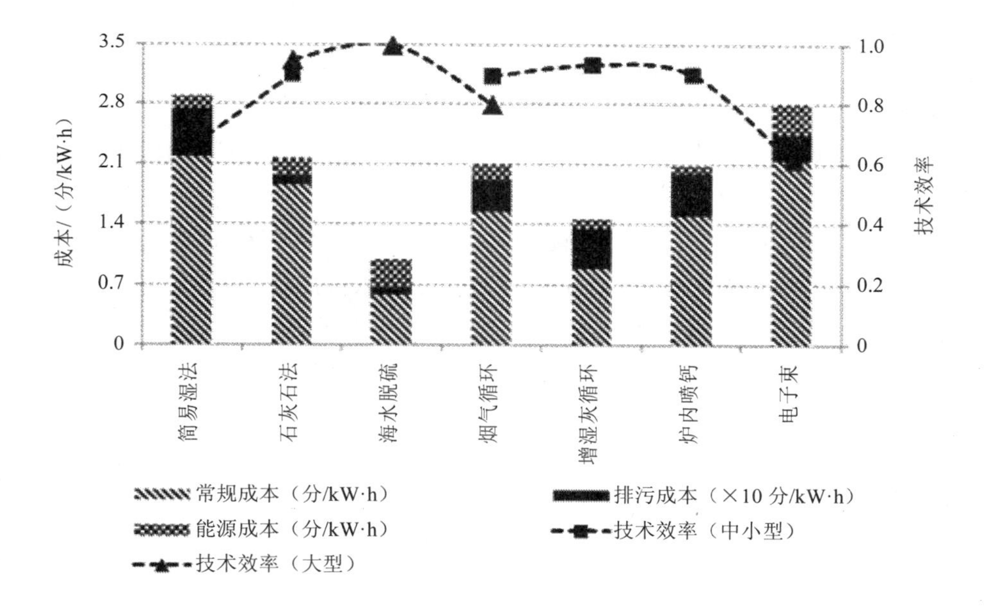

图 7-9　脱硫技术的技术效率和成本比较

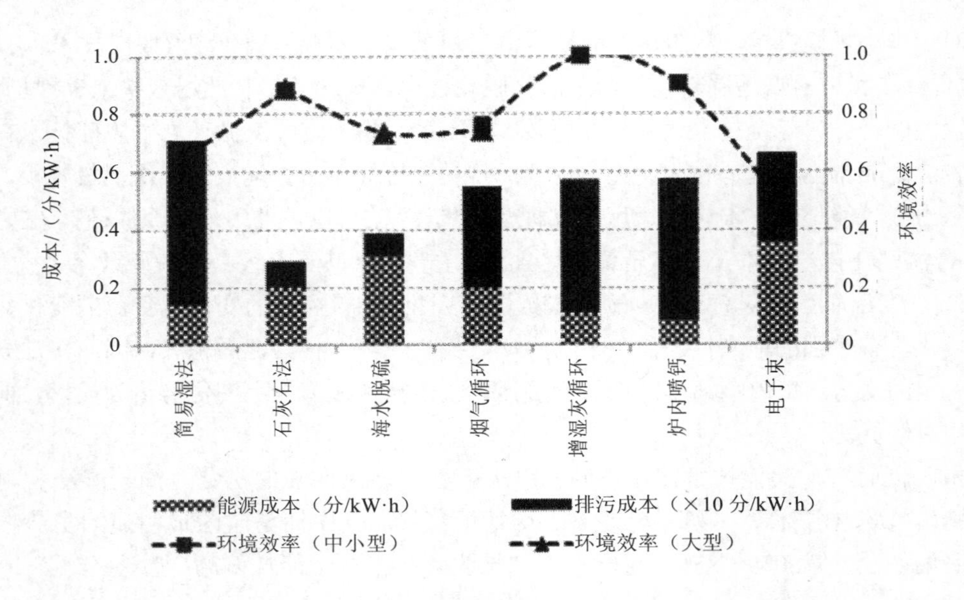

图 7-10 脱硫技术的环境效率和成本比较

适用于大型机组的脱硫技术相对较少，只有石灰石/石灰-石膏法、海水脱硫和烟气循环流化床脱硫技术。在技术效率上，海水脱硫技术得分最高。相比较而言，石灰石/石灰-石膏法的常规成本偏高，烟气循环流化床脱硫技术的常规成本和排污成本均偏高，但海水脱硫技术在能源成本上却存在明显的劣势。海水脱硫技术在实际应用上存在着较大的局限性，它仅适用于海滨电厂，只有在海水碱度满足工艺要求、海域环境评估通过国家有关部门审查，并经全面技术经济比较后，才可以考虑采用海水脱硫技术；它仅适用于燃煤含硫量低于 1.0%的低硫煤电厂，不适用于高硫煤电厂。在环境效率上，石灰石/石灰-石膏法的得分最高。相比较而言，海水脱硫技术的能源成本偏高，烟气循环流化床脱硫技术的排污费用偏高。

石灰石/石灰-石膏和烟气循环流化床两种备选技术均适用于中小型机组和大型机组。通过两者在不同规模下技术效率和环境效率得分的比较可以看出，石灰石/石灰-石膏法更适用于大型机组，而烟气循环流化床脱硫技术更适用于中小型机组。

4. 粉煤灰综合利用技术

粉煤灰综合利用是指采用成熟工艺技术对粉煤灰进行加工，将其用于生产建材、回填地面、建筑工程、提取有益元素、制取化工产品及其他用途。粉煤灰综合利用技术主要包括开路磨粉技术、闭路磨粉技术、分选技术、磁选技术和浮选技术。

由于上述备选技术基本不存在适用规模的限制，规模效益对于技术的相对优劣势的影响并不显著，因此对于上述备选技术仅讨论其在不同规模机组下的平均表现。

由图 7-11 可以看出，分选技术和磨粉技术在技术效率上占有优势。而相比于磨粉技术，分选技术的投资和能耗更低，灰的质量更好，而且分选技术可以根据市场需求随时调整Ⅰ、Ⅱ级灰的生产品种，还可分选出超细灰。在磨粉技术中，闭路磨粉技术更占优势，这主要是因为闭路磨粉技术在原状粉煤灰进入磨机前先经分级器进行粗、细分级，使符合细度要求的细灰不再经过磨机，而直接进入成品库，这样可以防止细灰在磨内粘贴研磨体而引起的缓冲作用，从而提高粉磨效率。

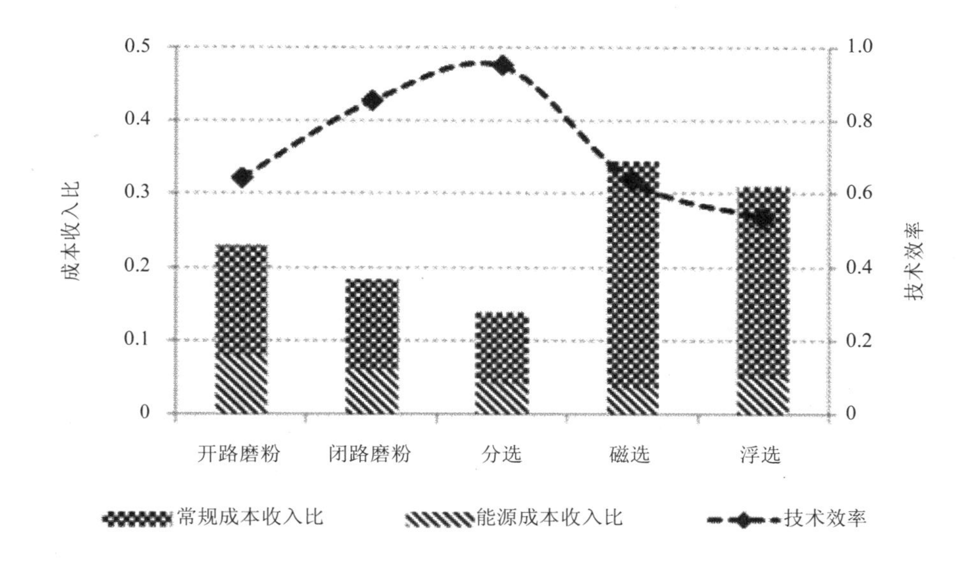

图 7-11　粉煤灰综合利用技术的技术效率和成本收入比的比较

磁选和浮选技术在技术效率上处于劣势，虽然其在节能上的表现较好，但常规成本收入比却远高于其他三种技术。而且对于磁选技术来说，只有当粉煤灰中的铁含量在 5%以上时，该技术才具有应用价值。

7.5　技术组合评估模型的建立

燃煤电厂的技术组合评估模型同样是在规模效益改变的假设下建立的。对于各工序技术组合，在计算技术效率（TE）时，将技术组合的净常规成本（$F_x'-Y_x$）、能源成本（$H_{i,j}$）和排污成本（$P_{i,j}$）作为输入指标，将发电量（$E_{i,j}$）作为输出指标；在计算环境效率（TE）时，则将能源成本（$H_{i,j}$）和排污成本（$P_{i,j}$）作为输入指标，将发电量（$E_{i,j}$）作为输出指标。评估模型建立如下：

$$
\begin{aligned}
&\mathrm{TE} = \min \sigma \\
&\text{s.t.} \\
&-E_a + \sum_{xeC_x} \lambda_x E_x \geqslant 0 \\
&\sigma F'_a - \sum_{xeC_x} \lambda_x \left(F'_x - Y_x\right) \geqslant 0 \\
&\sigma P_a - \sum_{xeC_x} \lambda_x P_x \geqslant 0 \\
&\sigma H_a - \sum_{xeC_x} \lambda_x H_x \geqslant 0 \\
&\sum_{xeC_x} \lambda_x = 1 \\
&\lambda_x \geqslant 0, \sigma \leqslant 1 \\
&a \in C_x
\end{aligned}
\qquad
\begin{aligned}
&\mathrm{EE}_a = \min \omega \\
&\text{s.t.} \\
&-E_a + \sum_{xeC_z} \lambda_x E_x \geqslant 0 \\
&\omega P_a - \sum_{xeC_z} \lambda_x P_x \geqslant 0 \\
&\omega H_a - \sum_{xeC_z} \lambda_x H_x \geqslant 0 \\
&\sum_{xeC_z} \lambda_x = 1 \\
&\lambda_x \geqslant 0, \omega \leqslant 1 \\
&a \in C_x
\end{aligned}
$$

7.6 燃煤电厂污染防治技术组合评估

7.4 节中对燃煤电厂的锅炉燃烧、大气污染物减排和固体废物综合利用三类污染防治技术进行了评估。本节将根据技术组合原则，通过生产工艺环节将上述三类污染防治技术进行组合，形成针对燃煤电厂全工艺流程的污染防治技术组合。根据不同的组合形式，对其在能源、环境和技术经济上的综合表现进行评估。

7.6.1 技术组合的原则和方式

本书将燃煤电厂工艺流程划分为锅炉燃烧环节、大气污染物减排环节和固体废物综合利用环节。其中大气污染物减排环节包括脱硝、除尘和脱硫三个工艺环节。工艺流程中的每个环节都具有若干的备选技术，这些技术的组合将遵循以下原则：

（1）对于燃煤电厂的工艺流程，每个环节只能选择一种备选技术进行组合；

（2）在技术组合中需要考虑机组规模的差异，只有相应机组规模的适用技术才能参与组合；

（3）每种技术组合的污染物排放都必须达到 2003 年新执行的《火电厂大气污染排放标准》，未达到排放标准的技术组合不予评估；

（4）燃煤电厂的锅炉燃烧技术中若已存在污染物减排措施（如炉内脱硫），在达到 2003 年新执行的《火电厂大气污染排放标准》的前提下不再经过末端污染控制装置；

（5）对于技术的组合不存在总成本和能源消耗上的限制。

根据上述组合原则，一共筛选出 1 530 种符合要求的技术组合方式（针对中小型机组和大型机组的技术组合方式分别如图 7-12 和图 7-13 所示）。7.6.2 节将对这些技术组合的能源、环境和技术经济上的表现进行综合评估。

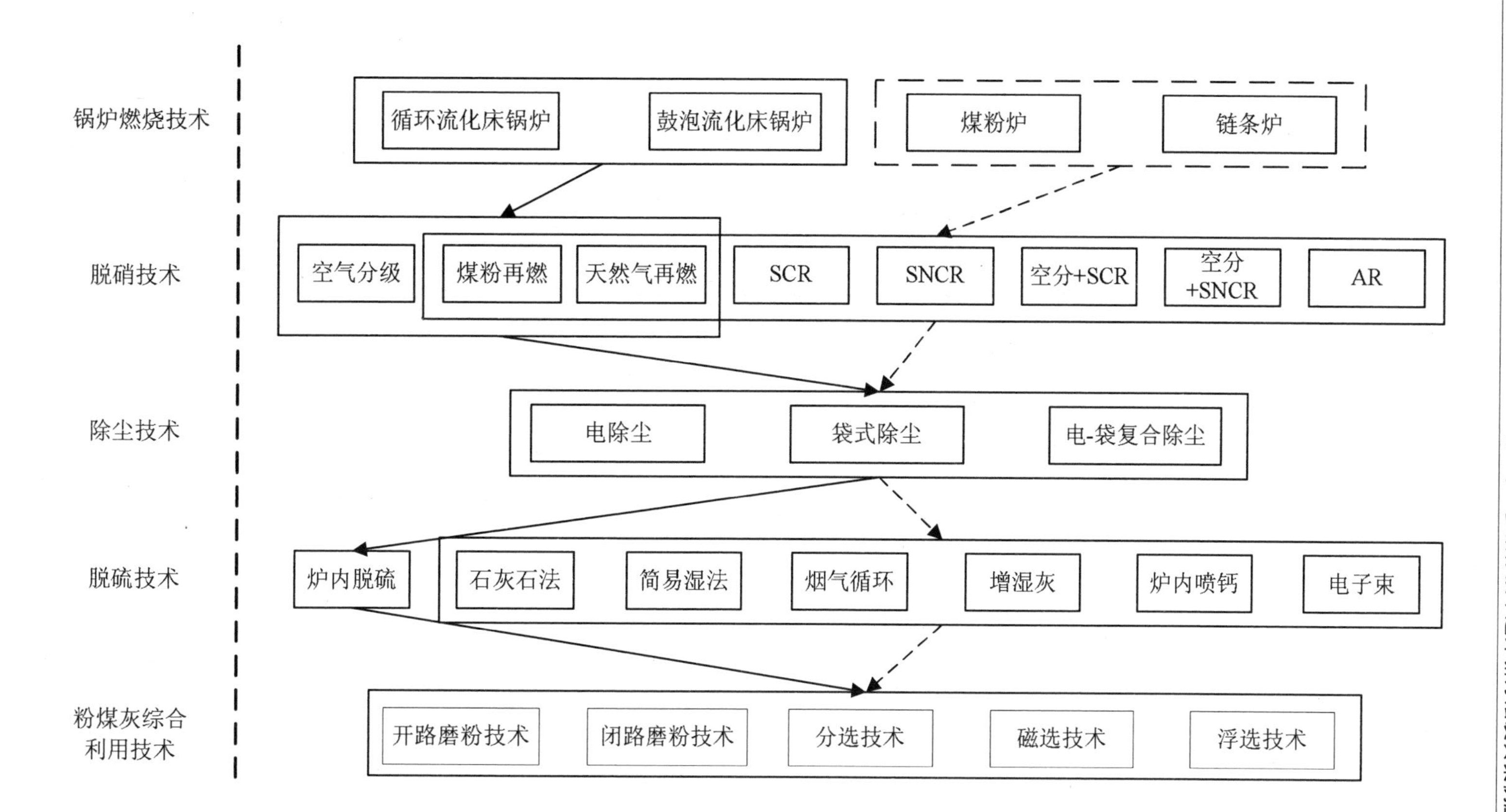

图7-12 燃煤电厂各工艺环节备选技术的组合关系（中小型机组）

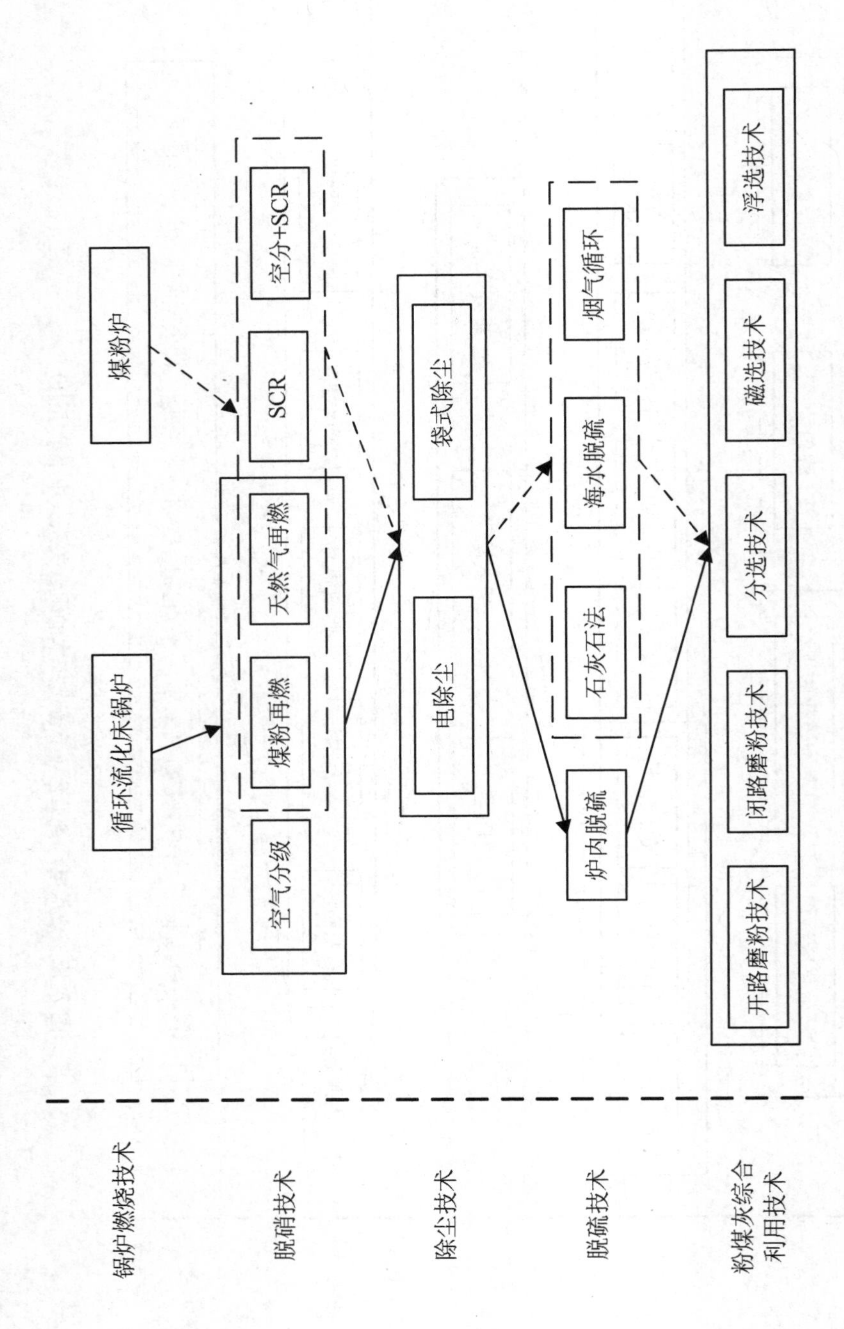

图 7-13　燃煤电厂各工艺环节备选技术的组合关系（大型机组）

7.6.2　技术组合的评估结果

在燃煤电厂的技术组合评估中，将根据电厂所处环境区域的特点，通过不同的评估指标，筛选出适合不同环境区域特点的优势技术组合（选择综合表现位于前 10 位的技术组合作为优势技术组合）。

本书将环境区域按污染物排放标准不同分为环境非敏感区域和环境敏感区域，其中环境非敏感区域的排放标准按照 2003 年新执行的《火电厂大气污染物排放标准》制定，环境敏感区域排放标准的制定考虑到一些大气污染防治的重点城市会采用更加严格的排放标准，因此适当提高了排放限值。不同环境区域的排放标准如表 7-6 所示。

表 7-6　燃煤电厂不同环境区域的污染物最高允许排放浓度　单位：mg/m^3

环境区域	烟尘	SO_2	NO_x
环境非敏感区	50	400	450
环境敏感区	30	300	350

在环境敏感区域，对污染物的排放浓度有比较严格的限制，因此采用技术效率和环境效率两项评估指标，将二者综合考虑，选择在两项指标中均得分较高的技术组合作为优势技术组合。

在环境非敏感区域，污染物的排放浓度只要达到国家排放标准即可，因此采用技术效率和总成本两项评估指标，将二者综合考虑，选择技术效率得分较高且总成本较低的技术组合作为优势技术组合。

对于环境敏感区域，表 7-7 和表 7-8 分别列出了适用于中小型机组和大型机组的优势技术组合；对于环境非敏感区域，表 7-9 和表 7-10 分别列出了适用于中小型机组和大型机组的优势技术组合。

表 7-7　中小型机组的优势技术组合（环境敏感区域）

技术组合					评估指标	
炉型	脱硝工艺	除尘工艺	脱硫工艺	粉煤灰利用	技术效率	环境效率
循环流化床	空气分级	电除尘	炉内脱硫	分选	1	1
循环流化床	空气分级	电袋复合	炉内脱硫	分选	1	1
循环流化床	空气分级	袋式除尘	炉内脱硫	分选	1	1
煤粉炉	AR	电袋复合	烟气循环	闭路磨粉	1	1
煤粉炉	AR	袋式除尘	烟气循环	闭路磨粉	1	1
煤粉炉	AR	电袋复合	增湿灰	闭路磨粉	1	1
煤粉炉	AR	袋式除尘	增湿灰	闭路磨粉	1	1
煤粉炉	AR	电袋复合	石灰石-石膏	闭路磨粉	1	1
煤粉炉	AR	袋式除尘	石灰石-石膏	闭路磨粉	1	1
煤粉炉	空分+SCR	电袋复合	石灰石-石膏	闭路磨粉	1	1
煤粉炉	空分+SCR	袋式除尘	石灰石-石膏	闭路磨粉	1	1

表 7-8 大型机组的优势技术组合（环境敏感区域）

技术组合					评估指标	
炉型	脱硝工艺	除尘工艺	脱硫工艺	粉煤灰利用	技术效率	环境效率
循环流化床	空气分级	电除尘	炉内脱硫	分选	1	1
循环流化床	煤粉再燃	电除尘	炉内脱硫	分选	1	1
循环流化床	煤粉再燃	电除尘	炉内脱硫	闭路磨粉	1	1
煤粉炉	空分+SCR	电除尘	海水脱硫	分选	1	1
煤粉炉	空分+SCR	电除尘	海水脱硫	闭路磨粉	1	1
煤粉炉	空分+SCR	袋式除尘	海水脱硫	分选	1	1
煤粉炉	空分+SCR	袋式除尘	海水脱硫	闭路磨粉	1	1
煤粉炉	AR	电除尘	石灰石-石膏	分选	1	1
煤粉炉	空分+SCR	电除尘	石灰石-石膏	分选	1	1
煤粉炉	空分+SCR	电除尘	石灰石-石膏	闭路磨粉	1	1

表 7-9 中小型机组的优势技术组合（环境非敏感区域）

技术组合					评估指标	
炉型	脱硝工艺	除尘工艺	脱硫工艺	粉煤灰利用	技术效率	总成本/（分/kW·h）
循环流化床	空气分级	电除尘	炉内脱硫	分选	1	1.06
循环流化床	空气分级	电袋复合	炉内脱硫	分选	1	1.11
循环流化床	空气分级	袋式除尘	炉内脱硫	分选	1	1.24
循环流化床	煤粉再燃	电袋复合	炉内脱硫	分选	1	1.32
煤粉炉	AR	电除尘	烟气循环	闭路磨粉	1	2.60
煤粉炉	AR	电袋复合	烟气循环	闭路磨粉	1	2.65
煤粉炉	AR	袋式除尘	烟气循环	闭路磨粉	1	2.78
煤粉炉	AR	电袋复合	增湿灰	闭路磨粉	1	2.86
煤粉炉	AR	袋式除尘	增湿灰	闭路磨粉	1	2.98
煤粉炉	空分+SCR	电除尘	烟气循环	闭路磨粉	1	3.02

表 7-10 大型机组的优势技术组合（环境非敏感区域）

技术组合					评估指标	
炉型	脱硝工艺	除尘工艺	脱硫工艺	粉煤灰利用	技术效率	总成本/（分/kW·h）
循环流化床	煤粉再燃	电除尘	炉内脱硫	分选	1	1.27
循环流化床	空气分级	电除尘	炉内脱硫	分选	1	2.32
循环流化床	煤粉再燃	电除尘	炉内脱硫	分选	1	2.63
循环流化床	煤粉再燃	电除尘	炉内脱硫	闭路磨粉	1	2.67
循环流化床	煤粉再燃	电除尘	炉内脱硫	闭路磨粉	0.992	1.09

技术组合					评估指标	
炉型	脱硝工艺	除尘工艺	脱硫工艺	粉煤灰利用	技术效率	总成本/（分/kW·h）
循环流化床	煤粉再燃	电除尘	炉内脱硫	闭路磨粉	0.992	1.31
循环流化床	空气分级	电除尘	炉内脱硫	闭路磨粉	0.997	2.36
煤粉炉	煤粉再燃	袋式除尘	海水脱硫	分选	1	4.02
煤粉炉	AR	电除尘	海水脱硫	分选	1	4.15
煤粉炉	空分+SCR	电除尘	海水脱硫	分选	1	4.88

7.7　多指标技术选择方法应用的新发现

本书以燃煤电厂的污染防治技术为例，建立起一个新的评估指标体系和评估方法，针对能源、环境、经济效益整体优化的多目标建立行业技术优选清单，为火电行业的节能减排、环境管理和技术政策制定服务。同时，还为其他行业、部门层次上的技术评估研究提供新的思路。该案例研究在技术选择方法学以及环境管理实际应用中有三个主要新发现。

（1）在技术选择方法学的开发应用上，首先，目前所建立和选取的定量化技术评估指标仍不足以全面反映技术在能源、环境和技术经济上的综合表现，如技术的成熟度、稳定性、限制性和可操性等指标，在现有的技术评估指标体系中并没有实现定量化；其次，在技术评估模型的建立上，对输入输出指标的权重设定没有任何限制，无法体现决策的偏好。而实际上，对于不同的地区，由于经济水平、产业结构、发展政策上的差异，对能源、环境和经济的关注程度会有所不同，因此，如何根据地区的政策导向差异进一步完善是未来的发展方向之一。

（2）对于污染防治单项技术，针对不同规模的机组筛选出的优势技术会存在差异。这种差异在大气污染物减排技术上相对明显，如对于中小规模机组，推荐采用电袋复合除尘、烟气循环流化床脱硫等技术；对于大规模机组，则推荐采用袋式除尘、石灰石/石灰-石膏法等技术。而对于锅炉燃烧技术和粉煤灰综合利用技术，适用于不同规模机组的优势技术的差异并不明显。由此可以得出，应用规模的差异对于大气污染减排技术的相对优劣势影响较大。

（3）对于污染防治组合技术，针对不同规模机组以及环境区域特性筛选出的优势技术组合同样存在差异。对于在环境敏感区域推荐采用的优势技术组合，与对于在环境非敏感区域相比，其在经济、能源和环境方面的综合表现更具优势，更加符合火电行业日益迫切的节能减排需求。对于环境非敏感区域推荐采用的优势技术，更加侧重于其在经济效益上的表现，因而更加适用于目前国内的中小型企业。

第8章 展 望

在当前绿色发展和生态文明建设的新形势下，国际工业污染防治管理正在逐步走向精细化和系统化，未来污染防治技术管理与政策分析的新理论、新方法将会不断涌现。一方面，工业领域技术进步更新换代加速、结构调整优化升级等措施持续深入，另一方面，工业节能减排约束性目标日益增加，单行业减排空间收窄，边际成本攀升，约束性环境目标增多。因此，针对上述工业领域污染防治新的发展趋势和面临的新挑战，应以跨行业、多环境目标为重点对象，突破跨行业部门、多环境介质的工业系统模拟及其数值化表征，研究分析行业间能耗、污染物排放之间的影响机制和协同效应，开展多种污染物协同控制的关键路径优化和政策模拟分析，识别重点行业能耗和污染排放控制的不确定性因素，评估节能减排目标管理的风险。这一研究对于提升工业部门污染物减排效率和空间、降低减排成本和不达标风险，深入探索环境技术政策和管理模式的创新都具有比较重要的理论意义和实践价值，也将是未来本领域有迫切需求的研究方向。

1. 跨产业、多介质的协同控制分析，将突破部门割裂、末端控制的管理模式，有利于成本最小化

随着工业组织形态的日益演进，多行业共存的产业集群发展模式逐渐成为主流。与此同时，副产品/废物、水和能量在跨行业之间的交换或链接也在逐步形成。研究发现，跨行业协同减排对于降低减排成本、提升减排空间具有显著作用，如何构建跨行业协同控制及技术选择模拟模型，研究促进单行业减排转变为跨行业协同减排的管理政策，对于当前工业污染防治管理的潜力挖掘具有重要价值。

在前期开发完成的基于“原料—产品—工艺—技术”的自底向上模型基础上，本研究团队已在完成了多个单行业节能减排潜力分析研究后，发现工艺—技术结构的系统性问题会显著影响技术选择方案，而环境政策的不确定性反过来也会极大影响行业技术替代。此外，当前已有工业污染减排研究多集中于对单一行业的系统模拟，污染减排潜力评估和政策分析无法解决跨行业的污染物协同减排问题。国际上已有模型都无法实现跨行业技术系统模拟，受到方法学上的限制使得进展缓慢：一是单行业内部污染减排目标下技术、经济、管理手段局部的最优选择，与工业整体减排的系统性最优方案会存在偏差（如往往存在不同产业链之间的污染物转移问题）；二是随着工业污染减排工作的不断深入，单行业内部进一步污染减排的难度日益加大，污染减排边际成本升高，通过产业共生技术推动多行业协同减排的潜力成为未来工业部门污染减排管理工作新的突破点。

在未来，可以引入跨行业协同减排系统思想，在已有的行业自底向上模型基础上，将原有单一行业自底向上建模方法拓展到跨行业的应用，描述和模拟重点工业污染协同减排的耦合工艺技术体系，以更为准确合理地核算并有效挖掘行业间污染减排潜力，对污染协同减排关键技术进行跨行业的评估遴选，推动环境政策与管理模式的创新，为工业部门中长期污染减排潜力做出前瞻性评估。

2．针对工业污染减排措施开展大样本随机采样，从有限次的情景分析拓展为海量级的情景模拟，实现不确定性分析以规避高风险的管理决策方案

前期研究发现，由于技术普及率设置等原因，采用自底向上模型预测工业能源消耗和污染物排放趋势存在一定程度的不确定性。现有研究一般是利用情景分析法，通过设置减排措施区别和比较不同政策强度下的技术情景，计算污染物的排放趋势来识别不同减排路径对行业未来污染物排放总量的影响，然而行业结构参数、技术参数取值的波动范围及其相互组合和作用机制、缺乏整体、全面的考虑和设计。

事实上，影响工业污染物排放的因素很多，主要包括环境规章制度的变动、行业宏观经济活动水平波动和工业技术体系演变等内因和外因。传统情景分析方法仅能通过设置有限个情景模式，对未来的政策、经济、技术环境进行有限模拟，难以全面体现行业实际发展中的各种不确定因素，无法对污染减排目标的技术可达性进行科学评估，不能有效识别影响工业污染减排效果的关键因素和环节。因此，需要充分考虑宏/微观因素的共同作用，重点识别工业污染减排潜力分析中三个重要的不确定性：一是污染减排政策规章制度的导向、力度和措施变动会显著带来政策环境的不确定性，将会影响环境技术推广应用；二是行业宏观经济活动水平预测中存在行业规模和行业结构的变动等经济环境的不确定性，将会影响污染物排放总量的预测；三是跨行业技术体系模拟的复杂性带来的不确定性，关键产业链接技术参数的变动将影响污染减排目标的实现。

可以采用 Monte Carlo 等多种不同的采样方法，实现对行业未来发展情景进行大样本模拟，通过对比行业污染减排目标可达和非可达样本情景的政策、经济、技术水平，识别影响污染控制目标可达性的关键技术和管理措施，规避存在高风险的技术方案和管理措施，从而改善环境管理目标的科学性和可达性。

3．针对当前工业节能减排约束性目标增加的条件下，在建模方法上统筹节能、节水和多污染物减排，避免不同环境目标之间出现“隐性”转移

随着对工业部门节能减排控制目标的增多（如节能、节水、主要污染物减排等约束性指标在增加），由于节能减排路径选择的不当，往往会发生环境目标之间转移的情况（如污染物减排的措施通常会导致能耗的增加，影响节能目标实现；同一技术在 COD、氨氮等减排效果上可能是相反的），或者控制优化目标发生“冲突”的现象。因此，工业能源消耗、污染物产生和排放过程是相互影响的，如何识别多种环境控制目标之间存在的技术、结构与政策关联性，是决策过程中关键性的系统问题。

在环境管理过程中，如何开展多污染物协同减排的技术选择及政策制定，成为工业部门污染减排管理工作中在当前迫切需要突破的新问题。在未来，可以在上述多种约束条件下，综合考虑节能、减排和成本、效益等多方面因素，从工业生产全过程出发，对多约束性目标下的行业工艺技术组合进行优选，研究开展行业节能减排协同控制的政策机制，实现“节能、减排”等控制成本的最小化，从而帮助工业部门提高污染减排的效率和降低减排的成本。

附　录

附录Ⅰ：企业技术调研简表

企业调研简表作为函调的主要工具，是分析技术应用情况的依据。通过企业调研简表获得的数据、资料，可以大致了解企业各工段的技术应用情况，收集行业整体物耗、能耗和污染排放水平，进而通过统计分析，掌握各类典型工艺流程组合的参数指标，并估算全国范围内的技术应用情况。

企业调研简表一般包括以下五个方面的内容。

（1）企业基本信息表：具体包括企业通信地址、联系人信息、所有制信息、近年来主要产品产量及产值、员工人数、主要生产装置建设年份及基本情况等。

（2）企业物料、能源消耗及产品信息表：具体包括企业整体的原料、能源、水及其他物质消耗总量。

（3）污染物排放信息表：具体包括企业的污水（废水）、废气、固体废弃物等污染物的排污点，各排污点的排放量、污染物种类和排放浓度，污染控制措施及其投资运行费用、减排效益等。

（4）分工段技术信息表：需简要说明企业所采用的工艺流程及主要设备概况、各工序所使用的技术。

（5）其他清洁生产与污染防治技术措施信息表：具体包括“污染排放信息表”未列出的企业所采用的其他节能减排措施（如末端治理、管理运行等方面的节能减排措施）的名称、技术概述、技术成本、节能减排效益等。

本调研表适用于以煤为原料生产甲醇、二甲醚的煤化工企业（也包括煤气化直接生产甲醇、焦炉气制甲醇、联醇生产等多种类型的企业）。

被调研企业根据实际生产情况，由熟悉工艺技术的企业负责人员进行填写。为补充说明各项技术信息，企业可另外提供工艺流程图、工艺设计资料、清洁生产审核报告、环境监测报告等相关资料，对技术信息进行辅助说明，确保技术数据真实可信。

表 1 企业基本信息表

企业名称：	
通信地址：	
联系人：	邮编：
电话：	传真：
E-mail：	网址：
单位体制： □大中型国有企业 □外商投资企业 □股份制企业 □私营企业 □其他	
建厂时间（年/月）：	员工人数：

主要煤化工生产装置情况

	装置 1	装置 2	装置 3
装置名称			
装置产能（万 t）			
建设时间			
投产时间			
工程总投资（万元）			
设备总投资（万元）			
占地面积（hm^2）			

表2 企业物料、能源消耗及产品信息表[1]

原料煤性质			
原料煤品种[2]：		原料煤产地：	
硫含量（%）：		固定碳含量（%）	
挥发分（%）：		灰分（%）	
低位热值：			
燃料煤性质			
燃料煤品种[2]：		原料煤产地：	
硫含量（%）：		碳含量（%）：	
挥发分（%）：		灰分（%）：	
低位热值：			
主要物料消耗			
名称	说明	单位	日消耗量
原料煤		t/d	
燃料煤		t/d	
电力		kW·h/d	
低压蒸汽（≤1 MPa）		t/d	
中压蒸汽（1～4MPa）		t/d	
高压蒸汽（4 MPa以上）		t/d	
工艺用水		t/d	
锅炉给水		t/d	
循环冷却水		t/h	
新鲜水总消耗量[3]		t/d	
中水回用量		t/d	
主副产品信息			
产品名称	说明	日产量（t/d）	装置年操作时间（h/a）
甲醇			
硫黄			

备注：[1]本表填写企业整体物料、能源消耗、主副产品产量情况，表格内未列举的项目需在空格处添加。

[2]原料煤指作为气化原料的煤，燃料煤指提供能源动力的煤。

[3]新鲜水总耗量包括循环水补充水、工艺水、脱盐水等水量消耗，包括如城市供水管网、自备地下水井、直接从河道取水等多种来源，其中中水使用量请单独列出。

表 3 污染物排放信息表

污染物名称		日排放量		排放浓度		
		单位	数值	单位	上限值	下限值
废水	废水总量	t/h		—	—	—
	COD_{Cr}	kg/h		mg/L		
	BOD_5					
	氰化物	kg/h		mg/L		
	硫化物	kg/h		mg/L		
	氨氮	kg/h		mg/L		
	悬浮物	kg/h		mg/L		
	挥发酚	kg/h		mg/L		
废气	粉尘	kg/h		mg/m^3		
	SO_2	kg/h		mg/m^3		
	H_2S					
	氮氧化物					
固体废弃物	变换废催化剂					
	甲醇合成废催化剂					
	气化飞灰					
	气化废渣	t/d				

表 4　分工段技术信息表[1]

气化技术及主体设备规格：
变换技术及主体设备规格：
脱硫脱碳技术及主体设备规格：
甲醇合成技术及主体设备规格：
甲醇精馏技术及主体设备规格：
硫回收技术及主体设备规格：
二甲醚合成技术及主体设备规格：
全厂污水处理技术及主体设备规格：
废气处理技术及主体设备规格：

备注：[1]本表填写的技术信息包括技术名称、设备规格、关键工艺技术参数等。

表 5 其他清洁生产与污染防治技术措施信息表

（可附页）

措施 1
技术措施描述及设备概况：
技术来源：
设备投资与运行维护费用：
节能减排效果分析：
措施 2
技术措施描述及设备概况：
技术来源：
设备投资与运行维护费用：
节能减排效果分析：
措施 3
技术措施描述及设备概况：
技术来源：
设备投资与运行维护费用：
节能减排效果分析：

附录Ⅱ：企业技术调研详表

调研详表重点调研此类企业生产工艺技术水平、资源消耗情况、能源消耗情况、污染物产生和排放情况以及污染控制技术措施，涉及的主要工艺环节包括煤气化工序、变换工序、脱硫脱碳工序、甲醇合成工序、精馏工序、硫回收工序等。本调研表由以下 13 个部分组成：

（1）企业基本信息表；

（2）企业资源、能源消耗及排污总量信息表；

（3）煤气化工序技术信息表；

（4）变换工序技术信息表；

（5）脱硫脱碳工序技术信息表；

（6）甲醇合成工序技术信息表；

（7）甲醇精馏工序技术信息表；

（8）硫回收工序技术信息表；

（9）综合废水处理技术信息表；

（10）煤渣综合利用技术信息表；

（11）主要煤化工装置物料平衡图；

（12）主要煤化工装置水平衡图；

（13）近年采用的其他节能减排措施。

被调研企业根据实际生产情况，由熟悉工艺技术的企业负责人员进行填写。为补充说明各项技术信息，企业可提供工艺流程图、工艺设计资料、清洁生产审核报告、环境监测报告等相关资料，确保技术数据真实可信。

表 1 企业基本信息表

企业名称：	
通信地址：	
联系人：	邮编：
电话：	传真：
E-mail：	网址：

单位体制：
□大中型国有企业 □外商投资企业 □股份制企业 □私营企业
□其他

建厂时间（年/月）：

员工总人数：

上一年度企业总产值（万元）：

主要煤化工生产装置及产能：（甲醇、二甲醚、煤制天然气、煤制烯烃、煤制乙二醇）

装置名称	装置 1	装置 2	装置 3
装置能力（万 t）			
装置建设时间			
装置投产时间			
工程总投资（万元）			
设备总投资（万元）			
装置占地面积（hm^2）			

表 2 企业资源、能源消耗及排污总量信息表[1]

原料煤供应	
原料煤品种[2]：	原料煤产地：
硫含量（%）：	固定碳含量（%）：
挥发分（%）：	灰分（%）：
	吨甲醇产品原料煤消耗量（t）：

燃料煤供应	
燃料煤品种[2]：	原料煤产地：
硫含量（%）：	碳含量（%）：
挥发分（%）：	灰分（%）：
煤炭低位热值：	吨消耗量（t）：

动力来源及供应方式[3]

名称	性质	单位	单位甲醇产品消耗量
电力		kW·h	
低压蒸汽（≤1 MPa）		t	
中压蒸汽（1～4MPa）		t	
高压蒸汽（4 MPa 以上）		t	
工艺水		t	
锅炉给水		t	
循环冷却水		t	
新鲜水总消耗量[4]		t	
中水回用量		t	
其他燃料消耗			

主副产品信息

产品名称	单位	年产量	装置年操作时间
甲醇			

主要污染物排放总量信息

污染物名称	单位	日排放总量	遵照的相关排放标准
COD_{Cr}			
BOD_5			
氰化物			
氨氮			
粉尘			
SO_2			

备注：[1]本表填写企业整体的原料、能源、水及其他原辅材料消耗总量。

[2]原料煤主要指煤气化原料煤消耗。

[3]此处能源消耗指全厂生产过程的能源消耗。

[4]新鲜水总耗量包括循环水补充水、工艺水、脱盐水等水量消耗，包括如城市供水管网、自备地下水井、直接从河道取水等，其中中水使用量请单独列出。

表 3-1 煤气化工序技术信息表

技术特性

气化技术[1]描述技术主要内容、专利商、流程介绍、简单图示：

给煤形式[2]：	煤粒大小：
气化温度：	气化压力：
排渣方式[3]：	气化剂[4]：
碳转化率（%）：	单台气化炉产气量：
冷煤气效率（%）：	气化炉台数：
总热效率（%）：	合成气产量：

合成气成分（V/V，%）

CO（%）		H_2（%）	
CO_2（%）		CH_4（%）	
H_2S（%）		N_2（%）	
COS（%）			

能源动力消耗

名称	性质	单位	单位甲醇产品消耗量
电		kW·h	
中压蒸汽		t	
低压蒸汽		t	
新鲜水		t	
循环冷却水		t	

其他原辅材料消耗[5]

名称	性质	单位	单位甲醇产品消耗量

备注：[1]气化技术中 *h* 类指具体的气化工艺名称，如固定床、流化床和气流床等。

[2]给煤形式包括块煤、碎煤、水煤浆、干煤粉等。

[3]排渣方式包括液态、固态、灰聚团等。

[4]气化剂：氧气、富氧空气、空气、蒸汽。

[5]其他原辅材料消耗包括各类添加剂、生产过程中各类辅助原料等。

表 3-2 煤气化工序技术信息表（续表）

（请根据工艺的不同调整排放点及参数）

	污水产生、排放及处理措施							
排污点名称	排放量（m^3/d）	污染特征				处理措施		
		污染物	产生值（mg/L）	排放值（mg/L）	去向	回用或处置措施	投资及处置费用[1]	减排效益[2]
气化污水							设备投资： 运行费用：	

	废气产生、排放及处理措施							
排污点名称	排放量（m^3/h）	污染特征				处理措施		
		污染物	产生值（mg/m^3）	排放值（mg/m^3）	去向	处理措施	投资及处置费用	减排效益
备煤装置制粉工艺尾气								
加压输送工艺尾气								
煤气化装置开车废气								
煤气化装置酸性废气								
火炬燃烧烟气								

	固体废弃物产生、排放及处理措施					
排污点名称	排放量（t/d）	主要成分（如碳含量等）	处理措施			
			回用或处置措施	投资[3]	处理费用	减排效益
煤气化飞灰						
煤气化废渣						

备注：[1]污染投资及处置费用包括设备投资和运行费用两部分，设备投资指污染控制设备的一次性投资，运行费用指因设备的能源动力、化学药剂等消耗而产生的污染控制费用，核算单位可以是“元/d”“元/t 污染物”等。

[2]减排效益指污染处理措施带来的除污染削减以外的经济效益和社会效益，例如污染处理、“三废”回收利用过程中能源、物料回收，副产物生产带来的效益。

[3]企业自建装置请注明投资及运行费用，外部委托处理请注明处理费用。

表 4-1 变换工序技术信息表

<table>
<tr><td colspan="4">技术特性</td></tr>
<tr><td colspan="4">变换技术主要内容、专利商、流程介绍、简单图示：</td></tr>
<tr><td colspan="4">催化剂种类及主要成分：</td></tr>
<tr><td colspan="4">能源动力消耗</td></tr>
<tr><td>名称</td><td>性质</td><td>单位</td><td>单位甲醇产品消耗量</td></tr>
<tr><td>电</td><td></td><td>kW·h</td><td></td></tr>
<tr><td>中压蒸汽</td><td></td><td>t</td><td></td></tr>
<tr><td>低压蒸汽</td><td></td><td>t</td><td></td></tr>
<tr><td>工艺水</td><td></td><td>t</td><td></td></tr>
<tr><td>脱盐水</td><td></td><td></td><td></td></tr>
<tr><td>循环冷却水</td><td></td><td></td><td></td></tr>
<tr><td>副产蒸汽</td><td></td><td></td><td></td></tr>
<tr><td></td><td></td><td></td><td></td></tr>
<tr><td colspan="4">其他原辅材料消耗</td></tr>
<tr><td>名称</td><td>性质</td><td>单位</td><td>单位甲醇产品消耗量</td></tr>
<tr><td></td><td></td><td></td><td></td></tr>
<tr><td></td><td></td><td></td><td></td></tr>
</table>

表 4-2 变换工序技术信息表（续表）

污水产生、排放及处理措施							
排污点名称	排放量（m^3/d）	污染特征			处理措施		
		污染物	产生值（mg/L）	排放值（mg/L）	回用或处置措施	投资及处置费用	减排效益
变换工艺冷凝液							
固体废弃物产生、排放及处理措施							
排污点名称	排放量（m^3/d）	主要成分			处理措施		
					回用或处置措施	投资及处置费用	减排效益
变换废催化剂							

表 5-1 脱硫工序技术信息表

（采用如低温甲醇洗等同时脱硫脱碳技术企业只填表 5-1 和表 5-3）

技术特性			
脱硫技术描述，包括技术主要内容、专利商、流程介绍、简单图示：			
催化剂品名及主要成分：			
脱硫效率（%）：			
能源动力消耗			
名称	性质	单位	单位甲醇产品消耗量
电力		kW·h	
中压蒸汽		t	
低压蒸汽		t	
新鲜水		t	
循环冷却水		t	
其他原辅材料消耗			
名称	性质	单位	单位甲醇产品消耗量
产品及副产物			
名称	性质	单位	单位甲醇产品产生量

表 5-2 脱碳工序技术信息表

<table>
<tr><td colspan="4">技术特性</td></tr>
<tr><td colspan="4">脱碳技术描述：技术主要内容、专利商、流程介绍、简单图示：</td></tr>
<tr><td colspan="4">催化剂品名及主要成分：</td></tr>
<tr><td colspan="2">活性氧化铝、活性炭、硅胶</td><td colspan="2"></td></tr>
<tr><td colspan="4">能源动力消耗</td></tr>
<tr><td>名称</td><td>性质</td><td>单位</td><td>单位甲醇产品消耗量</td></tr>
<tr><td>电力</td><td></td><td>kW·h</td><td></td></tr>
<tr><td>中压蒸汽</td><td></td><td>t</td><td></td></tr>
<tr><td>低压蒸汽</td><td></td><td>t</td><td></td></tr>
<tr><td>新鲜水</td><td></td><td>t</td><td></td></tr>
<tr><td>循环冷却水</td><td></td><td>t</td><td></td></tr>
<tr><td></td><td></td><td></td><td></td></tr>
<tr><td colspan="4">其他原辅材料消耗</td></tr>
<tr><td>名称</td><td>性质</td><td>单位</td><td>单位甲醇产品消耗量</td></tr>
<tr><td></td><td></td><td></td><td></td></tr>
<tr><td></td><td></td><td></td><td></td></tr>
<tr><td colspan="4">产品及副产物</td></tr>
<tr><td>名称</td><td>性质</td><td>单位</td><td>单位甲醇产品产生量</td></tr>
<tr><td></td><td></td><td></td><td></td></tr>
</table>

表 5-3 脱硫工序技术信息表（续表）

<table>
<tr><td colspan="9">污水产生、排放及处理措施</td></tr>
<tr><td rowspan="2">排污点名称</td><td rowspan="2">排放量（m^3/d）</td><td colspan="3">污染特征</td><td colspan="3">处理措施</td></tr>
<tr><td>污染物</td><td>产生值（mg/L）</td><td>排放值（mg/L）</td><td>回用或处理措施</td><td>投资及处置费用</td><td>减排效益</td></tr>
<tr><td>脱硫（脱碳）废水</td><td></td><td></td><td></td><td></td><td></td><td>设备投资：
运行费用：</td><td></td></tr>
<tr><td colspan="9">废气产生、排放及处理措施</td></tr>
<tr><td rowspan="2">排污点名称</td><td rowspan="2">排放量（m^3/h）</td><td colspan="3">污染特征</td><td colspan="3">处理措施</td></tr>
<tr><td>污染物</td><td>产生值（mg/m^3）</td><td>排放值（mg/m^3）</td><td>处理措施</td><td>投资及处置费用</td><td>减排效益</td></tr>
<tr><td></td><td></td><td></td><td></td><td></td><td></td><td></td><td></td></tr>
</table>

表 6-1 甲醇合成工序技术信息表

<table>
<tr><td colspan="4">技术特性</td></tr>
<tr><td colspan="4">甲醇合成技术描述，包括技术主要内容、专利商、流程介绍、简单图示：</td></tr>
<tr><td colspan="4">催化剂品名及主要成分：</td></tr>
<tr><td colspan="2">一次通过转化率（%）：</td><td colspan="2">压缩机类型：</td></tr>
<tr><td colspan="4">能源动力消耗（还压缩工段消耗）</td></tr>
<tr><td>名称</td><td>性质</td><td>单位</td><td>单位甲醇产品消耗量</td></tr>
<tr><td>吨产品净化气消耗量</td><td></td><td>kW·h/t 甲醇</td><td></td></tr>
<tr><td>电力</td><td></td><td>t/t 甲醇</td><td></td></tr>
<tr><td>低压蒸汽</td><td></td><td>t</td><td></td></tr>
<tr><td>中压蒸汽</td><td></td><td>t</td><td></td></tr>
<tr><td>新鲜水</td><td></td><td>t</td><td></td></tr>
<tr><td>循环冷却水</td><td></td><td></td><td></td></tr>
<tr><td colspan="4">其他原辅材料消耗</td></tr>
<tr><td>名称</td><td>性质</td><td>单位</td><td>单位产品消耗量</td></tr>
<tr><td></td><td></td><td>kg/t 甲醇</td><td></td></tr>
<tr><td></td><td></td><td>kg/t 甲醇</td><td></td></tr>
<tr><td colspan="4">产品及副产物</td></tr>
<tr><td>名称</td><td>性质</td><td>单位</td><td>年产量（万 t）</td></tr>
<tr><td></td><td></td><td></td><td></td></tr>
<tr><td></td><td></td><td></td><td></td></tr>
</table>

表 6-2 甲醇合成工序技术信息表（续表）

<table>
<tr><td colspan="8">污水产生、排放及处理措施</td></tr>
<tr><td rowspan="2">排污点名称</td><td rowspan="2">排放量（m^3/d）</td><td colspan="3">污染特征</td><td colspan="3">处理措施</td></tr>
<tr><td>污染物</td><td>产生值（mg/L）</td><td>排放值（mg/L）</td><td>回用或处理措施</td><td>投资及处置费用</td><td>减排效益</td></tr>
<tr><td></td><td></td><td></td><td></td><td></td><td></td><td>设备投资：
运行费用：</td><td></td></tr>
<tr><td colspan="8">废气产生、排放及处理措施</td></tr>
<tr><td rowspan="2">排污点名称</td><td rowspan="2">排放量（m^3/h）</td><td colspan="3">污染特征</td><td colspan="3">处理措施</td></tr>
<tr><td>污染物</td><td>产生值（%）</td><td>排放值（%）</td><td>处理措施</td><td>投资及处置费用</td><td>减排效益</td></tr>
<tr><td>甲醇合成闪蒸汽</td><td></td><td>CO
甲醇</td><td></td><td></td><td></td><td></td><td></td></tr>
<tr><td>甲醇合成驰放气</td><td></td><td>H_2
CO
N_2</td><td></td><td></td><td></td><td></td><td></td></tr>
<tr><td></td><td></td><td></td><td></td><td></td><td></td><td></td><td></td></tr>
<tr><td colspan="8">固体废弃物产生、排放及处理措施</td></tr>
<tr><td rowspan="2">排污点名称</td><td rowspan="2">排放量</td><td colspan="3" rowspan="2">主要成分</td><td colspan="3">处理措施</td></tr>
<tr><td>技术措施</td><td>投资及处置费用</td><td>减排效益</td></tr>
<tr><td>甲醇合成废催化剂</td><td></td><td colspan="3"></td><td></td><td></td><td></td></tr>
</table>

表 7-1 甲醇精馏工序技术信息表

<table>
<tr><td colspan="4">技术特性</td></tr>
<tr><td colspan="4">甲醇精馏技术描述，包括技术主要内容、专利商、流程介绍、简单图示：
采用规整不锈钢丝网填料，预塔、加压塔、常压塔三塔精馏技术</td></tr>
<tr><td colspan="4">产品达标情况：</td></tr>
<tr><td colspan="2"></td><td colspan="2"></td></tr>
<tr><td colspan="4">能源动力消耗</td></tr>
<tr><td>名称</td><td>性质</td><td>单位</td><td>单位甲醇产品消耗量</td></tr>
<tr><td>电力</td><td></td><td>kW·h</td><td></td></tr>
<tr><td>蒸汽</td><td></td><td>t</td><td></td></tr>
<tr><td>新鲜水</td><td></td><td>t</td><td></td></tr>
<tr><td>循环冷却水</td><td></td><td>t</td><td></td></tr>
<tr><td></td><td></td><td></td><td></td></tr>
<tr><td colspan="4">其他原辅材料消耗</td></tr>
<tr><td>名称</td><td>性质</td><td>单位</td><td>单位甲醇产品消耗量</td></tr>
<tr><td></td><td></td><td></td><td></td></tr>
<tr><td></td><td></td><td></td><td></td></tr>
<tr><td colspan="4">产品及副产物</td></tr>
<tr><td>名称</td><td>性质</td><td>单位</td><td>单位甲醇产品产生量</td></tr>
<tr><td></td><td></td><td></td><td></td></tr>
<tr><td></td><td></td><td></td><td></td></tr>
</table>

表 7-2 甲醇精馏工序技术信息表（续表）

污水产生、排放及处理措施							
排污点名称	排放量（m^3/d）	污染特征			处理措施		
		污染物	产生值（mg/L）	排放值（mg/L）	技术措施	投资及处置费用	减排效益
甲醇精馏废水						设备投资： 运行费用：	
废气产生、排放及处理措施							
排污点名称	排放量（m^3/h）	污染特征			处理措施		
		污染物	产生值（%）	排放值（%）	技术措施	投资及处置费用	减排效益
甲醇精馏不凝气		甲醇					
固体废弃物产生、排放及处理措施							
排污点名称	排放量/（t/d）	主要成分			处理措施		
					技术措施	投资及处置费用	减排效益

表 8-1 硫回收工序技术信息表

<table>
<tr><td colspan="4">技术特性</td></tr>
<tr><td colspan="4">硫回收技术种类：</td></tr>
<tr><td colspan="2">硫回收尾气浓度：</td><td colspan="2">硫回收率：</td></tr>
<tr><td colspan="4">能源动力消耗</td></tr>
<tr><td>名称</td><td>性质</td><td>单位</td><td>单位甲醇产品消耗量</td></tr>
<tr><td>电力</td><td></td><td>kW·h</td><td></td></tr>
<tr><td>蒸汽</td><td></td><td>t</td><td></td></tr>
<tr><td>新鲜水</td><td></td><td>t</td><td></td></tr>
<tr><td>循环冷却水</td><td></td><td>t</td><td></td></tr>
<tr><td></td><td></td><td></td><td></td></tr>
<tr><td colspan="4">其他原辅材料消耗</td></tr>
<tr><td>名称</td><td>性质</td><td>单位</td><td>单位甲醇产品消耗量</td></tr>
<tr><td></td><td></td><td></td><td></td></tr>
<tr><td></td><td></td><td></td><td></td></tr>
<tr><td colspan="4">产品及副产物</td></tr>
<tr><td>名称</td><td>性质</td><td>单位</td><td>单位甲醇产品产生量</td></tr>
<tr><td></td><td></td><td></td><td></td></tr>
<tr><td></td><td></td><td></td><td></td></tr>
</table>

表 8-2 硫回收工序技术信息表（续表）

<table>
<tr><td colspan="8">污水产生、排放及处理措施</td></tr>
<tr><td rowspan="2">排污点名称</td><td rowspan="2">排放量（m^3/d）</td><td colspan="3">污染特征</td><td colspan="3">处理措施</td></tr>
<tr><td>污染物</td><td>产生值（mg/L）</td><td>排放值（mg/L）</td><td>技术措施</td><td>投资及处置费用</td><td>减排效益</td></tr>
<tr><td></td><td></td><td></td><td></td><td></td><td></td><td></td><td></td></tr>
<tr><td colspan="8">废气产生、排放及处理措施</td></tr>
<tr><td rowspan="2">排污点名称</td><td rowspan="2">排放量（m^3/h）</td><td colspan="3">污染特征</td><td colspan="3">处理措施</td></tr>
<tr><td>污染物</td><td>产生值（%）</td><td>排放值（%）</td><td>技术措施</td><td>投资及处置费用</td><td>减排效益</td></tr>
<tr><td>含 H_2S 酸性废气</td><td></td><td></td><td></td><td></td><td></td><td></td><td></td></tr>
<tr><td></td><td></td><td></td><td></td><td></td><td></td><td></td><td></td></tr>
<tr><td colspan="8">固体废弃物产生、排放及处理措施</td></tr>
<tr><td rowspan="2">排污点名称</td><td rowspan="2">排放量（t/d）</td><td colspan="3" rowspan="2">主要成分</td><td colspan="3">处理措施</td></tr>
<tr><td>技术措施</td><td>投资及处置费用</td><td>减排效益</td></tr>
<tr><td>硫回收催化剂</td><td></td><td colspan="3"></td><td></td><td></td><td></td></tr>
<tr><td></td><td></td><td colspan="3"></td><td></td><td></td><td></td></tr>
</table>

表 9　综合废水处理技术信息表

<table>
<tr><td colspan="4">技术特性</td></tr>
<tr><td colspan="4">废水处理技术种类及设备概况：</td></tr>
<tr><td colspan="2">处理能力：</td><td colspan="2">日平均处理量：</td></tr>
<tr><td colspan="2">设备总投资：</td><td colspan="2"></td></tr>
<tr><td colspan="4">能源动力消耗</td></tr>
<tr><td>名称</td><td>性质</td><td>单位</td><td>处理单位废水消耗量</td></tr>
<tr><td>电力</td><td></td><td>kW·h</td><td></td></tr>
<tr><td></td><td></td><td></td><td></td></tr>
<tr><td></td><td></td><td></td><td></td></tr>
<tr><td colspan="4">处理效果</td></tr>
<tr><td>污染物名称</td><td>单位</td><td>进口浓度</td><td>出口浓度</td></tr>
<tr><td></td><td></td><td></td><td></td></tr>
<tr><td></td><td></td><td></td><td></td></tr>
<tr><td></td><td></td><td></td><td></td></tr>
<tr><td></td><td></td><td></td><td></td></tr>
<tr><td></td><td></td><td></td><td></td></tr>
</table>

表 10 煤渣综合利用技术信息表

<table>
<tr><td colspan="4">技术特性</td></tr>
<tr><td colspan="4">煤渣综合利用技术种类及设备概况：</td></tr>
<tr><td colspan="2">处理能力：</td><td colspan="2">日平均处理量：</td></tr>
<tr><td colspan="2">设备总投资：</td><td colspan="2"></td></tr>
<tr><td colspan="4">能源动力消耗</td></tr>
<tr><td>名称</td><td>性质</td><td>单位</td><td>处理单位废渣消耗量</td></tr>
<tr><td>电力</td><td></td><td>kW·h</td><td></td></tr>
<tr><td>新鲜水</td><td></td><td>t</td><td></td></tr>
<tr><td></td><td></td><td></td><td></td></tr>
<tr><td colspan="4">处理效果</td></tr>
<tr><td colspan="4">副产品特性及经济效益：</td></tr>
</table>

表 11 主要煤化工装置物料平衡图

（可附其他材料）

表 12　主要煤化工装置水平衡图

（可附其他材料）

表 13　近年采用的其他节能减排措施

（可附页）

措施 1
技术措施描述及设备概况：
技术来源：
设备投资与运行维护费用：
节能减排效果分析：
措施 2
技术措施描述及设备概况：
技术来源：
设备投资与运行维护费用：
节能减排效果分析：
措施 3
技术措施描述及设备概况：
技术来源：
设备投资与运行维护费用：
节能减排效果分析：

附录Ⅲ：技术指标统计调研表

考虑企业样本数不充分的话容易使技术参数值难以准确代表行业平均水平，也容易出现明显偏差；同时，在大面积调研过程中，每个企业在有限时间内填写具体、准确的数值一般会比较困难。为了克服上述问题，可以设计技术指标统计表（以“其企业吨甲醇原料煤消耗量”指标为例），在前期技术参数调研的基础上，由项目组设计并给出一定的数值范围，由有经验的企业工程师、技术专家等进行快速选择。这一方面有助于提高调研样本数量，另一方面减少了调研时间，并为大样本的数据统计分析和校准提供了一个很好的渠道。

甲醇精馏的工艺是什么？（单选）

◉ 二塔精馏　○ 三塔精馏

甲醇精馏残液是如何处理的？（单选）

◉ 作为污水处理　○ 作为燃料　○ 汽提回收甲醇再处理

本企业吨甲醇原料煤消耗是？（单选）

◉ ≤1.12　○ 1.12-1.4　○ 1.4-1.5　○ 1.5-1.55　○ 1.55-1.6　○ 1.6-1.65

本企业单位甲醇综合能耗是：（单选）

◉ ≤50 GJ/t甲醇　○ 50-60 GJ/t甲醇　○ 60-70 GJ/t甲醇　○ 70-80 GJ/t甲醇　○ ≥80 G

本企业单位甲醇的蒸汽耗量是：（单选）

◉ ≤2.5 t/t甲醇　○ 2.5-3.5 t/t甲醇　○ ≥3.5 t/t甲醇

本企业单位甲醇新鲜水耗量是：（单选）

◉ ≤15 t/t甲醇　○ 15-20 t/t甲醇　○ 20-25 t/t甲醇　○ 25-100t/t甲醇　○ ≥100

本企业其中多少用于冷却或冷却水补充：（单选）

◉ ≤55　○ 55-65%　○ 65-80%　○ 80-90%

本企业蒸汽凝结水回收率：（单选）

◉ ≥90%　○ 70%—90%　○ 50—70%　○ 30—50%　○ 10%—30%　○ ≤

本企业单位甲醇产品的二氧化硫排放量是：（单选）

◉ ≥10kg　○ 2-10kg　○ 500g-2kg　○ 100-500g　○ 25—100g　○ ≤

技术指标调研数据平台

附录Ⅳ：煤制甲醇、二甲醚技术专家定性评估表

说明：

本表通过专家打分，对煤制甲醇、二甲醚企业（也包括焦炉气制甲醇、联醇生产等类型企业）各个工段的备选技术进行定性评估，评估结果将为筛选煤化工行业污染防治最佳可行技术提供参考。每项技术涉及五个方面的评估准则，分别给出 1～5 分的打分评判，评价准则说明如下：

技术投资，指技术（设备）单位产能的一次性固定投资，1 分表示投资最低，5 分表示投资最高；

能耗水平，指燃料煤、电力、蒸汽等一次、二次能源的消耗水平，1 分表示能耗最低，5 分表示能耗最高；

物耗水平，指生产过程中原料、新鲜水、化学品等物质的消耗水平，1 分表示物耗最低，5 分表示物耗最高；

“三废”排放，指废水、废气、固体废物的排放水平，1 分表示排放强度最低，5 分表示排放强度最高，对于“三废”处理处置技术，对应评价准则为处理效果，1 分表示效果最差，5 分表示效果最好；

成熟度，指技术在国内的工业化应用状况，1 分表示成熟度最低，5 分表示成熟度最高。

表格空白处可添加其他推荐使用的污染防治最佳可行技术，并填写简要技术说明。

一、煤气化技术

技术名称	技术投资	能耗水平	物耗水平	三废排放	成熟度
常压固定床间歇气化	①②③④⑤	①②③④⑤	①②③④⑤	①②③④⑤	①②③④⑤
常压固定床富氧连续气化	①②③④⑤	①②③④⑤	①②③④⑤	①②③④⑤	①②③④⑤
鲁奇（Lurgi）加压气化	①②③④⑤	①②③④⑤	①②③④⑤	①②③④⑤	①②③④⑤
灰熔聚流化床气化	①②③④⑤	①②③④⑤	①②③④⑤	①②③④⑤	①②③④⑤
高温温克勒气化（HTW）	①②③④⑤	①②③④⑤	①②③④⑤	①②③④⑤	①②③④⑤
恩德常压粉煤气化	①②③④⑤	①②③④⑤	①②③④⑤	①②③④⑤	①②③④⑤
德士古水煤浆加压气化（Texaco）	①②③④⑤	①②③④⑤	①②③④⑤	①②③④⑤	①②③④⑤
壳牌干煤粉加压气化（Shell）	①②③④⑤	①②③④⑤	①②③④⑤	①②③④⑤	①②③④⑤
GSP 干煤粉加压气化	①②③④⑤	①②③④⑤	①②③④⑤	①②③④⑤	①②③④⑤
多喷嘴对置式水煤浆气化	①②③④⑤	①②③④⑤	①②③④⑤	①②③④⑤	①②③④⑤
	①②③④⑤	①②③④⑤	①②③④⑤	①②③④⑤	①②③④⑤
技术说明：					

二、合成气净化（脱硫脱碳）技术

技术名称	技术投资	能耗水平	物耗水平	三废排放	成熟度
低温甲醇洗脱硫脱碳	①②③④⑤	①②③④⑤	①②③④⑤	①②③④⑤	①②③④⑤
NHD 脱硫脱碳	①②③④⑤	①②③④⑤	①②③④⑤	①②③④⑤	①②③④⑤
PDS 脱硫	①②③④⑤	①②③④⑤	①②③④⑤	①②③④⑤	①②③④⑤
蒽醌二磺酸法脱硫（ADA）	①②③④⑤	①②③④⑤	①②③④⑤	①②③④⑤	①②③④⑤
烷基醇胺法脱硫（MEA、MDEA）	①②③④⑤	①②③④⑤	①②③④⑤	①②③④⑤	①②③④⑤
栲胶脱硫	①②③④⑤	①②③④⑤	①②③④⑤	①②③④⑤	①②③④⑤
固定床干法脱硫（采用铁系、氧化锌、铁锰、铝系等催化剂）	①②③④⑤	①②③④⑤	①②③④⑤	①②③④⑤	①②③④⑤
热甲碱法脱碳	①②③④⑤	①②③④⑤	①②③④⑤	①②③④⑤	①②③④⑤
变压吸附法脱碳（PSA）	①②③④⑤	①②③④⑤	①②③④⑤	①②③④⑤	①②③④⑤
	①②③④⑤	①②③④⑤	①②③④⑤	①②③④⑤	①②③④⑤

技术说明：

三、酸性气体硫回收技术

技术名称	技术投资	能耗水平	物耗水平	三废排放	成熟度
二级克劳斯硫回收	①②③④⑤	①②③④⑤	①②③④⑤	①②③④⑤	①②③④⑤
三级克劳斯硫回收	①②③④⑤	①②③④⑤	①②③④⑤	①②③④⑤	①②③④⑤
SCOT	①②③④⑤	①②③④⑤	①②③④⑤	①②③④⑤	①②③④⑤
Sulfreen	①②③④⑤	①②③④⑤	①②③④⑤	①②③④⑤	①②③④⑤
MCRC	①②③④⑤	①②③④⑤	①②③④⑤	①②③④⑤	①②③④⑤
Shell-Paques 生物脱硫	①②③④⑤	①②③④⑤	①②③④⑤	①②③④⑤	①②③④⑤
SSR	①②③④⑤	①②③④⑤	①②③④⑤	①②③④⑤	①②③④⑤
SuperClaus	①②③④⑤	①②③④⑤	①②③④⑤	①②③④⑤	①②③④⑤
EuroClaus	①②③④⑤	①②③④⑤	①②③④⑤	①②③④⑤	①②③④⑤
酸性气体湿法制硫酸	①②③④⑤	①②③④⑤	①②③④⑤	①②③④⑤	①②③④⑤
酸性气体进 CFB 锅炉氨法脱硫	①②③④⑤	①②③④⑤	①②③④⑤	①②③④⑤	①②③④⑤
	①②③④⑤	①②③④⑤	①②③④⑤	①②③④⑤	①②③④⑤

技术说明：

四、甲醇合成技术

技术名称	技术投资	能耗水平	物耗水平	三废排放	成熟度
高压合成甲醇技术	①②③④⑤	①②③④⑤	①②③④⑤	①②③④⑤	①②③④⑤
冷激式甲醇合成塔（ICI）	①②③④⑤	①②③④⑤	①②③④⑤	①②③④⑤	①②③④⑤
冷管式甲醇合成塔（ICI、杭州林达）	①②③④⑤	①②③④⑤	①②③④⑤	①②③④⑤	①②③④⑤
水管式甲醇合成塔（日本 MRF、Linde 等）	①②③④⑤	①②③④⑤	①②③④⑤	①②③④⑤	①②③④⑤
绝热换热式合成塔（casale、中国成达、Topsoe、华东理工）	①②③④⑤	①②③④⑤	①②③④⑤	①②③④⑤	①②③④⑤
固定管板列管式合成塔（Lurgi、三菱公司）	①②③④⑤	①②③④⑤	①②③④⑤	①②③④⑤	①②③④⑤
	①②③④⑤	①②③④⑤	①②③④⑤	①②③④⑤	①②③④⑤

技术说明：

五、二甲醚合成技术

技术名称	技术投资	能耗水平	物耗水平	三废排放	成熟度
液相脱水二步法合成	①②③④⑤	①②③④⑤	①②③④⑤	①②③④⑤	①②③④⑤
气相脱水二步法合成	①②③④⑤	①②③④⑤	①②③④⑤	①②③④⑤	①②③④⑤
固定床气相一步法合成	①②③④⑤	①②③④⑤	①②③④⑤	①②③④⑤	①②③④⑤
三相浆态床一步法合成	①②③④⑤	①②③④⑤	①②③④⑤	①②③④⑤	①②③④⑤
	①②③④⑤	①②③④⑤	①②③④⑤	①②③④⑤	①②③④⑤

技术说明：

六、三废处理处置技术

技术名称	技术投资	能耗水平	物耗水平	处理效果	成熟度
蒸汽系统闭式冷凝水回收	①②③④⑤	①②③④⑤	①②③④⑤	①②③④⑤	①②③④⑤
造气脱硫污水闭路循环处理技术	①②③④⑤	①②③④⑤	①②③④⑤	①②③④⑤	①②③④⑤
高浓度甲醇废水气提法处理	①②③④⑤	①②③④⑤	①②③④⑤	①②③④⑤	①②③④⑤
高浓度甲醇废水化学氧化处理	①②③④⑤	①②③④⑤	①②③④⑤	①②③④⑤	①②③④⑤
膜生物反应器污水处理工艺	①②③④⑤	①②③④⑤	①②③④⑤	①②③④⑤	①②③④⑤
纯氧曝气活性污泥污水处理工艺	①②③④⑤	①②③④⑤	①②③④⑤	①②③④⑤	①②③④⑤
SBR 污水处理工艺	①②③④⑤	①②③④⑤	①②③④⑤	①②③④⑤	①②③④⑤
A^2/O 污水处理工艺	①②③④⑤	①②③④⑤	①②③④⑤	①②③④⑤	①②③④⑤
UASB 污水处理工艺	①②③④⑤	①②③④⑤	①②③④⑤	①②③④⑤	①②③④⑤

技术名称	技术投资	能耗水平	物耗水平	处理效果	成熟度
锅炉烟气炉内喷钙干法脱硫	①②③④⑤	①②③④⑤	①②③④⑤	①②③④⑤	①②③④⑤
双碱法脱硫	①②③④⑤	①②③④⑤	①②③④⑤	①②③④⑤	①②③④⑤
静电除尘	①②③④⑤	①②③④⑤	①②③④⑤	①②③④⑤	①②③④⑤
文丘里水膜除尘（湿法除尘）	①②③④⑤	①②③④⑤	①②③④⑤	①②③④⑤	①②③④⑤
布袋除尘	①②③④⑤	①②③④⑤	①②③④⑤	①②③④⑤	①②③④⑤
三废混燃炉	①②③④⑤	①②③④⑤	①②③④⑤	①②③④⑤	①②③④⑤
	①②③④⑤	①②③④⑤	①②③④⑤	①②③④⑤	①②③④⑤
技术说明：					

七、其他技术

技术名称	技术投资	能耗水平	物耗水平	三废排放	成熟度
固定床间隙造气系统自动化改造	①②③④⑤	①②③④⑤	①②③④⑤	①②③④⑤	①②③④⑤
合成气宽温耐硫变换技术	①②③④⑤	①②③④⑤	①②③④⑤	①②③④⑤	①②③④⑤
低位余热吸收制冷技术	①②③④⑤	①②③④⑤	①②③④⑤	①②③④⑤	①②③④⑤
高浓缩倍率循环冷却水技术	①②③④⑤	①②③④⑤	①②③④⑤	①②③④⑤	①②③④⑤
合成尾气分离回用技术	①②③④⑤	①②③④⑤	①②③④⑤	①②③④⑤	①②③④⑤
	①②③④⑤	①②③④⑤	①②③④⑤	①②③④⑤	①②③④⑤
技术说明：					

评估专家信息

姓名：		
工作单位：	职务：	职称：
办公电话：	手机：	
电子邮箱：		
通信地址：		
擅长领域：		

附录V：煤制甲醇工业污染防治最佳可行技术指南（征求意见稿）[①]

1 适用范围

本指南规定了煤制甲醇工业生产过程污染预防、污染治理、资源综合利用等方面的最佳可行技术。

本指南适用于煤制甲醇工业的污染防治技术选择，同时可作为建设项目可行性研究、环境影响评价、污染物排放标准制修订、主要污染物总量控制及污染物排放许可发放等的技术依据。

2 术语和定义

2.1 煤制甲醇工业（coal to methanol industry）

本指南的煤制甲醇工业包括采用煤气化合成气制甲醇工艺、焦炉煤气制甲醇工艺的煤制甲醇企业，以及其他采用相近工艺的企业。

2.2 煤气化合成气制甲醇工艺（coal gasification syngas to methanol process）

指以煤为原料，经过煤气化、煤气变换、煤气脱硫脱碳净化（含硫回收）、甲醇合成、甲醇精馏等工序生产甲醇，包括单醇和氨醇联产两种方式。其中，氨醇联产是在合成氨生产主工艺中利用原料气中的 CO、CO_2 和 H_2 副产少量甲醇，通过降低原料气变换比率降低变换及脱硫工序的能耗，是一种合成氨生产优化工艺，其规模较小。

2.3 焦炉煤气制甲醇工艺（coke-oven gas to methanol process）

指以煤焦化产生的焦炉煤气为原料，经脱硫净化、气体转化、甲醇合成、甲醇精馏等工序生产甲醇。

2.4 最佳可行技术（best available technologies）

是针对生产、生活中产生的各种环境问题，为减少污染物排放，从整体上实现高水平环境保护所采取的与某一时期技术、经济发展水平和环境管理要求相适宜、在公共基础设施和工业部门得到应用、适用于不同应用条件的一项或多项先进、可行的污染防治工艺与技术，分为满足达标排放的最佳可行技术和满足更高环境管理要求的最佳可行技术两类。

2.5 新技术（new technologies）

污染防治技术中出现的新技术动态，包括已进行及未进行生产实践的技术和研究、试验阶段的技术等。

---

① 本部分内容为环保公益性行业科研专项项目“工业减排潜力分析及技术选择研究”和国家环境技术管理项目“煤化工污染防治最佳可行技术指南”的研究成果，现已报送至相关部门审批，为体现研究的严谨性，现将其征求意见稿收录本书中，若与今后正式发布的版本有差异，请以正式发布稿为准，望读者阅读使用时注意。

3 生产工艺及污染物排放

3.1 生产工艺及产污节点

煤制甲醇生产使用的煤种或原料以及各工序采用的技术不同，其资源、能源利用效率和污染物排放会有较大差异，这种差异在煤气化工序表现得最为明显。按炉型不同，煤气化技术主要有固定床、流化床、气流床三种，其中流化床工艺在国内甲醇生产中应用很少。因此本节重点介绍固定床、气流床和焦炉煤气制甲醇三种生产工艺流程和产污情况。氨醇联产甲醇生产工艺及产排污情况可以参照固定床工艺。

3.1.1 固定床煤气化制甲醇

固定床煤气化制甲醇工艺中，废气主要来自备煤、气化、煤气脱硫脱碳、硫回收、甲醇合成、精馏和锅炉燃烧等环节；废水主要来自洗涤、脱硫、变换、压缩和精馏等环节；固体废物主要来自气化、锅炉燃烧等环节。固定床煤气化制甲醇工艺的污染物排放强度较大，其典型工艺流程和产污环节见图 1，不同炉型的脱硫脱碳净化等技术路线会有所区别。

3.1.2 气流床煤气化制甲醇

气流床气化制甲醇工艺中，废气主要来自备煤、气化、变换、脱硫脱碳、硫回收、甲醇合成、精馏以及锅炉燃烧等环节；废水主要来自洗涤工序、变换、脱硫脱碳、压缩和精馏等环节；固体废物主要来自气化、锅炉燃烧等环节。气流床是目前大型煤制甲醇装置主要采用的技术，其典型工艺流程和产污环节见图 2，不同原料或炉型的变换、脱硫脱碳等技术路线会有所区别。

3.1.3 焦炉煤气制甲醇

焦炉煤气制甲醇工艺中，废气主要来自脱硫、变换、甲醇合成、精馏以及锅炉燃烧等环节；废水主要来自气柜、脱硫、压缩、转换、精馏等环节；固体废物主要来自脱硫、硫回收、转化、合成等环节废催化剂。典型焦炉煤气制甲醇的工艺流程和产污环节见图 3，不同规模或条件下的脱硫脱碳净化、补碳等技术路线会有所区别。

3.2 污染物排放

3.2.1 大气污染物

固定床煤气化制甲醇工艺产生的废气主要包括：备煤工序原煤破碎、转运、煤仓储存等过程中产生的逸散粉尘，气化工序的吹风气烟气，脱硫工序的酸性废气，合成工序的甲醇合成驰放气和闪蒸汽，精馏工序的甲醇精馏不凝气等。产生的大气污染物主要有粉尘、SO_2、H_2S、NO_x、甲醇、NH_3 等。典型固定床煤气化制甲醇工艺的废气产生环节及排放情况见表 1。

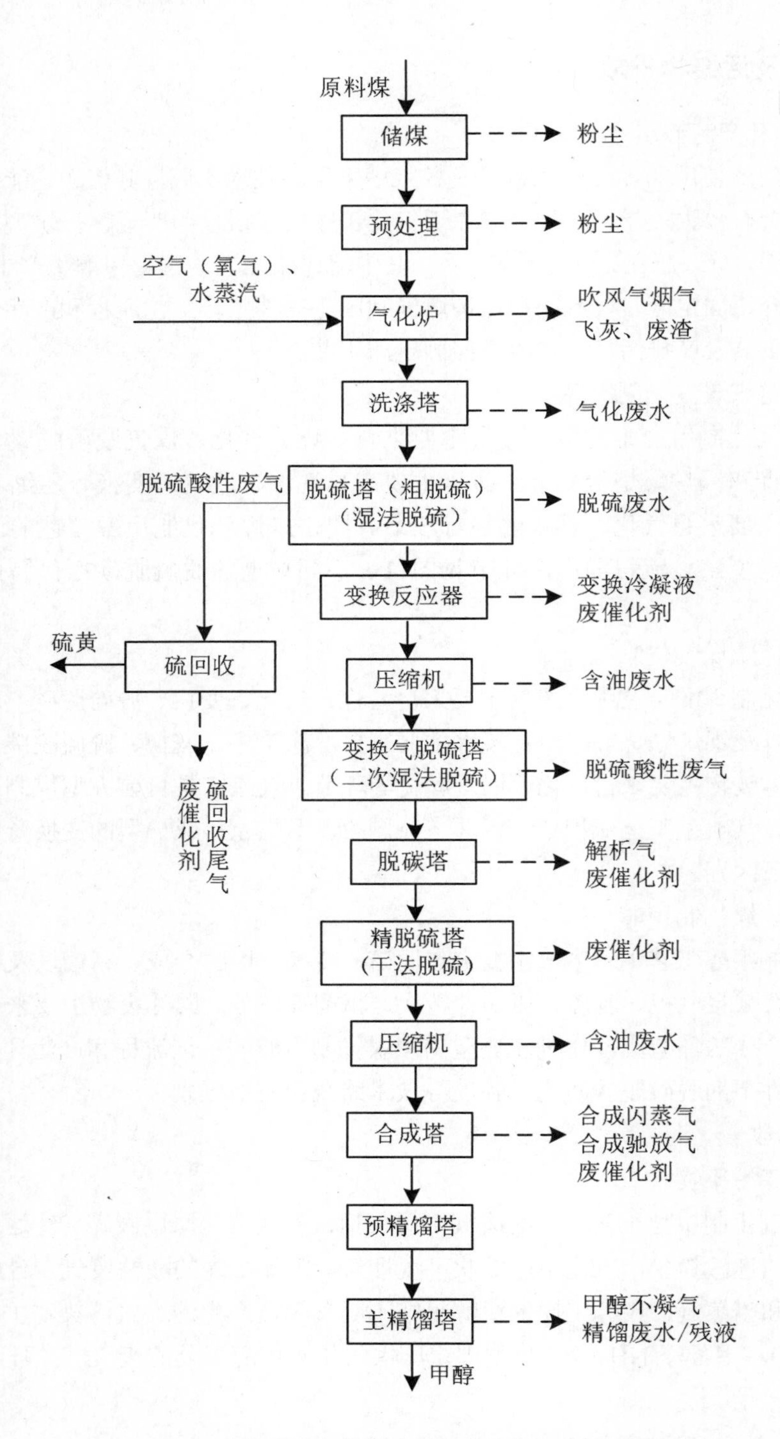

图 1　固定床煤气化制甲醇工艺流程及产排污节点

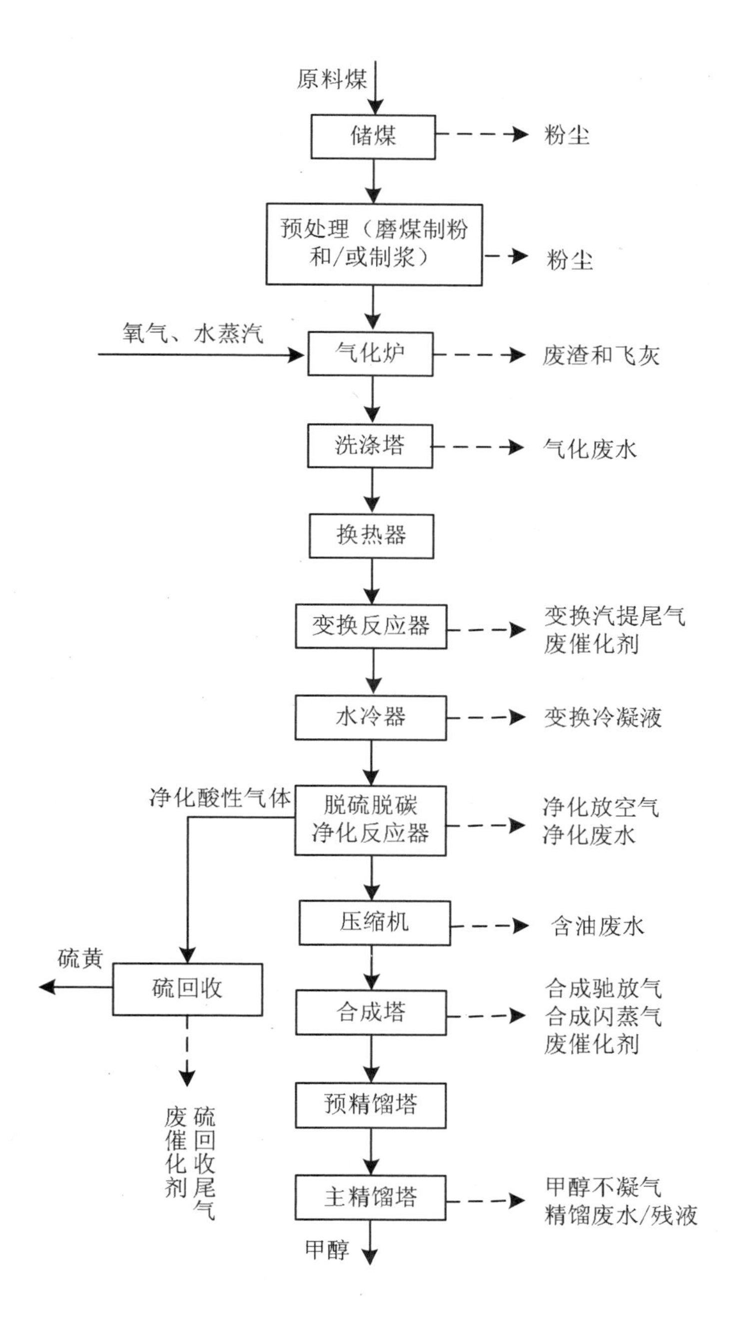

图 2 气流床煤气化制甲醇工艺流程及产排污节点

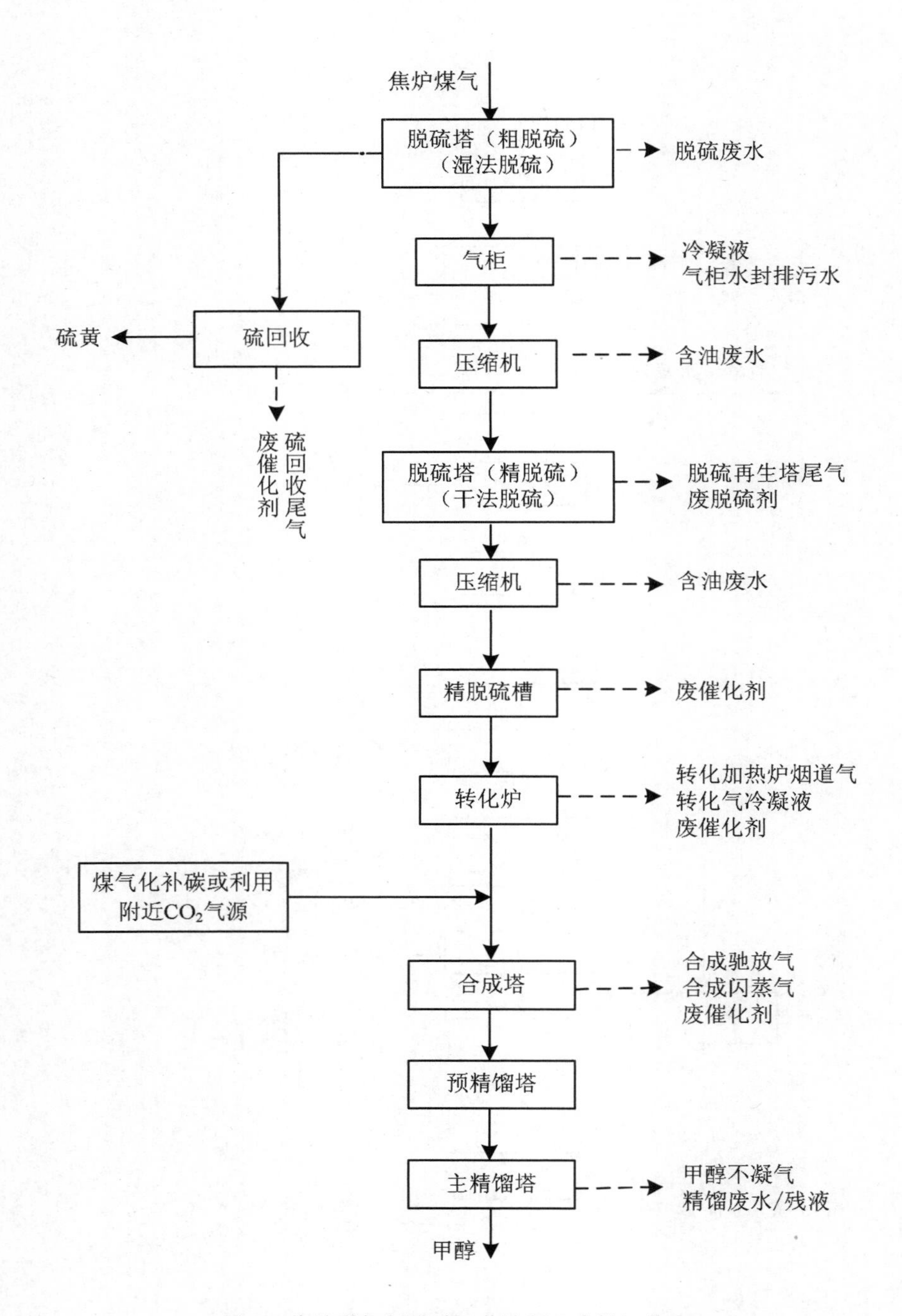

图3 焦炉煤气制甲醇工艺流程及产排污节点

表 1　典型固定床煤气化制甲醇工艺的废气产生环节及排放情况

<table>
<tr><th rowspan="2">工序</th><th rowspan="2">废气种类</th><th rowspan="2">产生状态</th><th rowspan="2">产生量/（m^3/t 甲醇）</th><th colspan="2">主要成分及含量</th><th rowspan="2">排放去向及处理措施</th></tr>
<tr><th>主要成分</th><th>含量</th></tr>
<tr><td>备煤</td><td>原煤破碎、转运、储存等过程产生的逸散粉尘</td><td>间歇</td><td>0.7～1.5</td><td>粉尘</td><td>30～120 mg/m^3</td><td>（1）设置筒仓、全封闭煤库、防风抑尘网等抑尘设施，以及采用洒水抑制煤场扬尘产生量；
（2）将皮带输送廊道及转运站全封闭，同时在破碎机、筛分机、转运站上、下料口处设置集尘设施，将各分散点粉尘收集后，统一送袋式除尘器除尘；或在各产尘点设置喷雾装置，抑制其产生；
（3）经除尘器处理后外排</td></tr>
<tr><td rowspan="3">气化</td><td rowspan="3">吹风气烟气</td><td rowspan="3">连续</td><td rowspan="3">3 500～4 000</td><td>飞灰</td><td>30～500 mg/m^3</td><td rowspan="3">（1）经回收装置回收，送二次燃烧炉燃烧后脱硫和除尘；
（2）送三废混燃炉燃烧</td></tr>
<tr><td>H_2S</td><td>30～500 mg/m^3</td></tr>
<tr><td>苯并[a]芘</td><td>0.1～10 μg/m^3</td></tr>
<tr><td rowspan="2">脱硫</td><td rowspan="2">脱硫酸性废气</td><td rowspan="2">连续</td><td rowspan="2">0～140</td><td>H_2S</td><td>15 mg/m^3</td><td rowspan="2">送往锅炉焚烧，脱硫脱硝除尘后排放</td></tr>
<tr><td>CO</td><td>3 500 mg/m^3</td></tr>
<tr><td rowspan="4">合成</td><td rowspan="4">甲醇合成驰放气，甲醇闪蒸气</td><td rowspan="4">连续</td><td rowspan="4">100～250</td><td>H_2</td><td>47%～50%</td><td rowspan="4">作为燃料或者用于回收氢气</td></tr>
<tr><td>CO</td><td>5%～7%</td></tr>
<tr><td>CH_4</td><td>10%～12%</td></tr>
<tr><td>甲醇</td><td>2%～5%</td></tr>
<tr><td rowspan="4">精馏</td><td rowspan="4">甲醇精馏不凝气</td><td rowspan="4">连续</td><td rowspan="4">5～15</td><td>甲醇</td><td>31%</td><td rowspan="4">送焚烧炉做燃料</td></tr>
<tr><td>CO_2</td><td>42%</td></tr>
<tr><td>CO</td><td>3%</td></tr>
<tr><td>甲酯</td><td>10%</td></tr>
<tr><td>硫回收</td><td>硫回收工序尾气、焚烧炉尾气</td><td>连续</td><td>300～1 000</td><td>SO_2</td><td>100～600 mg/m^3</td><td>（1）达标高空排放；
（2）硫回收工序尾气送锅炉掺烧</td></tr>
<tr><td rowspan="3">锅炉燃烧</td><td rowspan="3">锅炉燃烧尾气</td><td rowspan="3">连续</td><td rowspan="3">2 000～3 500</td><td>粉尘</td><td>30～200 mg/m^3</td><td rowspan="3">采用炉内喷钙法、双碱法、氨法等方法脱硫</td></tr>
<tr><td>SO_2</td><td>30～5 800 mg/m^3</td></tr>
<tr><td>NO_x</td><td>50～500 mg/m^3</td></tr>
</table>

气流床煤气化制甲醇工艺产生的废气主要包括：原煤破碎、转运、储存等过程产生的逸散烟粉尘，变换汽提尾气，净化放空气和酸性气体，硫回收尾气，合成闪蒸汽和驰放气，精馏塔不凝气以及锅炉烟气等。产生的大气污染物主要有粉尘（煤尘）、SO_2、H_2S、NO_x、甲醇、NH_3。典型气流床煤气化制甲醇工艺的废气产生环节及排放情况见表 2。

表 2 典型气流床煤气化制甲醇工艺的废气产生环节及排放情况

工序	废气种类	产生状态	产生量/（m^3/t 甲醇）	主要成分及含量		排放去向及处理措施
				主要成分	含量/（mg/m^3）	
备煤	原煤破碎、转运、储存等过程产生的逸散粉尘	间歇	1 300～2 500	粉尘	30～120	（1）设置筒仓、全封闭煤库、防风抑尘网等抑尘设施，以及采用洒水抑制煤场扬尘产生量；（2）将皮带输送廊道及转运站全封闭，同时在破碎机、筛分机、转运站上、下料口处设置集尘设施，将各分散点粉尘收集后，统一送袋式除尘器除尘；或在各产尘点设置喷雾装置，抑制其产尘；（3）经除尘器处理后外排
变换	变换汽提尾气	连续	0.5～1.0	CO	100 000～200 000	送硫回收装置
				H_2S	4500～20 000	
净化	净化放空气	连续	1 050～1 250	H_2S	5～18.4	经尾气洗涤塔后高空排放
				甲醇	40～70	
	净化酸性气体	连续	0～150	H_2S	～460	送硫回收装置
				COS	～10	
				CO_2	～1250	
硫回收	硫回收尾气	连续	150～200	SO_2	480～550	尾气送往锅炉焚烧，脱硫脱硝除尘后排放
合成	合成闪蒸气	连续	0.5～8	CO	120 000～230 000	送燃料气管网作为燃烧气，燃烧后排放
				NH_3	25 000～40 000	
	合成驰放气	连续	50～300	CO	～130	送锅炉作为燃料气
				CH_4	～20	
				H_2	～60	
精馏	精馏塔不凝气	连续	20～250	甲醇	～300	送锅炉作为燃料气
				H_2O	～600	
锅炉燃烧	锅炉烟气	连续	7 500～8 600	SO_2	200～250	脱硫除尘后高空排放
				烟尘	40～50	
				NO_x	200～300	

焦炉煤气制甲醇工艺排放量较大的两类废气是转化预热炉烟道气与合成驰放气，其中转化预热炉烟道气是燃料燃烧后产生的废气，无回收利用价值，可采取高空放散处理。合成驰放气中氢气和一氧化碳含量高，可作为燃料气回用。目前生产中常采用以下两种做法：一是送往转化预热炉，二是送往临近焦化厂综合利用。典型焦炉煤气制甲醇工艺的废气产生环节及排放情况见表 3。

表 3 典型焦炉煤气制甲醇工艺的废气产生环节及排放情况

工序	废气种类	产生状态	产生量/（m^3/t 甲醇）	废气的主要成分及含量	排放去向及处理措施
脱硫净化	湿法脱硫再生塔尾气	连续	65～90	H_2S	送硫回收处理
硫回收	硫回收工序尾气	连续	100～200	SO_2	硫回收工序尾气送锅炉掺烧
转化	转化预热炉烟道气	连续	500～3 700	CO_2、水蒸气等	直排
合成	合成驰放气	连续	640～1 000	H_2约占 80%，其他主要组分为 CO、CO_2、CH_4、甲醇等	（1）直接作为燃料回收；（2）回收甲醇后再作为燃料回收
	甲醇闪蒸废气	连续	3.2～6.2	H_2约占 40%，其他主要组分为 CO、CO_2、CH_4、甲醇等	（1）直接作为燃料回收；（2）回收甲醇后再作为燃料回收
精馏	精馏塔不凝气	连续	3.6～13.5	CO_2约占 40%，其他主要组分为 CO、甲醇、二甲醚、H_2、CH_4等	直接作为燃料回收

3.2.2 水污染物

固定床煤气化制甲醇工艺废水种类主要有：气化工序的造气废水、脱硫工序的脱硫废水、变换工序的变换冷凝液以及甲醇精馏残液等，主要的污染物有：COD、氨氮、酚类化合物、硫化物、氰化物、悬浮物等。此外，还包括锅炉、循环水及脱盐水站等公用工程设施排水。典型固定床煤气化制甲醇工艺的废水产生环节及排放情况见表 4。

表 4 典型固定床煤气化制甲醇工艺的废水产生环节及排放情况

工序	废水种类	产生状态	产生量/（m^3/t 甲醇）	主要成分及含量		排放去向及处理措施
				主要成分	含量/（mg/L）	
气化	造气废水	连续	0.7～1.5	悬浮物	160～5 000	（1）采取酚氨回收预处理可去除 80%以上；（2）经沉淀处理后部分回用于气化工序，部分排入污水处理站；（3）经隔油处理后进入污水处理站
				COD	20 000～30 000	
				氨氮	500～4 000	
				酚类化合物	4 000～7 000	
				硫化物	0.4～2.35	
				氰化物	0.18～2.33	
				焦油	50～500	
				苯并[a]芘	0.000 1～0.1	
粗脱硫	脱硫废水	连续	0～0.2	COD	6 000～8 000	直接排入污水处理站
				氨氮	15～120	
				硫化物	0.01～0.4	

工序	废水种类	产生状态	产生量/（m^3/t 甲醇）	主要成分及含量		排放去向及处理措施
				主要成分	含量/（mg/L）	
变换	变换冷凝液	连续	0～0.03	COD	12 000～16 000	直接排入污水处理站
气体压缩	含油废水*	连续	0.15～0.25	COD	600～2 000	经隔油池预处理后，排入污水处理站
精馏	甲醇精馏废水/残液	连续	0.3～0.4	COD	500～15 000	（1）汽提后排入污水处理站；（2）排入造气炉掺烧；（3）直接排入污水处理站
				甲醇	200～7 000	

*如果采用离心机、无油润滑技术或者用透平循环机，则无此排放节点。

气流床煤气化制甲醇工艺的废水主要包括气化废水、净化废水、含油废水以及甲醇精馏废水/残液等，主要的污染物有：COD、氨氮、硫化物、氰化物、甲醇等。此外，还包括锅炉、循环水及脱盐水站等公用工程设施排水。典型气流床煤气化制甲醇工艺的废水产生环节及排放情况见表 5。

表 5　典型气流床煤气化制甲醇工艺的废水产生环节及排放情况

工序	废水种类	产生状态	产生量/（m^3/t 甲醇）	主要成分及含量		排放去向及处理措施
				主要成分	含量/（mg/L）	
气化	气化废水	连续	0.2～1.5	COD	300～800	送污水处理站处理后排放或回用
				BOD	200～480	
				氨氮	200～300	
				CN^-	1～20	
				SS	50～200	
净化	净化废水	连续	0.02～0.05	氨氮	200～300	送污水处理站处理后排放或回用
				CN^-	1～20	
				甲醇	200～500	
气体压缩	含油废水*	连续	0.15～0.25	COD	6 000～20 000	经隔油池预处理后，排入污水处理站
精馏	甲醇精馏废水/残液	连续	0.25～0.35	COD	3 750～5 300	（1）汽提后排入废水处理站；（2）送造气炉掺烧；（3）直接排入污水处理站处理
				甲醇	1 500～2 500	

*如果采用离心机、无油润滑技术或者用透平循环机，则无此排放节点。

焦炉煤气制甲醇工艺的废水主要包括煤气管冷凝液、气柜水封排水和甲醇精馏残液，其特点是 COD、氨氮浓度高，且含有氰化物、挥发酚等有毒物质；转化气冷凝液，产生量相对较大，但污染物含量低，可进行厂内回用；此外，还包括锅炉、循环水及脱盐水站等公用工程设施排水。典型焦炉煤气制甲醇工艺的废水产生环节及排放情况见表 6。

表 6　典型焦炉煤气制甲醇工艺的废水产生环节及排放情况

工序	废水种类	产生状态	产生量/（m^3/t 甲醇）	主要成分及含量		排放去向及处理措施
				主要成分	含量/（mg/L）	
焦炉煤气制备	煤气管冷凝液	间歇	0.05～0.10	COD	6 000～8 000	送全厂综合废水处理
				氨氮	200～400	
				CN^-	0.25～0.30	
				挥发酚	50～500	
				苯并[a]芘	0.01～0.2	
	气柜水封排水	连续	0.1～0.14	COD	300～400	送全厂综合废水处理
				氨氮	80～100	
				挥发酚	2～30	
				CN^-	0.01～20	
转化	转化气冷凝水	连续	0.35～0.7	微量污染成分		汽提后送脱盐水站，或根据水质情形送往全厂污水处理站
精馏	甲醇精馏废水/残液	连续	0.3～0.4	COD	3 750～5 300	（1）汽提后排入废水处理站处理；（2）送造气炉掺烧；（3）直接排入污水处理站处理
				氨氮	10～40	

3.2.3　固体废物

固定床煤气化制甲醇工艺产生的固体废物主要包括气化工序的气化飞灰和废渣、锅炉装置的锅炉飞灰和炉渣，变换、合成及硫回收工序间歇排放的废催化剂，污水处理站间歇排放的污泥等。典型固定床煤气化制甲醇工艺的固体废物产生环节及排放情况见表 7。

表 7　典型固定床煤气化制甲醇工艺的固体废物产生环节及排放情况

工序	固废种类	产生状态	产生量/（kg/t 甲醇）	主要成分	排放去向及处理措施
气化	气化飞灰和废渣	间歇	300～400	SiO_2、CaO、Al_2O_3、残炭颗粒物等	（1）燃烧系统掺烧；（2）综合利用，如制作建材等
变换	变换废催化剂	间歇	0.5～0.6	CoO、MoO 等	由厂家回收利用
合成	甲醇合成废催化剂	间歇		CuO、ZnO、Al_2O_3	由厂家回收利用
硫回收	硫回收废催化剂	间歇		Al_2O_3、TiO_2 等	由厂家回收利用
锅炉	锅炉飞灰和炉渣	间歇	100～200	Si_2O_3、CaO、残炭颗粒物等	综合利用
污水处理	污泥	间歇	0.4～0.8	含氮、碳等化合物	（1）脱水干化外运、处理；（2）锅炉掺烧

气流床煤气化制甲醇工艺产生的固体废物主要包括煤气化的飞灰和废渣、燃煤锅炉的飞灰和炉渣，在变换、合成及硫回收工序间歇排放的废催化剂，污水处理站间歇排放的污泥等。气化废渣和锅炉废渣是煤制甲醇企业中最主要的固体废物，其产生量的大小主要与煤的灰分有关。废渣多用于制作建材。典型气流床煤气化制甲醇工艺的固体废物产生环节及排放情况见表 8。

表 8　典型气流床煤气化制甲醇工艺固体废物产生环节及排放情况

工序	固废种类	产生状态	产生量/（kg/t 甲醇）	主要成分	排放去向及处理措施
气化	气化飞灰和废渣	连续	270～450	Al_2O_3、CaO、SiO^2、残炭颗粒物等	制作建材或填埋
变换	变换废催化剂	间歇	0.008～0.120	CoO、MoO 等	由厂家回收
合成	合成废催化剂	间歇	0.145～0.170	CuO、ZnO、Al_2O_3	由厂家回收
硫回收	硫回收废催化剂	间歇	0.012～0.025	Al_2O_3、TiO_2 等	由厂家回收
锅炉燃烧	锅炉飞灰和炉渣	连续	150～250	飞灰和炉渣，包括 Si_2O_3、CaO、残炭颗粒等	制作建材或填埋
污水处理	污泥	间歇	2.5～5.0	含氮、碳等化合物	送锅炉掺烧及其他资源化利用

焦炉煤气制甲醇工艺产生的固体废物主要包括气体脱硫净化过程的废脱硫剂、废催化剂，以及转化、合成过程的废催化剂等。这些固体废弃物含有多种金属元素，均为间歇排放。绝大多数废催化剂、废脱硫剂可交由催化剂厂商回收再生。典型焦炉煤气制甲醇工艺的固废产生环节及排放情况见表 9。

表 9　焦炉煤气制甲醇主要固体废物产生环节及排放排放情况

工序	污染源	产生状态	产生量/（kg/t 甲醇）	主要成分	排放去向及处理措施
粗脱硫净化	废脱硫剂	间歇	2.0～5.4	Fe_2O_3、ZnO 等	由厂家回收
硫回收	硫回收废催化剂	间歇	0.012～0.025	Al_2O_3、TiO_2 等	由厂家回收
精脱硫净化	精脱硫废催化剂	间歇	0.06～0.11	铁钼触媒（Fe_2O^3，MoO_3）	由厂家回收
转化	转化废催化剂	间歇	0.08～0.12	NiO、Al_2O_3 等	由厂家回收
合成	合成废催化剂	间歇	0.18～0.24	CuO、Al_2O_3 等	由厂家回收

3.2.4　噪声污染

固定床煤气化制甲醇工艺产生的噪声种类包括：空气压缩机、空气增压机、风机、压缩机、气体放空口等产生的空气动力性噪声，泵类等产生的机械噪声，以及管道介质流动产生的噪声等。一般风机或压缩机产生的噪声为 85～120 dB（A），泵类等产生的噪声为 85～103 dB（A）。通常采用的降噪措施包括：选用低噪声的设备，设置隔声间、隔声罩等隔声设施，加强设备的稳定性，减少设备振动等。

气流床煤气化制甲醇工艺的噪声来源主要是泵、压缩机和鼓风机，产生的噪声声压级一般在 85～100 dB（A），所采取的减噪措施一般为安装消声器、隔音装置等。

氨醇联产工艺的噪声源较多，连续噪声污染比较严重，与固定床煤气化制甲醇的噪声来源和控制手段基本相同。

4 煤制甲醇工业污染防治技术

4.1 工艺过程污染预防技术

在不同甲醇生产工艺中，压缩、合成、精馏工序以及硫回收过程等工序采用的工艺技术差别较小，但气化和净化工序采用的工艺技术差别较大。采用固定床的单醇和氨醇联产的净化工序主要包括粗脱硫、CO 变换、脱碳、精脱硫等过程；气流床的净化工序主要包括 CO 变换、脱硫脱碳净化等过程；焦炉煤气制甲醇的净化工序主要包括粗脱硫、转化、精脱硫等过程。

4.1.1 原煤破碎、转运、贮存

4.1.1.1 全密闭运输与袋式除尘

对原料输送、破碎、筛分、转运等过程采取密闭措施，并设置集尘设施和喷雾装置，抑制粉尘产生和排放。该技术适用于煤制甲醇备煤环节粉尘源头控制。

4.1.1.2 全封闭料场防尘技术

通过原料的全封闭式储存和输送，彻底杜绝扬尘现象，同时可以改善原料储存条件，避免原料受到雨水浸蚀，影响使用质量。该技术适用于煤制甲醇煤场扬尘源头控制。

4.1.1.3 挡风抑尘网技术

通过设置挡风网墙等大幅度降低料场内的风速，减少露天堆放煤炭时产生的煤尘。该技术适用于煤制甲醇煤场扬尘源头控制。

4.1.2 煤气化

4.1.2.1 干煤粉加压气化技术

采用干煤粉进料，在气流床中加压气化，以纯氧和水蒸气作为气化剂，液态排渣，连续制气；气化效率高；煤种适应性高，从无烟煤、烟煤到褐煤均可气化；碳转化率可高达 99%，产品气不含重烃，甲烷含量低，煤气中 CO 和 H_2 含量之和高达 90%以上；氧耗低、热效率高；气化炉渣经激冷后性质稳定，对环境影响小，气化污水中氰化物浓度低，易处理。该技术适合新建的大型煤制甲醇企业。

4.1.2.2 水煤浆加压气化技术

采用水煤浆进料，在气流床中加压气化，以纯氧作为气化剂，液态排渣，连续制气；工艺技术成熟，流程简单，过程控制安全可靠，设备布置紧凑，运转率高，投资低；煤种适应性较强；碳转化率一般可达 95%～99%，产品气除含少量甲烷外，不含其他烃类、酚类和焦油等物质，煤气中 CO 和 H_2 含量之和可达 80%以上；气化产生的废水所含有害物少，排出的粗渣、细渣可进行资源利用，也可填埋，对环境污染较小。该技术适合新建的大型煤制甲醇企业。

4.1.2.3 固定床间歇气化技术

采用间歇气化，以空气和蒸汽作为气化剂，吹风和制气阶段交替进行。该技术在原料煤的适用性、装置规模等方面有其局限性，节能减排压力大，新建项目中该技术受到限制，现有固定床气化的甲醇装置需要强制进行节能减排技术改造。

4.1.2.4 常压富（纯）氧连续煤气化技术

采用粒度为 8～100 mm 的煤粒进料，在固定床中常压气化，以富氧空气（或纯氧）和蒸汽作为气化剂，固态排渣，连续制气。适用于无烟煤、烟煤和焦炭。采用的富氧体积分数只有 50%～60%，因此水煤气中的氮体积分数不会低于 10%～15%，不适合直接生产单醇，也不适用于高醇氨比（30%～40%）的氨醇联产工艺，需要进行处理才能用于甲醇制备。相对于间歇式气化技术，该技术提高了原料利用率、大气污染相对较小，可用于对常压固定床间歇气化技术的改造。

4.1.2.5 固定床碎煤加压煤气化技术

固定床碎煤加压煤气化技术采用粒度为 5～50 mm 的煤粒进料，在固定床中加压气化，氧气和蒸汽作为气化剂，固态/液态排渣，连续制气。适用于褐煤、次烟煤、贫瘦煤。因其产生的煤气中含有焦油、高碳氢化合物含量约 1%左右，甲烷含量约 8%～10%，同时，焦油分离、含酚污水处理都比较复杂，所以一般不用于单纯生产煤制甲醇的合成气。

4.1.2.6 流化床煤气化技术

采用碎煤或粉煤进料，在流化床中气化，以氧气或空气加蒸汽作为气化剂，固态排渣，连续制气。适用于褐煤、次烟煤、弱黏煤等活性高的煤。相比干煤粉加压气化技术和水煤浆加压气化技术，CO 和 H_2 含量相对较低，CH4 含量相对较高，流化床煤气化技术目前工程应用比较少。

4.1.3 原料气脱硫

脱硫净化工段的任务是将原料气中总硫含量降至 0.1×10^{-6} 以下，同时脱除氰、氨、焦油、萘等杂质，以满足甲醇合成对气体成分的要求。原料气中的无机硫化物主要是硫化氢（H_2S），约占原料气中硫化物总量的 90%，有机硫化物主要包括二硫化碳（CS_2）、硫氧化碳（COS）、硫醇（R-SH）、硫醚（R1-S-R2）、噻吩（C_4H_4S）等，约占原料气中硫化物总量的 10%。

脱硫净化一般由湿法脱硫脱氰、干法脱硫和加氢精脱硫三个环节组成。湿法脱硫速率快、硫容量大、生产能力大，适用于脱除气体中的高浓度硫，通常作为粗脱硫技术使用，以脱除大部分无机硫和氰。干法脱硫净化率高，同时能够脱除有机硫，适用于脱除低浓度硫或者微量硫，通常作为精脱硫技术使用。对于原料气中硫含量较低、成分较稳定的企业，可以仅采用干法脱硫和加氢精脱硫组合。如果焦炉煤气中焦油、萘等杂质含量较高，可在粗脱硫环节中增设变温吸附（temperature swing adsorption，TSA）法脱焦油脱萘等环节。大中型煤制甲醇企业脱硫脱碳一般同时进行，主要采用低温甲醇洗技术和聚乙二醇二甲醚技术等，参见4.1.6节。

4.1.3.1 湿法脱硫技术

湿法脱硫技术主要有苦味酸法、TH（takahax hirohax）法、HPF（H：hydroquinone；P：dinuclear cobalt-phthalocyanine sulfonate；F：ferrous sulphate）法、蒽醌二磺酸钠法、AS（ammonia sulphur）法、单乙醇胺法、栲胶法、络合铁法、PDS（dinuclear cobalt-phthalocyanine sulfonate）法等。

4.1.3.1.1 苦味酸法

苦味酸法也称FRC（fumaks rhodacs compacs）法，是利用焦炉煤气中的氨在触媒苦味酸的作用下脱除H_2S，利用多硫化铵脱除HCN。催化剂苦味酸耗量少且便宜易得，操作费用低；再生率高，新用空气量少，废气含氧量低，无二次污染。该技术适用于焦炉煤气制甲醇工艺的湿法脱硫。

4.1.3.1.2 TH法

该技术由Takahax法脱硫脱氰和Hirohax法废液处理两部分组成。脱硫是以煤气中的氨为碱源，以1,4-萘醌-2-磺酸钠为催化剂的氧化法脱硫脱氰工艺。TH法脱硫脱氰效率高，流程较简单，操作费用低，蒸汽耗量少；处理装置在高温高压和强腐蚀条件下操作，对主要设备的材质要求高，制造难度大；吸收所需液气比、再生所需要空气量较大，废液处理操作压力高，故整个装置电耗大，投资和运行费高。该技术适用于焦炉煤气制甲醇工艺的湿法脱硫。

4.1.3.1.3 HPF法

HPF法脱硫技术是以氨为碱源，以HPF（由对苯二酚、双核酞菁钴磺酸盐及硫酸亚铁组成的醌钴铁类复合型催化剂的简称）为催化剂的湿式氧化脱硫脱氰工艺。废液处理操作简单、污染小；使用设备较少，工艺流程较为简单，操作和维护方便；占地较小、基建成本和运行成本较低；其缺点是存在硫黄泡沫多、产品质量低、熔硫操作环境差。该技术适用于焦炉煤气制甲醇工艺的湿法脱硫。

4.1.3.1.4 蒽醌二磺酸钠法

蒽醌二磺酸钠法是以蒽醌二磺酸（anthracene disulfonic acid，ADA）为催化剂、碳酸钠溶液为吸收液的脱硫脱氰方法，简称ADA法。为了提高脱硫效率，在ADA溶液中添加适量的偏钒酸钠（$NaVO_3$）和酒石酸钾钠（$NaKC_4H_4O_6$）以及三氯化铁作为吸收液进行脱硫脱氰，称为改良ADA法。该技术脱硫和脱氰效率均很高，脱硫效率可达99%以上；以碳酸钠为碱源，运行成本高；提盐工艺流程长，能耗高，操作环境差，硫磺、硫代硫酸钠和硫氰酸钠产品品位不高。改良ADA脱硫工艺近些年较少被采用。

4.1.3.1.5 AS 法

AS 法是用洗氨液吸收煤气中的 H_2S，形成富含 H_2S 和 NH_3 的液体，经脱酸蒸氨后再循环洗氨脱硫。AS 循环脱硫洗氨设备少，流程短，操作费用低；工艺系统性极强，工序间相互依赖、制约的缺点突出，操作难度大；且整个系统处于低温下操作，低温水耗量大；脱硫效率有一定的局限性，很难达到 0.2 g/m^3；适用于粗脱硫，可减少精脱硫脱硫剂消耗。

4.1.3.1.6 单乙醇胺法

单乙醇胺法，又称索尔菲班法，是以单乙醇胺水溶液直接吸收煤气中的 H_2S 和 HCN，吸收富液在解吸塔用蒸汽进行解吸，解吸后的贫液返回使用，蒸出的酸性气体可生产硫黄或硫酸产品。该法脱硫脱氰效率较高，工艺流程短，设备少，基建投资较低，利用弱碱性单乙醇胺做吸收剂，不需要催化剂，但单乙醇胺价格较高，消耗量大，脱硫成本比较高。该法适用于大型焦炉煤气制甲醇企业脱硫。

4.1.3.1.7 栲胶法

栲胶法以栲胶为主催化剂，湿式二元氧化脱硫法以栲胶的碱性氧化降解物为中间载氧体，并作为钒的络合剂与碱钒配成水溶液，将气态硫化氢吸收并转化为单质硫。栲胶法的硫容高，副反应少，脱硫效率高，运行费用低，无硫黄堵塔问题，可使 H_2S 降低至 20 mg/m^3 以下，脱硫效率达 99%以上。但对有机硫基本无吸收能力，且栲胶需要繁复的预熟化处理过程才能添加到系统中，否则会造成溶液严重发泡而使生产无法正常进行，P 型和 V 型栲胶不需预处理可以直接加入系统。

4.1.3.1.8 络合铁法

络合铁法脱硫工艺以铁离子为催化剂，通过液相氧化还原反应，直接将 H_2S 转变成单质硫，H_2S 的脱除率高达 99%以上。该技术操作简单，硫容较高，过程环保，在处理硫产量小于 20 t/d 时该工艺的设备投资和操作费用具有明显优势，且脱硫效果不受气流中 CO_2 含量和 H_2S 浓度影响。络合铁脱硫技术适用于 H_2S 浓度较低或 H_2S 浓度较高但气体流量不大的场合。

4.1.3.1.9 PDS 法

PDS 法是以双核酞菁钴磺酸盐为脱硫催化剂的脱硫方法，脱硫脱氰能力优于 ADA 溶液；抗中毒能力强，对设备的腐蚀性小；单质硫回收率高，有机硫脱除率在 50%以上；脱硫成本只有 ADA 法的 30%左右。PDS 法通常与改良 ADA 法或者栲胶法配合使用进行湿法脱硫，只需加入少量 PDS 即可，消耗费用较低。其脱硫过程生成的单质硫易分离，没有硫黄堵塞脱硫塔的问题。PDS 脱硫催化剂具有较高的硫容，适用于高硫焦炉煤气的粗脱硫，但不适用于精脱硫。

4.1.3.2 干法脱硫技术

干法脱硫技术主要有活性炭法、氧化铁法、氧化锌法、铁（钴）钼加氢转化法等。

4.1.3.2.1 活性炭法

活性炭法脱硫主要用于脱除少量有机硫及少量的 H_2S，分吸附、催化和氧化三种作用机理。吸附是利用活性炭选择性吸附的特性脱硫。催化是以浸渍了铜铁等重金属的活性炭为催化剂，使有机硫催化转化为 H_2S，再被活性炭吸附。氧化是借助氨的催化作用，利用氧气使 H_2S 和其他硫化物氧化为单体硫、水和二氧化碳。活性炭法能够在常温下操作，净化程度高、空速大、活性炭可再生。

4.1.3.2.2 氧化铁法

氧化铁法是利用含铁氧化物氧化吸收 H_2S 等含硫物质，可分为常温氧化铁法和中温氧化铁法。其中，常温氧化铁法是在常温下，通过 Fe_2O_3 的水合物与 H_2S 反应，脱去硫化物；中温氧化铁法是在 200℃～400℃下，通过 Fe_3O_4 的还原、有机硫转化和 H_2S 脱除等三个步骤脱硫。

4.1.3.2.3 氧化锌法

氧化锌法是利用固体氧化锌直接吸收 H_2S、硫醇、COS、CO_2 等含硫化合物。氧化锌内表面积大、硫容量较高，能够极快脱除原料气中的 H_2S 和部分有机硫。由于氧化锌脱硫剂使用后不易再生且价格又较高，多用于低浓度（H_2S 浓度＜0.1 g/m^3）的脱硫，也可以与湿法脱硫联合使用，作为后一级脱硫，起把关作用。此外还放在对硫敏感的催化剂前面作为保护剂。

4.1.3.2.4 铁（钴）钼加氢转化法

铁（钴）钼加氢转化法是利用铁钼、钴钼或镍钼系的催化剂将原料气中的有机硫化物转化为 H2S，再经过氧化锌（锰）法进行 H2S 的脱除。

4.1.4 硫回收过程

硫回收工序的主要任务是回收脱硫脱碳净化工序尾气中的硫，从而降低净化工艺尾气中的 H_2S、SO_2 等污染物浓度。

4.1.4.1 固定床催化氧化硫回收技术

固定床催化氧化硫回收技术主要为克劳斯硫回收工艺及各种改进工艺，包括常规克劳斯技术、MCRC（Mineral Chemical Resource Co.）技术、萨弗林（Sulfreen）技术、超级克劳斯（Super Claus）技术、超优克劳斯（Euro Claus）技术等。适用于脱硫产生的酸性气体处理。两级克劳斯工艺是先将含硫气体直接引入高温燃烧炉，其反应热由废热锅炉加以回收，并使气体温度降至适合第二步进行催化反应的温度，然后再进入催化床层反应生成硫黄。如果含硫物质浓度较高，可以前置独立的燃烧炉，进行含硫物质的非催化法直接氧化制取硫黄。受化学平衡的限制，两级催化转化的常规克劳斯工艺硫回收率为 90%～95%，三级转化能达到 95%～98%；超级克劳斯硫回收技术总硫回收率达 99%以上。由于克劳斯技术产生的尾气中仍有 1%～3%的含硫化合物，需要对硫回收尾气进一步进行处理，主要有低温克劳斯工艺、尾气还原吸收工艺、直接氧化工艺、碱洗法、尾气燃烧氨吸收工艺等。加氢还原吸收法总硫回收率可以稳定保持在 99.8%以上，是目前使用较广泛的硫回收尾气处理工艺技术。但加氢还原吸收法的流程比较长，建设投资是两级克劳斯工艺的 1.7～2.0 倍，操作成本较高。

4.1.4.2　络合铁法液相氧化还原脱硫技术

络合铁法液相氧化还原脱硫技术是处理流量较小、H_2S 浓度较低的酸性气的理想工艺，工艺过程比较简单、环境友好、工艺基本不受原料复杂组成的影响；但产品是含水约 40%的硫饼，无法直接作为产品出售；络合铁溶剂在有些装置损失较大，操作成本上升。当要求硫回收尾气中 SO_2 浓度降低到 400 mg/m^3 时，络合铁法是煤化工企业中小型硫回收装置可供选择的工艺技术。

4.1.4.3　生物脱硫及硫黄回收技术

生物脱硫技术是将 H_2S 气体和吸收塔里含硫细菌的碱性水溶液进行接触，使 H_2S 溶解在碱液中并随碱液进入生物反应器中，在充气环境下硫化物被硫杆菌氧化成单质硫。硫黄以料浆的形式从生物反应器中析出，通过干燥获得硫黄粉末，或经熔融制成商品硫黄。该技术工艺流程简单，占地面积少；工艺安全可靠；无 SO_2 排放；碱液内部循环，菌种自动再生，不会失活；能耗低，化学溶剂使用量小；操作人员少，维修费用低；形成亲水性硫黄产品，不会在工艺设备中产生堵塞，操作弹性大。

4.1.4.4　湿法硫回收技术

湿法硫回收技术是酸性气经净化后与鼓风机提供的燃烧空气在酸性气燃烧炉中进行燃烧，H_2S 与 O_2 反应生成 SO_2，然后进入转化器转化为 SO_3，生成的 SO_3 经酸雾控制器进入冷凝器，在冷凝器中 SO_3 与 H_2O 水合反应生成气相 H_2SO_4，然后气相 H_2SO_4 被空气降温冷凝为液体 H_2SO_4。该技术硫回收率高，可达 99.9%以上；运行成本较低；除消耗催化剂外不需要任何化工药品、吸附剂或添加剂；装置配置合理，不用工艺水，不产生废料或废水，无二次污染。

4.1.5　合成气变换

合成气变换是指对煤气化过程中产生的粗煤气进行组分调整，粗煤气中的 CO 与水蒸汽反应生成 H_2 和 CO_2，提高合成气中氢碳比，以满足下游装置的需要。合成气变换反应是一个强放热反应，是回收热量的一个重要环节。变换工艺和技术是随变换催化剂的进步而发展的，变换催化剂的性能确定了变换工艺的流程及其发展水平，主要包括中温变换、低温变换和宽温变换，生产中可采用一段变换、两段变换和三段变换。

4.1.5.1　中温变换工艺

中温变换工艺采用 Fe-Cr 系变换催化剂，操作温度在 350～550℃，原料气经变换后仍含有 3%左右的 CO。中温变换工艺的催化剂活性较高，机械强度较好，耐热性较好，使用寿命较长，成本较低，但中温工艺具有耗蒸汽量大、温度高、抗硫能力差，已逐渐被淘汰。

4.1.5.2　中温变换串低温变换工艺

中温变换串低温变换工艺，简称中串低工艺，是在 Fe-Cr 系中温变换催化剂之后串接低温变换催化剂，可采用炉外或者炉内两种串接方式。采用中串低变换可以降低变换过程中蒸汽的消耗，并且可以有效降低后续净化过程的动力消耗、热耗，减少 CO 的排放，还能够有效提高变换过程的稳定性。

4.1.5.3 全低温变换工艺

全低温变换工艺是指全部使用宽温区的 Co-Mo 系耐硫低温变换催化剂的 CO 变换技术，Co-Mo 系催化剂的活性温度低，使用温度范围宽，全低温变换炉的操作温度远远低于传统的中温变换炉，有利于提高 CO 的变换率；Co-Mo 系催化剂的抗硫能力极强，对总硫含量无上限要求。

4.1.5.4 中低低变换

中低低变换是在一段 Fe-Cr 系中温变换催化剂后直接串接两段钴钼系耐硫宽温变换催化剂，利用中温变换的高温来提高反应效率，脱除有毒杂质，利用两端低温变换提高变换率。该工艺能耗低、阻力小、操作方便；与中串低变换相比，增加了第一低变，填补了 250～280℃这一中串低变换没有的反应温度区，充分利用了低变催化剂在这一温度区的高活性；与全低变工艺相比，Fe-Cr 系中温变换催化剂既作为催化剂，又作为净化剂，对 Co-Mo 系耐硫低温变换催化剂起到了保护作用，工艺操作稳定。

4.1.5.5 可控移热变换

可控移热变换是利用埋在催化剂床层内部移热水管束将催化剂床层反应热及时移出，确保催化剂床层温度可控。该技术对催化剂要求降低，杜绝飞温现象，催化剂装填量不受超温限制，有效延长催化剂使用寿命。同时，可有效回收变换系统反应热及水煤气带进变换系统的显热和潜热，热量回收集中，品位高。与传统高水气比、高 CO 变换装置相比，可控移热变换主设备少，流程大大缩短，工程投资低，系统阻力低，副产蒸汽量大。

4.1.6 原料气中酸性气体脱除

变换气中含有一定量的 CO_2、H_2S、COS 等杂质，会造成合成催化剂中毒，因此需对合成气进行脱硫脱碳净化，并调节其氢碳比，满足甲醇合成的要求。净化方法分为湿法和干法两种。湿法主要有聚乙二醇二甲醚技术、低温甲醇洗技术、碳酸丙烯酯法、改良热钾碱法、甲基二乙醇胺法。干法主要有变压吸附法。

4.1.6.1 聚乙二醇二甲醚（polyethyleneglycol dimethyl ether，NHD）技术

NHD 法采用聚乙二醇二甲醚作为物理吸收溶剂，脱除原料中的酸性气体。NHD 溶剂对 H_2S、CO_2 等酸性气体均有较强溶解能力，可选择性脱除 H_2S、CO_2；能耗相对较低、溶剂损失少；流程比较简单，不需再设置气体洗涤和洗涤溶液回收系统，对设备材质无特殊要求；NHD 溶剂较贵；净化度低，净化气总硫含量$\leqslant 1\times10^{-6}$，不能满足甲醇合成的要求，尚要设置干法脱硫。

4.1.6.2 低温甲醇洗技术

低温甲醇洗技术是采用冷甲醇作为吸收剂脱除原料中的酸性气体。低温甲醇洗技术可同时脱除 CO_2、H_2S、有机硫、HCN、NH_3、石蜡烃、芳香烃、粗汽油和羰基金属化合物等杂质，并使气体脱水，彻底干燥；对气体的净化度高，总硫含量可脱至 0.1×10^{-6} 以下，CO_2 可净化到 20×10^{-6} 以下；可选择性地脱除原料气中的 H_2S 和 CO_2，甲醇廉价易得、热稳定性和化学稳定性好。但低温甲醇洗技术也存在工艺流程长、再生复杂等不足。该技术

适用于采用加压煤气化技术生产甲醇的企业。

4.1.6.3 碳酸丙烯酯（propylene carbonate，PC）法

碳酸丙烯酯法是采用碳酸丙烯酯作为吸收剂脱除原料中的酸性气体。除了脱除 CO_2 外，还可以脱除 H_2S 和少量有机硫。碳酸丙烯酯法对 CO_2 的吸收和再生可以在常温条件下进行，不需要外加热源。适宜压力条件下可采用 PC 法脱碳技术。

4.1.6.4 改良热钾碱法

改良热钾碱法是在高温下，在碳酸钾水溶液中添加活化剂吸收原料气中的 CO_2，同时加入缓蚀剂降低溶液对设备的腐蚀。该法通常采用两段吸收、两段再生流程和本菲尔流程，可同时脱除原料气中的 H_2S、CS_2、RSH、HCN 等。该法适用于氨醇联产企业 CO_2、H_2S 和少量有机硫脱除。

4.1.6.5 甲基二乙醇胺（methyldiethanolamine，MDEA）法

甲基二乙醇胺（MDEA）法是采用甲基二乙醇胺作为吸收剂脱除原料中的酸性气体。该法净化度高、能耗低、腐蚀性小、溶液稳定、流程简单、H_2 和 N_2 溶解损失少、吸收压力范围广。该法适用于中小型氨醇联产企业的 CO_2 脱除净化。有低压蒸汽或其他工艺余热热源的企业可采用 MDEA 法脱碳技术。

4.1.6.6 变压吸附（pressure swing adsorption, PSA）法

变压吸附法是依靠压力的变化来实现吸附与再生的，在进行原料气的脱碳时，吸附剂对 CO_2 等杂质进行强烈吸收，而对 H_2、N_2 的吸收能力较小，从而进行 CO_2 等杂质的脱除净化。该法运行费用低、装置可靠性高、维修量小、操作简单。采用常压煤气化技术的企业，鼓励采用 PSA 法脱碳。

4.1.7 气体转化

焦炉煤气中 H_2 含量约 60%、CH_4 含量约 25%～30%，氢碳比远高于甲醇合成所要求的理想氢碳比，因此转化工序的目的是将净化后的焦炉煤气中大部分甲烷转化为有效气 CO 和 H_2，从而降低合成气氢碳比。焦炉煤气气体转化主要有蒸汽转化法、催化氧化转化法和非催化转化法三种。

4.1.7.1 蒸汽转化法

蒸汽转化采用蒸汽与甲烷反应生成 H_2、CO 等组分。该过程是吸热过程，需要消耗大量的蒸汽和燃料，对转化设备材质要求较高，甲烷的转化率较低，工艺投资较大。焦炉煤气中甲烷含量较低，一般不采用蒸汽催化转化法进行气体转化。

4.1.7.2 催化部分氧化法

催化部分氧化法在镍为主要活性组分的催化剂作用下，CH_4 通过间接氧化或者直接氧化生成 CO 和 H_2。催化部分氧化法设备结构简单、流程短、投资较低；由于硫化物是转化催化剂的毒物，因此焦炉煤气进转化炉前须经干法脱硫。该法适用于焦炉煤气制甲醇工艺的气体转化。

4.1.7.3 非催化部分氧化法

非催化部分氧化法是在高温、高压条件下，甲烷与氧气进行部分燃烧反应生成CO和H_2，利用氧化反应内热进行甲烷的蒸汽转化反应，不需要外加热源，进行转化前不需要脱硫。工艺流程和设备结构简单、无需催化剂；氧气消耗较高，转化炉操作温度较高，有利于焦炉煤气中杂质的转化和后续脱除。

4.1.8 甲醇合成

甲醇合成是CO与H_2在催化剂作用下反应生成甲醇。目前广泛采用低压甲醇合成技术，主要有等温式反应技术、气冷-水冷联合反应器技术、冷激反应技术。低压法甲醇合成技术反应器种类及特性的比较见表10。

表10 甲醇合成技术比较

<table>
<tr><th colspan="2">合成反应器类型</th><th>控温方式</th><th>副产蒸汽</th><th>生产能力/（t/d）</th><th>设备造价</th></tr>
<tr><td colspan="2">冷激式合成塔</td><td>冷激气直接带走热量</td><td>无</td><td>2 300</td><td>低</td></tr>
<tr><td colspan="2">冷管式合成塔</td><td>冷气管间接回收热量</td><td>0.4 MPa的低压蒸汽</td><td>2 600</td><td>低</td></tr>
<tr><td colspan="2">水管式合成塔</td><td>水管回收热量</td><td>2.5～4.0 MPa的中压蒸汽</td><td>750</td><td>低</td></tr>
<tr><td colspan="2">固定管板列管式合成塔</td><td>壳程沸腾水回收热量</td><td>3.0～4.0 MPa的中压蒸汽</td><td>1 250</td><td>高</td></tr>
<tr><td rowspan="2">绝热换热式合成塔</td><td>内换热式</td><td>板式或列管换热器回收热量</td><td>反应热不能全部直接副产中压蒸汽</td><td>5 000</td><td>低</td></tr>
<tr><td>外换热式</td><td>外部换热，废热锅炉回收热量</td><td>副产1.0～4.0 MPa中压蒸汽</td><td>5 000</td><td>低</td></tr>
</table>

冷管式合成塔、水管式合成塔、固定管板列管式合成塔、绝热换热式合成塔等适用于新建大型煤制甲醇企业甲醇合成工序。

4.1.9 甲醇精馏

甲醇精馏是将甲醇合成工序所得的粗甲醇，经过精馏去除二甲醚、异丁醇、CH_4及其他烃类混合物等杂质的过程。

4.1.9.1 双塔精馏

双塔精馏是由预精馏塔和主精馏塔组成。来自合成工段的粗甲醇经预热器加热后进入预精馏塔，去除低沸点杂质及溶解在粗甲醇中的惰性气体和其他杂质；然后进入主精馏塔，分离除去水及高沸点杂质，进而可得到纯度在99.9%以上的精甲醇产品。塔下部设置有侧线采出管。从塔底排出的含醇污水送污水处理站进行处理。双塔精馏吨甲醇消耗蒸汽1.5～2.0 t，循环水150～180 m^3，电耗40 kW·h。

4.1.9.2 三塔精馏

三塔精馏是由预精馏塔、加压精馏塔、常压精馏塔组成的精馏系统。先在预精馏塔中脱除轻馏分，主要是二甲醚，预精馏后甲醇液由加压塔给料泵加压，经加压塔出料换热器和加压塔再沸器冷凝水换热，将温度提高到125℃后送入加压精馏塔中下部，加压塔塔底由 0.4 MPa 蒸汽通过加压塔再沸器加热到 135℃左右，塔顶蒸出的甲醇蒸气进入加压塔冷凝器冷却，甲醇蒸气冷凝潜热作为常压精馏塔的热源，出加压塔冷凝器的甲醇液再次进入加压塔回流槽，一部分由加压塔回流泵加压后送入加压精馏塔作为回流液，其余部分经精甲醇冷却器冷却到 40℃作为合格产品。该工艺适用于生产规模在 5 万 t/a 以上的甲醇企业。在相同生产规模的情况下，采用三塔精馏投资比双塔精馏高 15%左右，能耗仅为双塔精馏的 60%～70%，运行费用是双塔精馏的 80%左右。

4.2 大气污染治理技术

4.2.1 粉尘治理技术

4.2.1.1 旋风除尘技术

旋风除尘技术是使含尘气流做旋转运动，借助于离心力将尘粒从气流中分离并捕集于器壁，再借助重力作用使尘粒落入灰斗。该技术设备结构简单，投资较少，操作管理方便，维修工作量小；但对处理气体量的变化敏感。该技术适用于 10 μm 以上的粗粒除尘，通常只作为初级收尘使用，以减轻后续收尘设备的负荷。

4.2.1.2 袋式除尘技术

袋式除尘技术是利用纤维织物的过滤作用对含尘气体进行过滤，当含尘气体进入袋式除尘器后，含有较细小粉尘的气体在通过滤料时，烟尘被阻留，使气体得到净化。该技术除尘效率高，适用范围广，适用于煤制甲醇企业原料处理系统和锅炉粉尘控制。

4.2.1.3 静电除尘技术

静电除尘技术是含有粉尘颗粒的气体在通过高压电场时，电离使得粉尘荷电，在电场力的作用下粉尘沉积于电极上。该技术具有阻力小、耗能少、除尘效率高、自动化程度高、运行可靠等优点，但一次性投资较大，运行成本较高，结构复杂，对制造、安装和维护管理水平要求高；适用的粉尘比电阻范围为 1×10^4～5×10^{11} Ω·cm，适用于煤制甲醇企业原料处理系统和锅炉粉尘控制。

4.2.1.4 湿式除尘技术

湿式除尘技术是使含尘气体与水或其他液体接触时，利用水捕集尘粒或者在水的作用下使尘粒凝聚性增加，从而将粉尘从烟气中分离出来。该法能够除去部分 SO_2，适用于煤制甲醇企业原料处理系统和锅炉粉尘控制。

4.2.2 烟气净化技术

4.2.2.1 石灰/石灰石法

石灰/石灰石法是采用石灰石、石灰等作为脱硫剂脱除废气中的 SO_2 等酸性气体。主要包括直接喷射法、流化态燃烧法、石灰-石膏法、石灰-亚硫酸钙法等。直接喷射法是将石灰石或者石灰粉料直接喷入锅炉炉膛内，被煅烧成氧化钙（CaO），烟气中的 SO_2 与 CaO 反应而被吸收，从而进行烟气脱硫。流化态燃烧法是将石灰石或者石灰粉料加入沸腾床或者流化床锅炉中，煤在燃烧的同时，产生的 SO_2 与石灰石或者石灰分解产生的 CaO 反应生成 $CaSO_4$，从而脱硫。石灰-石膏法是用石灰石或者石灰浆吸收烟气中的 SO_2，生成 $CaSO_3$，

然后氧化 $CaSO_3$ 生成石膏。石灰-亚硫酸钙法是用石灰乳吸收烟气中的 SO_2，生成半水亚硫酸钙，同时半水亚硫酸钙可部分氧化成 $CaSO_4$。石灰/石灰石法工艺简单，投资较小。

4.2.2.2 氨法脱硫技术

氨法脱硫技术是用一定浓度的氨水做吸收剂洗涤烟气中的 SO_2，形成$(NH_4)_2SO_3$-NH_4HSO_3-H_2O 的吸收液体系，该溶液中的$(NH_4)_2SO_3$ 具有良好的吸收能力，是氨法脱硫技术中的主要吸收剂。该技术脱硫效率较高，可同时脱硝，生成的亚硫酸铵可进一步制成硫酸铵出售。煤制甲醇企业锅炉烟气可选择采用氨法脱硫，需要相应的强化防腐设计。

4.2.2.3 钠碱脱硫技术

钠碱脱硫技术采用 Na_2CO_3 或者 NaOH 吸收烟气中的 SO_2，该法使用固体吸收剂，钠碱的来源限制小，便于运输、储存；钠碱的溶解度高，吸收系统不存在结垢、堵塞问题；吸收剂用量小，处理效果较好。

4.2.2.4 金属氧化物吸收法

部分金属氧化物，如 ZnO、MgO、MnO_2、CuO 等对 SO_2 具有较好的吸收能力，可用上述金属氧化物对 SO_2 尾气进行处理。处理 SO_2 尾气时，将氧化物制成浆液洗涤气体，其吸收效率较高，吸收液易再生。该法适用于处理低浓度 SO_2 废气。

4.3 水污染治理技术

废水处理一般包括预处理、生化处理和深度处理等三个流程。在相应工段有对应预处理或回用措施，生化处理和深度处理一般设在煤制甲醇企业的污水处理站。

4.3.1 预处理技术

4.3.1.1 水煤浆加压气化渣水回用技术

将水煤浆加压气化工艺中气化炉激冷室、洗涤塔排出的高温黑水，经二级减压闪蒸，在真空闪蒸罐内降至 70℃～80℃后，送入沉降槽，悬浮固渣在絮凝剂作用下得到沉降，沉降后的清液称为灰水，经脱氧、加压后送回气化工序洗涤塔中循环使用。该技术适用于水煤浆加压气化渣水回用。

4.3.1.2 固定床气化废水预处理技术

固定床气化废水含有高浓度的油、酚和氨等污染物，生化性差，采用生化法直接处理效果不佳，必须采用预处理工序对油、酚和氨等进行分离。一般利用不同组分密度差，采用重力沉降法，将煤气水中的尘、焦油、轻油分离出来，废水在萃取塔内进行萃取脱酚。脱酚水进行汽提脱氨，采用二级汽提可以脱除几乎全部的氨和酸性气，游离氨、氰和硫化物出水浓度低于 1 mg/L，根据后续生化过程的需要，氨浓度一般控制在 150 mg/L 左右。该技术适用于固定床气化煤制甲醇装置产生的酚氨废水的预处理。

4.3.1.3 高含氰煤气化废水破氰技术

当煤气化废水中氰化物浓度较高时，会对废水生化处理系统中的微生物产生较强的抑制性，需进行破氰预处理。破氰方法主要有加氯氧化法、SO_2^-空气法、H_2O_2 氧化法和臭氧氧化法。加氯氧化法工艺成熟、简单、可实现自动化，处理效果好，但处理后废水中含有余氯，容易产生二次污染，设备易被腐蚀。SO_2^-空气法工艺简单、投资少、运行成本低、处理效果一般优于氯氧化法，但不能消除废水中的硫氰化物，使用过程中需要防止 SO_2 泄露和管路堵塞。H_2O_2 氧化法成本较高，适合处理低质量浓度的含氰废水，对硫氰化物难以氧化。臭氧氧化法的特点是工艺简单、操作方便，不需要其他化学药剂，产生的污泥量比较少，但成本较高。

4.3.1.4　含醇废水汽提/燃烧技术

汽提法利用甲醇与水的沸点差，将废水中的甲醇用分馏方法从废水中抽提出来回用。燃烧法则指直接将含醇废水作为燃料回用，醇类物质经燃烧后去除。该技术适用于煤制甲醇企业中高浓度含醇废水的预处理。

4.3.1.5　甲醇残液回收技术

在甲醇废水处理装置前增设甲醇回收装置，将残液加热到 80℃，然后经分离器分离，冷凝器冷凝，得到含甲醇 25%～40%的冷凝液，送入到回收槽，再去精馏。该技术适用于甲醇蒸馏残液的处理。

4.3.1.6　氨醇联产造气脱硫污水闭路循环技术

对氨醇联产工艺的洗涤水采用平流沉淀池沉淀、微涡流澄清；加入磷酸镁使之与氨进行反应生成磷酸铵镁沉淀，污泥处理后做肥料使用；采用微电解法，使氰化物、硫化物与铁屑反应生成不溶物，并通过沉淀除去；采用戈尔膜液体过滤器及程序控制系统进行硫泡沫处理；采用连续熔硫技术，收集硫磺产品，可使悬浮物硫含量小于 5 mg/L，液体循环使用。该技术可用于氨醇联产造气脱硫污水的预处理。

4.3.2　生化法处理技术

4.3.2.1　缺氧/好氧（anoxic/oxic，A/O）法

预处理后的废水依次进入缺氧池和好氧池，利用微生物降解废水中的有机污染物。在好氧池中，发生硝化反应，NH_3-N 被氧化为 NO_2^--N 和 NO_3^--N，污泥和部分混合液回流到缺氧池。在缺氧池中，回流硝化液中的硝态氮被还原为 N_2。该技术可有效去除废水中的酚、氰，但在处理碎煤加压气化时的抗冲击负荷能力差，出水 COD 浓度偏高。该法适用于固定床/碎煤加压气化煤制甲醇企业废水生化处理。

4.3.2.2　厌氧-缺氧-好氧（anaerobic/anoxic/oxic，A^2/O）法

A^2/O 工艺是在 A/O 工艺中缺氧池前增加一个厌氧水解池，利用厌氧微生物先将部分大分子难降解类有机物降解为小分子，提高废水的可生化性，利于后续生化处理。该技术可有效去除酚、氰等有机污染物；比 A/O 工艺占地面积稍大，工艺流程稍长，但抗冲击负荷能力较强，处理效果相对较好。该法适用于经过预处理后有机物浓度仍较高、可生化性较差的煤制甲醇废水处理，尤其是大型固定床/碎煤加压气化煤制甲醇企业废水生化处理。

4.3.2.3　序批式活性污泥（sequencing batch reactor activated sludge process，SBR）法及改进型

SBR 法及其改进型循环式活性污泥（cyclic activated sludge system，CASS）法是一种

按照间歇曝气方式运行的活性污泥生物处理技术。预处理后的废水进入 SBR 池，SBR 池兼均化、沉淀、生物降解、终沉等功能于一体。该法通过自动控制完成工艺操作，可以方便灵活地进行缺氧-厌氧-好氧的交替运行，不需污泥回流系统。SBR 工艺不需要设初沉地，也不需要二沉地，占地少；能耗低，投资省，能实现良好的自动控制，运行管理方便。SBR 法适用于中小型煤制甲醇企业废水生化处理。

4.3.2.4 流动床生物膜（moving bed biofilm reactor，MBBR）法

MBBR 技术通过在活性污泥系统中投加载体，在同一个生物处理单元中将生物膜法与活性污泥法有机结合，提升反应池的处理能力和处理效果，并增强系统抗冲击能力。反应池内生物浓度是悬浮生长活性污泥工艺的 2～4 倍，降解效率高；附着生长方式利于其他特殊菌群的自然选择，一定程度上提高了难降解污染物的降解率，提升出水水质；填料表面的微生物具有很长的污泥龄，有利于生长缓慢的硝化菌等自养型微生物的繁殖，系统具有很强的硝化去除氨氮能力。该技术适用于高浓度煤制甲醇废水处理。

4.3.2.5 升流式厌氧污泥床（upflow anaerobic sludge blanket，UASB）法

UASB 兼有厌氧过滤和厌氧活性污泥法的特点，由污泥反应区、气液固三相分离器和气室三部分组成。厌氧污泥位于反应区的底部，形成具有良好沉淀性和凝聚性的污泥层，污水从底部流入与污泥层充分混合接触，污泥中的微生物分解废水中的有机物，使废水得到处理。UASB 负荷能力很大，适用于高浓度有机废水的处理。运行良好的 UASB 有很高的有机污染物去除率，不需要搅拌，能适应较大幅度的负荷冲击、温度和 pH 值变化。

4.3.3 深度处理技术

4.3.3.1 混凝沉淀（过滤）法

通过向二级生物处理出水中投加混凝剂，经过充分混合、反应，使污水中微小悬浮颗粒和胶体颗粒互相产生凝聚作用，成为较大颗粒且易于沉淀的絮凝体，再经过沉淀加以去除。当出水 SS 不达标，或者后续接有膜工艺，混凝沉淀后的废水宜进行过滤处理，过滤系统可采用各种过滤池和机械过滤器。该技术适用于经生化处理后水中悬浮物浓度仍较高的煤制甲醇企业。

4.3.3.2 臭氧氧化法

臭氧氧化是一种典型的化学氧化工艺，主要利用臭氧的强氧化性去除水中有机物。臭氧氧化法的主要优点是反应迅速、流程简单、对有机物去除率较高，缺点是投资和运行费用较高，因此反应过程中需要加强臭氧传质，提高臭氧利用率。该技术适用于煤化工废水深度处理。

4.3.3.3 曝气生物滤池

曝气生物滤池是一种生物膜工艺，其原理是使细菌、真菌、原生动物、后生动物等附着在滤料上生长繁殖，形成生物膜。污水与生物膜接触，污水中的有机污染物作为营养物质为生物膜上的微生物所摄取，污水得到净化，微生物自身也得到繁衍增殖。采用曝气生物滤池对二级生物出水进行深度处理，能够进一步去除有机物。该技术适用于二级生物处

理出水 COD 和 NH_3-N 不达标的企业。

4.3.3.4 膜生物反应器（membrane bioreactor，MBR）

MBR 是膜分离技术与生物处理技术的有机结合，以膜组件取代传统生物处理工艺中的二沉池，在生物反应器中保持高活性污泥浓度，提高生物处理有机负荷，从而减少污水处理设施占地面积，并通过保持低污泥负荷减少剩余污泥量。膜生物反应器因其有效的截留作用，可保留世代周期较长的微生物，实现对污水的深度净化，同时硝化菌在系统内能充分繁殖，其硝化效果明显。该技术缺点是造成膜污染。

4.3.3.5 吸附法

利用活性炭/焦炭吸附剂的吸附能力进一步显著降低水中的有机物。该法能够去除由酚和焦油引起的异味，对色度有较好的去除能力，对二级生物处理出水中难生物降解物质有较好的去除率。该技术适用于经生化处理后色度和 COD 仍不达标的煤制甲醇企业。

4.3.3.6 膜技术

我国许多煤制甲醇企业建在缺水且生态环境脆弱的中西部地区，受缺水的困扰，常常需要采用膜技术对经过深度处理的废水进行回用。膜技术主要分为超滤膜、纳滤膜和反渗透膜。超滤（ultra filtration，UF）通常截留分子量在 1 000～300 000 Da，能对大分子有机物（如蛋白质、细菌）、胶体、悬浮固体等进行分离；纳滤（nano filtration，NF）截留分子量在 80～1 000 Da，以对标准 NaCl、$MgSO_4$、$CaCl_2$ 溶液的截留率来表征，通常截留率在 60%～90%，能对小分子有机物、水、无机盐进行分离，实现脱盐与浓缩的同时进行；反渗透（reverse osmosis，RO）是利用反渗透膜只能透过溶剂（通常是水）而截留离子物质或小分子物质的选择透过性，以膜两侧静压为推动力，实现对液体混合物分离，对 NaCl 的截留率在 98%以上。反渗透系统产生的淡水可回用于生产线，浓水需要进一步的处理和处置。该工艺流程短，占地面积小，但运行费用较高。该技术适用于废水深度脱盐处理，并且通常只用于废水需要回用的煤制甲醇企业。为了保证工艺的稳定运行，需要根据水质选取不同的工艺组合来防止膜污染。

4.3.3.7 膜浓缩、蒸发结晶处理反渗透浓盐水技术

对双膜法产生的浓盐水，采用高效反渗透、纳滤膜浓缩、震动膜浓缩等工艺进行再浓缩，使盐含量达到 6%～8%；对经过膜浓缩的高浓盐水，采用自然蒸发、机械压缩蒸发、多效蒸发等工艺进行蒸发后结晶，凝液循环利用，但产生的固体盐类需进一步处置。膜浓缩、蒸发结晶技术处理反渗透浓水，对设备及材料的要求高，投资大，运行费用高。该技术适用于反渗透浓盐水的处理。

4.4 固体废物综合利用及处置技术

4.4.1 废催化剂回收和再生技术

采用氯化挥发法、熔炼法和重结晶法回收废催化剂中的金属或其他微量元素，也可以再生利用废催化剂重制新的催化剂。该技术适用于煤制甲醇企业废催化剂的处理处置。

4.4.2 废渣处置技术

煤气化炉、热电锅炉的灰渣以及废催化剂、空分的废分子筛等，经过收集后进行综合利用或集中处理处置。该技术适用于煤制甲醇企业煤气化、热电锅炉、脱硫等废渣的处理处置。

4.4.3 粉煤灰综合利用技术

粉煤灰主要来自除尘装置，经集中收集、加湿后回用。粉煤灰的综合利用途径主要包括在道路建设中作为稳定材料、在农业中作为土壤改良剂、在建材领域作为水泥生产的辅料、工程回填等。该技术适用于煤制甲醇企业粉煤灰处理装置。

4.4.4 污泥处理处置技术

污泥的处理处置技术包括污泥浓缩、污泥脱水、干化、焚烧、填埋以及堆肥等资源化处理，可根据项目具体情况选择。污泥浓缩是通过污泥增稠来降低污泥含水率和减少体积，一般采用重力浓缩，浓缩后污泥含水率可降低至97%～98%，寒冷地区应采取相应的防冻设施。污泥脱水是通过机械压缩使污泥含水率降低到85%以下。污泥焚烧前通常采用热干化工艺，以提高污泥热值，减少燃料和其他物料的消耗，干化后含固率一般控制在70%～80%，然后在一定温度和有氧条件下，经蒸发、热解、气化和燃烧使污泥的有机组分发生氧化（燃烧）反应生成 CO_2 和 H_2O 等气相物质，无机组分形成炉灰/渣等固相惰性物质。含酚、氰等的污泥属于危险废物，无论是单独设置焚烧炉还是协同处置，需符合现行国家标准《危险废物焚烧污染控制标准》（GB 18484—2001）的相关规定。

4.5 噪声治理技术

噪声污染主要从噪声源、传播途径和受体三个方面进行控制。

（1）噪声源：在满足工艺设计的前提下，选用低噪声设备和装置。

（2）传播途径：加强设备稳定性、减少设备震动等。在设计中，着重从消声、隔声、隔振、减振及吸声上进行考虑，合理布置厂内设施，采取绿化等隔声措施，可降低噪声 35 dB（A）左右。

（3）受体保护：在工段中设置必要的隔声操作间、控制室等，使室内的噪声符合有关卫生标准。

4.6 恶臭气体污染防治技术

煤制甲醇生产过程和废水处理过程中均会产生 H_2S 和 NH_3 等恶臭气体。恶臭污染控制技术包括物理除臭技术、化学除臭技术和生物除臭技术。

煤制甲醇生产过程中产生的恶臭气体可以采用燃烧和洗涤等化学方法去除。煤制甲醇废水处理过程产生的恶臭气体可以通过在处理构筑物上加盖密闭、制造微负压等措施进行减排，产生的恶臭气体集中收集后进行生物除臭，还可以通过设置与办公生活区合理的距离来减少对人群的影响。

4.7 污染防治新技术

表 11 煤制甲醇污染防治新技术

技术名称			技术描述	技术特点	应用情况	环境效益	技术经济性
大气污染控制技术	微生物净化技术	煤脱硫技术	煤原料的生物法脱硫； 利用微生物选择性地氧化有机硫或无机硫，去除煤炭中的硫元素	既能除去煤中有机硫又能除去无机硫，且反应条件温和。从源头减少了硫的排放，尤其适合多用高硫煤的地区	仍处于试验阶段； 在美国和德国已建成 2 个实验室规模的连续生化脱硫试验装置	有机硫脱除率 40%	能耗低，但微生物生长慢，培养基成本高，反应时间较长，难以保证工艺的稳定性
		烟气脱硫技术	利用硫酸盐还原菌（sulfate-reducing bacteria，SRB）和好氧菌将硫从系统脱除	工艺流程简单，占地面积少；碱液内部循环，菌种自动再生，不会失活	国外的 Shell-Paques 技术已应用于中小型气田、炼油厂尾气、沼气处理等工业领域，共 45 套装置（包括在我国建成首套生物烟气脱硫示范线）	脱硫效果可达 99.9%以上，硫黄纯度可达 99.97%，无 SO_2 排放	能耗低，最少地使用化学溶剂，降低了操作成本；运行维修费用低（操作人员少）； 菌种驯化时间长
		NO_x 净化技术	适宜的脱氮菌在有外加碳源的情况下，利用 NO_x 作为氮源，将其还原成 N_2	能有效去除 NO_x，工艺简单，效率高，无二次污染，易管理。但微生物的生长速度慢，若要处理大流量烟气，还需对菌种做进一步筛选；微生物生长会造成塔内填料堵塞	目前尚处于试验阶段，无成熟工艺	有效除去烟气中的 NO_x	设备简单，运行费用低，较少形成二次污染
		CO_2 固定技术	依靠光能自养微生物或化学能自氧微生物进行 CO_2 固定； 目前有工业化应用价值的固定 CO_2 的微生物主要是部分微型藻类和氢细菌	生物法固定 CO_2 机理复杂	适于产业化的菌种仍在培养中	可实现温室气体减排	藻类生长周期长，大规模培养需要光照；氢细菌培养过程中需要 H_2
	CO_2 捕获、利用和封存技术（carbon capture, utilization and storage，CCUS）		捕获是指 CO_2 的提纯过程，已实现工业化的方法包括溶剂吸收法、吸附法、膜法和低温分离法等； 利用是指对 CO_2 的循环再利用； 封存是指将 CO_2 封存到海底或与空气隔绝的地层中	适用于大量排放 CO_2 的点源	基本处于发展和验证的阶段。目前全球只有十余个大型商业化运营项目	可实现温室气体减排	捕获成本较高

技术名称			技术描述	技术特点	应用情况	环境效益	技术经济性
水体污染控制技术	污水生化处理	活性炭强化活性污泥法	在生化进水中投加粉末活性炭/焦与回流的含炭污泥一起在曝气池内混合；发挥了活性炭优良吸附性能和生物氧化能力的协同增效作用	该法提高了生化系统抗冲击负荷的能力，能有效去除生物难降解的有毒有害污染物，对煤制甲醇废水中的高浓度大分子有机物具有良好的处理效果	适用于废水中难降解有机物和 NH_3-N 浓度高的企业； 适用于煤制甲醇企业水处理部分改造	可有效降低出水COD值	在进行原有废水工艺改造时，新建基础设施少，节省了基建费用
		高效菌强化活性污泥法	投加外源高效菌提高生化系统内难降解物质降解菌的比例，从而提高生化处理效率	能加快生化系统的启动，增强难降解物质的去除效率，提高出水水质	部分煤制甲醇企业已开始应用	可有效降低出水COD值	投资较低，运行费用适中
	污水深度处理	正渗透膜处理技术	依靠选择性渗透膜两侧的渗透压差为驱动力自发实现水传递的膜分离过程	可以在低压甚至无压条件下操作，能耗较低；具有低膜污染特征，膜过程和设备相对简单	适用于含盐量高的废水，也可以用于复杂有机废水的浓缩，应用大多还处于实验室阶段	对许多污染物几乎完全截留，分离效果好	相对于压力驱动的膜分离过程，具有低压操作、低能耗和低污染的优势，因而成本也相对要低
		高级氧化工艺	以产生具有强氧化能力的羟基自由基（·OH）为特点，在电、声、光辐照、催化剂等反应条件下，使大分子难降解有机物氧化成低毒或无毒的小分子物质	包括光化学氧化、臭氧氧化、电化学氧化、Fenton 氧化等，能有效去除废水中难生物降解有机物，提高废水的可生化降解性	部分煤制甲醇企业已开始应用	降低出水的色度和COD值	投资和运行费用均较高
		膜蒸馏技术	以疏水微孔膜为介质，在膜两侧蒸汽压差的作用下，料液中挥发性组分以蒸汽形式透过膜孔，从而实现分离的目的	与传统蒸馏方法和其他膜分离技术相比，具有运行压力低、运行温度低、分离效率高、操作条件温和、对膜与原料液间相互作用及膜的机械性能高要求不高等优点，可充分利用太阳能、废热和余热等热源	适用于反渗透浓盐水处理，应用大多还处于实验室阶段	可减少浓盐水的排放量	成本相对于传统蒸馏方法和其他膜分离技术要低

技术名称			技术描述	技术特点	应用情况	环境效益	技术经济性
水体污染控制技术	污水深度处理	分质结晶技术	通过化学氧化方法，进一步降低浓盐水的COD，然后控制结晶条件，分别结晶析出Na_2SO_4、NaCl等晶体，以少量杂盐为主的结晶母液定期干燥外排并安全处置，高纯度的结晶盐进行资源化利用	结晶过程比较长，可实现浓盐废水的“近零排放”，并将蒸发结晶产生的盐资源化利用	适用于反渗透浓盐水处理，应用大多还处于实验室阶段，有少量中试装置	可减少浓盐水的排放量	处理费用较高，但杂盐的处理费用相对较低

5 煤制甲醇工业污染防治最佳可行技术

5.1 煤制甲醇行业污染防治最佳可行技术概述

煤制甲醇行业污染防治最佳可行技术包括工艺过程污染预防最佳可行技术和污染治理最佳可行技术，其中工艺过程包括煤气化、净化、合成和精馏工序，污染治理包括废气、废水、固体废物和噪声污染治理。污染治理最佳可行技术既介绍了满足达标排放的技术，也介绍了可以满足更高环境管理要求的排放水平的技术。企业可以根据实际情况和环境要求选择合适的技术。

按整体性原则，从设计时段的源头污染预防到生产时段的污染防治，依据生产工序的产污环节和技术经济适用性，确定了最佳可行技术组合，见图 4～图 6。其中，图 4 为固定床煤制甲醇工艺污染防治最佳可行技术组合，图 5 为气流床煤制甲醇工艺污染防治最佳可行技术组合，图 6 为焦炉煤气制甲醇工艺污染防治最佳可行技术组合。氨醇联产工艺和污染防治技术与固定床相似，其污染防治最佳可行技术可参考固定床工艺污染防治最佳可行技术。

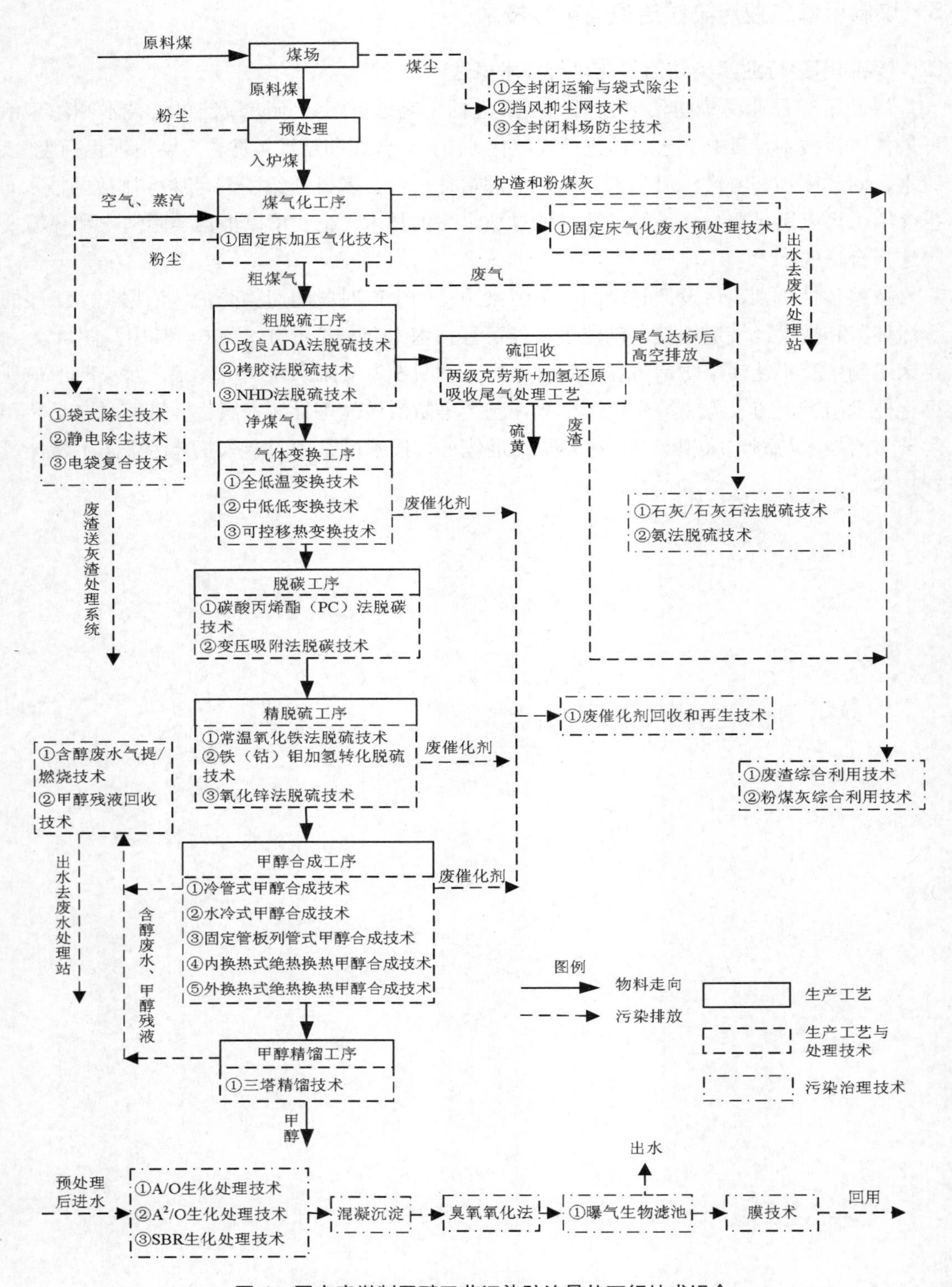

图 4 固定床煤制甲醇工艺污染防治最佳可行技术组合

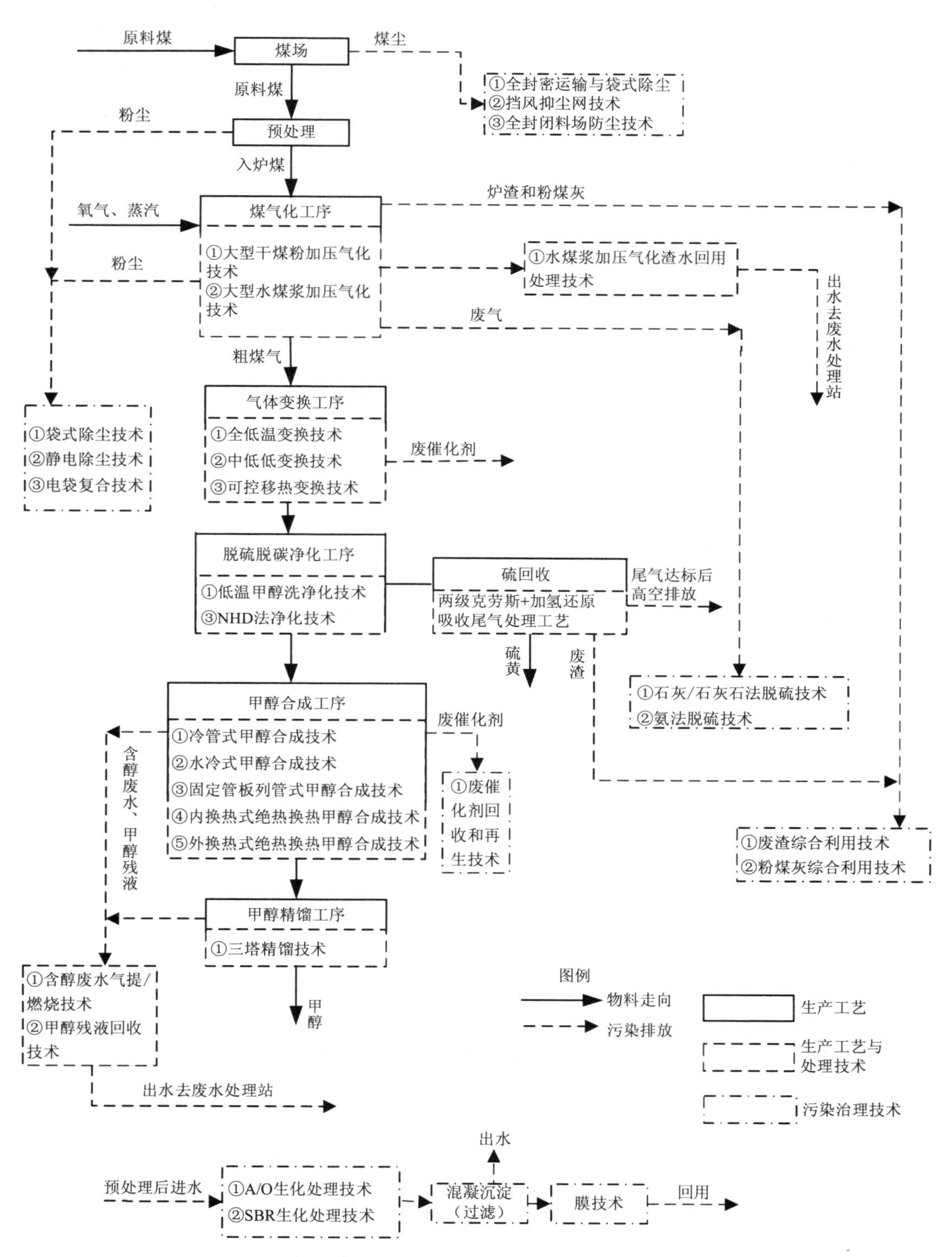

图 5 气流床煤制甲醇工艺污染防治最佳可行技术组合

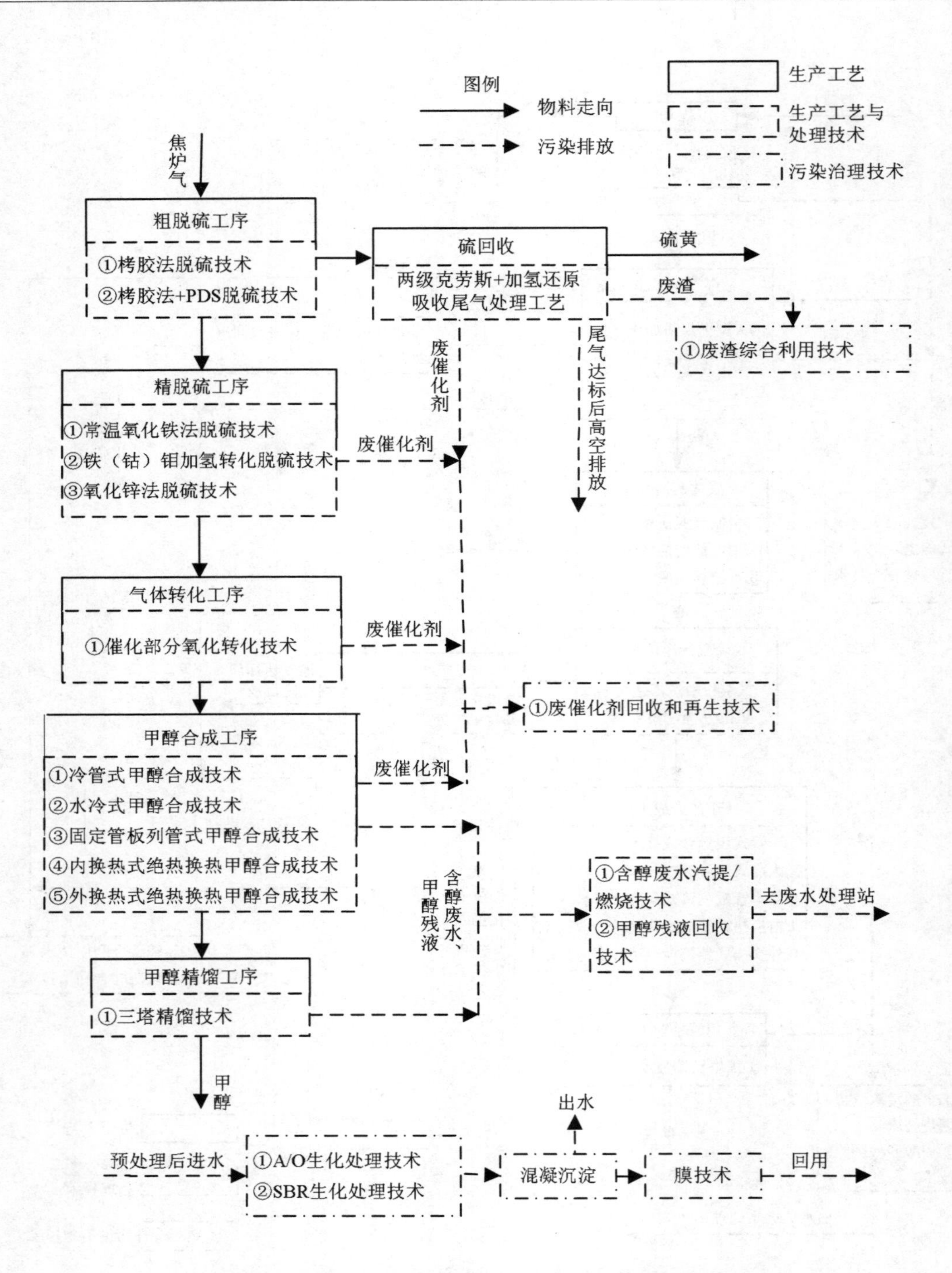

图 6 焦炉煤气制甲醇工艺污染防治最佳可行技术组合

5.2 煤制甲醇工艺过程污染预防最佳可行技术

5.2.1 原煤破碎、转运、贮存等备煤环节

备煤阶段产生的逸散粉尘污染预防最佳可行技术见表12。

表12 备煤工序污染预防最佳可行技术

技术名称	主要技术指标	环境效益	技术经济性
全密闭运输与袋式除尘	皮带输送廊道及转运站全封闭，设置洒水喷雾装置，同时在破碎机、筛分机、转运站等设置集尘设施	有效抑制了原料准备过程的粉尘产生，经除尘器处理后粉尘达标排放	该技术投资成本低，适用于所有企业
挡风抑尘网技术	根据料场所处地理环境、气象条件、煤堆放置方式选择合适规格型号的挡风网墙及设置方式、高度，开孔率一般应在15%以上。料场设洒水喷雾装置减少扬尘，加上柔性封闭后效果更好	露天料场使用多孔板波纹式组合防风网墙，风速大于4 m/s 时，可使料场内风速降低 60%以上，在周边300～3 000 m 范围内抑制粉尘达85%以上，减少了物料损失和粉尘排放	以年储运200万t煤计算，每年可减少煤尘逸散1 000 t 以上，减少相应的经济损失，适用于露天煤场的扬尘治理，尤其是风速较大的地区
全封闭料场防尘技术	全封闭式料场的建设可根据规模选用圆筒仓并列群仓、大型全封闭圆形煤场、气膜仓等。煤场内设多个喷水装置，在操作时洒水降尘	煤堆扬尘控制效果好于挡风抑尘网	投资较大，但煤损显著降低。该技术适用于煤制甲醇煤场的扬尘治理，尤其适用于环境质量要求高、雨季及台风多的地区

5.2.2 煤气化

煤气化工序污染预防最佳可行技术见表13。

表13 煤气化工序污染预防最佳可行技术

技术名称		主要技术指标					环境效益	技术经济性
		原料煤适应性	操作温度/℃	操作压力/MPa	有效气成分/%	冷煤气效率/%		
大型干煤粉加压气化技术	干煤粉加压气化（激冷流程）	适应多种煤	1 400～1 600	1.0～4.0	90	80	废水COD 100 g/t甲醇，NH_3-N 40 g/t甲醇，炉渣少	投资成本较高，运行费用较低
	干煤粉加压气化（废锅流程）	适应多种煤	1 400～1 600	2.0～4.0	90	80	同上	投资成本和运行成本较高
大型水煤浆加压气化技术	单喷嘴水煤浆气化	烟煤	1 400～1 600	4.0～8.7	83	76	不排放重烃、焦油等污染物，粉尘排放低	投资相对较低，运行维护成本高
	多喷嘴对置式水煤浆气化	烟煤	1 400～1 600	3.0～6.5	84	77	不排放重烃、焦油等污染物，粉尘排放低	投资较单喷嘴略高，运行费用低

技术名称		主要技术指标					环境效益	技术经济性
		原料煤适应性	操作温度/℃	操作压力/MPa	有效气成分/%	冷煤气效率/%		
	水煤浆气化技术（废锅/半废锅流程）	无烟煤、烟煤、半焦、焦炭	1 300～1 700	2.5～8.7	73～86（取决于煤种、煤灰熔点）	70～76（取决于煤种、煤灰熔点）	不排放重烃、焦油等污染物，无粉尘排放	投资比激冷气化炉略高、运行维护成本较低、单炉可用率高
固定床加压气化		烟煤、无烟块煤	～1 200	3	80	90	改造后污水排放、大气污染和炉渣大大减少	投资成本低，通过降低物耗能耗降低运行成本

5.2.3 原料气净化

5.2.3.1 原料气脱硫和硫回收

煤制甲醇工艺都要经过脱硫过程，使原料气中的硫降到 0.1 mg/m^3 以下，脱硫同时需要进行单质硫回收，这两个过程的污染预防最佳可行技术见表 14。

表 14 脱硫和硫回收污染预防最佳可行技术

技术名称		主要技术指标	环境效益	技术经济性
湿法脱硫	改良 ADA 法	溶液组成：Na_2CO_3 浓度 0.1～0.4 mol/L，总碱度 0.4～1.0 mol/L，pH 值 8.5～9.1；操作温度 15～60℃	脱硫效率在 96%以上，脱氰效率在 96%以上	工艺技术成熟，过程规范化程度较高，该法对操作条件适用范围较广且净化效率高、但析出的硫容易堵塞脱硫塔填料
	栲胶法	溶液组分：pH 值 8.5～9.2，$NaVO_3$ 过量系数 1.3～1.5，栲胶与钒的比例 1.1～1.3；温度：常温下进行，一般 30～40℃，不超过 45℃；液气比 16 L/m^3	脱硫效率达 97%以上	栲胶价格低；硫回收率高；析出的硫易浮选和分离，无硫黄堵塞脱硫塔问题，运行成本低
	PDS 法	pH 值 8.2～8.5，溶液中酞菁钴四磺酸钠含量 5～20 mg/kg，温度 30～50℃，吸收过程压力 2.0 MPa	PDS 通常与改良 ADA 法或者栲胶法配合使用，脱硫效率在 98%以上，脱氰效率在 96%以上	PDS 通常与改良 ADA 法或者栲胶法配合用于焦炉煤气湿法脱硫，加入少量 PDS 即可，消耗费用低
干法脱硫	常温氧化铁法	操作温度 20～40℃；该法是不可逆反应，不受压力影响，但在高压下操作，可以提高脱硫剂的硫容；控制脱硫剂为碱性条件	出口硫浓度可达 1 mg/m^3 以下	可用于 H_2S、RSH、COS 的脱除
	铁（钴）钼加氢转化法	操作温度 320～400℃；操作压力常压～4.0 MPa；空速 500～1 000/h	有机硫转化率在 95%以上	适用于 CO 含量高达 8%的中小型焦炉煤气制甲醇企业

技术名称		主要技术指标	环境效益	技术经济性
干法脱硫	氧化锌法	操作温度 200～400℃；操作压力常压～4.0 MPa；空速 1 000～4000/h	能脱除 H_2S 和多种有机硫，脱硫精度可达 0.1 mg/m^3 以下	该法脱硫精度较高，硫容较小且价格昂贵，常放在其他脱硫装置之后，起“把关”作用
硫回收	超级克劳斯法	反应器进口温度 200～225℃；酸气处理范围 5%～100%；氧化用空气流量 800 m^3/h，生产吨硫黄需要合成吹除气（做燃料用）32 m^3	超级克劳斯技术的硫回收率在 99.2%以上，SO_2 尾气排放浓度 ≤ 0.033 6%；尾气经过焚烧炉处理，将尾气中的少量 H_2S 氧化成为 SO_2，再经过捕集器后放空	适用于现代大型煤制甲醇企业的硫回收，主要处理低温甲醇洗尾气，H2S 浓度 23%以上；以甲醇 60 万 t/a 计，超级克劳斯技术的投资成本约 5 000 万元；超级克劳斯装置的设备可用普通碳钢制作，其公用工程和操作费用大致和传统克劳斯装置相当
	两级克劳斯+加氢还原吸收尾气处理工艺	将硫回收尾气中的硫化物（SO_2、COS 和 CS_2 等）在 0.02～0.03 MPa 压力下，用特殊的专用加氢催化剂将其还原或水解为 H_2S，再通过醇胺溶液吸收，吸收后的富液经高温再生处理，再生溶液循环使用，再生后的富含 H_2S 气体返回上游克劳斯处理，净化后的尾气经过焚烧后能够实现达标排放	排放烟气的 SO_2 浓度一般在 300～800 mg/m^3	加氢还原吸收法的流程比较长，建设投资是两级克劳斯工艺的 1.7～2.0 倍，操作成本较高

5.2.3.2 气体变换和脱碳

单醇和氨醇联产脱硫后的煤气都要经过 CO 变换和脱碳过程，这两个过程的污染预防最佳可行技术见表 15。

表 15 变换和脱碳污染预防最佳可行技术

技术名称		主要技术指标	环境效益	技术经济性
气体变换	全低温变换	操作温度：200～300℃，催化剂使用 Co-Mo 系，出口 CO 含量 0.8%～1.8%，吨甲醇蒸汽消耗 150～200 kg	使用 Co-Mo 催化剂可将含硫煤气直接进行变换，使流程简化、热回收率高，可显著地降低能耗。同时，钴钼系耐硫变换催化剂可将煤气中 COS 等有机硫转化成易于脱除和回收的 H_2S，提高硫回收率、减少硫化物对环境的污染	废催化剂进行回收和再生，回收废催化剂中的金属或微量元素或重制催化剂；有很好的低温活性、耐硫性和抗毒性；强度高，可再硫化；流程合理、节能效果明显、操作弹性大，已在国内外甲醇、合成氨等装置中广泛采用。以甲醇 30 万 t/a 计，总投资约 2 000 万元

技术名称		主要技术指标	环境效益	技术经济性
气体变换	中低低变换	系统进口压力≤0.85 MPa，中变进口温度300～330℃，出口（450±10）℃，第一段低变进口温度230～240℃，R热点温度（270±5）℃，第二段低变出口温度（205±5）℃，热点温度（225±5）℃	同上	该法运行平稳，催化剂使用寿命长，吨甲醇蒸汽消耗300～350 kg
	可控移热变换	系统入口压力≤8.5 MPa，催化剂使用耐硫Co-Mo系，出口CO可根据产品不同设计，调节范围宽，操作简单稳定。根据出口CO的不同要求，可设置1～2台变换炉，一变炉副产2.5～4.0 MPa蒸汽，二变炉副产0.8～1.6 MPa蒸汽	有机硫转化率达96%以上，减少硫化物对环境的污染，利于后续硫回收，减少硫化物对环境的污染	设备少，流程短，阻力低，操作简便、稳定可靠，热能回收利用率高，在变换反应的同时将绝大部分变换反应热以副产蒸汽的形式移出塔外，彻底杜绝超温或飞温现象，特别适合于高CO、高水汽比的苛刻工况。同样工况下吨产品蒸汽消耗较全低变工艺低100 kg以上，投资低20%以上
原料气中CO_2的脱碳	聚乙二醇二甲醚（NHD）法	吸收压力1.6～7.0 MPa；操作温度：宜选用较低的操作温度，脱碳塔顶贫液0℃左右；贫液贫度0.2LCO_2/L溶液；脱碳塔底CO_2的富液饱和度70%～80%；吨甲醇电耗40～55 kW·h，溶剂消耗0.2～0.3 kg，废气排放总量1 400～1 700 m^3	可将合成气中的CO_2脱除到400×10^{-6}以下，SO_2脱除到1×10^{-6}以下，既减轻了后续精脱硫的负荷，也有利于硫的有效回收	投资少、净化度较好、能有效脱除有机硫，运行费用及能耗较高。氨醇联产企业以NH_3 40 000 t/a计，新建总投资（基建投资、设备投资等）400万元，投资回收期0.89年，年经济效益均在200万元以上
	低温甲醇洗法	操作温度-30～-70℃；吨甲醇电耗25～35 kW·h；溶剂消耗0.16～1.75 kg；废气排放总量1 000 m^3～1 300 m^3	可将合成气中的CO_2脱除到20×10^{-6}以下，SO_2脱除到0.1×10^{-6}以下，既满足了后续甲醇合成的技术要求，也有利于硫的高效回收，降低了SO_2的排放	溶剂吸收能力大、净化度极高，能耗及运行费用低，但一次性投资较高，以甲醇40万t/a计，低温甲醇洗技术的投资成本（基建投资、设备投资）约为1.1亿元，占总投资的9%左右
	碳酸丙烯酯（PC）法	操作压力1.2～7.0 MPa；操作温度15～40℃；贫液贫度控制在0.2LCO_2（标）/L溶液，操作气提气/液比19～12	原料气CO_2为26%～28%时，使用该法净化气CO_2可脱除到0.2%以下，总硫可脱除到5×10^{-6}以下	PC法溶剂价格较NHD法低，再生能耗低
	变压吸附法	操作压力0.6～2.5 MPa；操作温度20～40℃；吸附剂再生真空压力-0.07～-0.08MPa	出口净化气CO_2含量可脱除到0.2%以下	装置可靠性高，运行费用低

5.2.3.3 气体转化

焦炉煤气制甲醇气体转化污染预防最佳可行技术见表 16。

表 16 焦炉煤气转化污染预防最佳可行技术

技术名称		主要技术指标	环境效益	技术经济性
气体转化	催化部分氧化法	反应温度 950～1 050℃，以氧气/焦炉煤气比进行温度控制；压力 0.7～4.0 MPa；空速 500～2 000/h；入炉原料气压力 2.3 MPa；转化炉进气总硫≤0.13 mg/m^3；蒸汽含盐量≤3 mg/m^3；转化水气比≥0.9；转化炉出口 CH_4 浓度降到 1.0%以下	废催化剂需回收利用	结构简单、流程短、投资少，转化催化剂对总硫有要求，入炉气体必须进行严格的脱硫处理
	非催化部分氧化法	反应温度 1 200～1 300℃，以氧气/焦炉煤气比控制温度；转化炉操作压力 0.1～8.5 MPa；入炉原料气压力由转化炉压力决定，高于转化炉压力即可；对进气总硫没有要求；不需要工艺蒸汽；转化炉出口 CH_4 浓度降到 0.4%以下	无固体废弃物（废催化剂）	结构简单、流程短、投资少，对总硫没有要求，入炉气体不需要进行脱硫处理，总体能耗低

5.2.4 甲醇合成

甲醇合成污染预防最佳可行技术见表 17。

表 17 甲醇合成污染预防最佳可行技术

技术名称	主要技术指标	环境效益	技术经济性
冷管式甲醇合成塔	合成压力 5～10 MPa；反应温度 230～270℃	副产 0.4 MPa 的低压蒸汽	甲醇合成大型化的经济效益明显，甲醇装置规模由 30 万 t/a 提高到 150 万 t/a 后，单位产品的投资可降低 1/4，产品成本可降低 1/5
水管式甲醇合成塔	合成压力 5～13 MPa	副产 2.5～4.0 MPa 的中压蒸汽	
固定管板列管式合成塔	合成压力 10 MPa	副产 3.0～4.0 MPa 的中压蒸汽	
内换热式绝热换热合成塔	合成压力 5～8 MPa；反应温度 225～250℃	反应热不能全部直接副产中压蒸汽	
外换热式绝热换热合成塔	合成压力 7～11 MPa；反应温度 215～280℃	副产 1.0～4.0 MPa 的中压蒸汽	

5.2.5 甲醇精馏

甲醇精馏污染预防最佳可行技术见表 18。

表 18 甲醇精馏污染预防最佳可行技术

技术名称		主要技术指标	环境效益	技术经济性
甲醇精馏	三塔精馏技术	操作压力：预精馏塔 0.05 MPa，加压塔 0.57 MPa，常压塔 0.006 MPa；塔顶温度：预精馏塔 73℃，加压塔 121℃，常压塔 65℃；塔底温度：预精馏塔 81℃，加压塔 127℃，常压塔 95℃	降低了甲醇精馏系统能耗，并有效降低了废水处理装置的负荷	三塔精馏工艺适用于生产规模在 5 万 t/a 以上的甲醇企业；操作费用低；可以有效提高产品质量，吨精甲醇精制过程约节约蒸汽 40%以上

5.3 大气污染治理最佳可行技术

5.3.1 达标排放最佳可行技术

5.3.1.1 粉尘治理

5.3.1.1.1 静电除尘技术

（1）工艺参数。

进入电除尘器的含尘浓度控制在 60 g/m^3 以下。

（2）污染物削减和排放。

静电除尘技术对于粒径 0.05～50 μm 的粉尘，除尘效率可达 98.5%以上，净化后外排气体中烟（粉）尘浓度一般可控制在 10～30 mg/m^3。

（3）二次污染及防治措施。

除尘器的卸灰、输灰装置根据粉尘的卸灰周期、粉尘性质、排灰量等选择；输灰装置可选择螺旋输送机或者埋刮板输送机；收集的粉尘回收后利用。

（4）技术经济适用性。

运行和基建费用较高，静电除尘技术适用于捕集比电阻在 10^4～$5\times10^{11}\Omega\cdot cm$ 范围内的粉尘。

5.3.1.1.2 袋式除尘技术

（1）工艺参数。

袋式除尘器的处理风量应按照生产设备所需处理风量的 1.1 倍计算；烟气需要控制在滤料可承受的长期使用温度范围内，且高于气体露点温度 10℃以上；反吹袋式除尘器的过滤风速宜控制在 0.6～1.0 m/min，脉冲袋式除尘器的过滤风速宜控制在 1.0～1.2 m/min，玻璃纤维袋式除尘器的过滤风速宜控制在 0.5～0.8 m/min。浓度太高或粒径太大的粉尘需先经旋风除尘器除尘。

（2）污染物削减和排放。

布袋除尘技术对于粒径大于 0.1 μm 的微粒，去除效率可达 98.5%以上，出口粉尘浓度可控制在 10～30 mg/m^3。

（3）二次污染及防治措施。

除尘器的卸灰、输灰装置根据粉尘的卸灰周期、粉尘性质、排灰量等选择；输灰装置可选择螺旋输送机或者埋刮板输送机；收集的粉尘回收后利用。

（4）技术经济适用性。

运行费用较高，技术经济适用性好。

5.3.1.2 烟气二氧化硫治理

5.3.1.2.1 石灰/石灰石脱硫技术

（1）工艺参数。

选择 $CaCO_3$ 含量大于 90%且活性较好的脱硫剂；处理中低含硫量煤质时石灰石的细度保证 250 目 90%过筛率，处理中高含硫量煤质时石灰石的细度保证 325 目 90%过筛率。

（2）污染物削减和排放。

当钙硫摩尔比在 1.02～1.05 时，脱硫效率可达 95%以上，SO_2 排放浓度 30～200 mg/m^3。

（3）二次污染及防治措施。

脱硫系统会产生脱硫废水、脱硫副产物石膏、风机噪声和水泵噪声。其中脱硫废水应采用石灰处理、混凝澄清和中和处理后回用；脱硫副产品石膏外运；风机和水泵等设备噪声采用隔声处理措施。

（4）技术经济适用性。

工艺简单，投资小，但运行成本较高，对煤种、负荷具有较强的适应性，适用于各种高浓度 SO_2 的烟气脱硫。

5.3.1.2.2 氨法脱硫技术

（1）工艺参数。

脱硫系统阻力小于 1 600 Pa，运行温度 50～60℃。

（2）污染物削减和排放。

该法脱硫效率 95%以上，当燃煤含硫量在 2.0%以下时，SO_2 排放浓度可控制在 30～200 mg/m^3 以下；NO_x 去除率 5%～10%，在 NO 强制氧化的条件下去除率可达 20%～30%或更高，NO_x 排放浓度约 200 mg/m^3。

（3）二次污染及防治措施。

脱硫副产品全部回收为氮肥或化工原料送至化工厂使用。脱硫系统的循环水泵、风机等设备应采用隔声处理。应注意防止氨逃逸，氨逃逸质量浓度应低于 10 mg/m^3，氨回收率应不小于 96.5%。针对少量的逃逸氨应加强通风。

（4）技术经济适用性。

占地面积较小，脱硫费用低。该技术适用于附近有稳定氨源的甲醇厂。

5.3.2 满足更高环境管理要求的最佳可行技术

5.3.2.1 粉尘治理

调整电除尘技术、袋式除尘技术的技术参数和工艺条件，以及采用电袋复合除尘技术，可以满足环境比较敏感以及环境质量要求更为严格的地区的排放要求，具体需根据除尘难易程度、煤质波动情况、场地条件、投资与运行成本等因素进行综合分析选用。

5.3.2.1.1 电除尘技术

采用高频、脉冲等新型电源与移动电极、离线清灰、湿式清灰等技术，可进一步提高除尘效率达 99.5%以上，烟尘排放浓度可达到 10 mg/m^3 以下。

5.3.2.1.2 袋式除尘技术

采用高精过滤滤料、降低过滤风速、减少旁路气流、及时更换滤袋等措施，除尘效率可达 99.5%，烟尘排放浓度可达到 10 mg/m^3 以下。

5.3.2.1.3 电袋复合除尘技术

电袋复合除尘技术是电除尘技术与袋式除尘技术的有机结合，通过提高电区比集尘面积、降低过滤风速等，除尘效率可达 99.5%～99.8%，烟尘排放浓度可达到 5～10 mg/m^3。

5.3.2.2 烟气二氧化硫治理

对处于周边环境质量要求较高地区的甲醇厂，建议采用石灰石-石膏湿法脱硫，适当提高钙硫比。当烟气 SO_2 入口浓度较高时，可以选择双塔双 pH 值、旋汇耦合技术等，脱硫效率可达 99%～99.7%；当烟气 SO_2 入口浓度小于 2 000 mg/m$_3$ 时，可以选择双托盘、沸腾泡沫等技术，脱硫效率可达 98.5%，排放浓度在 30 mg/m^3 以下。

5.4 水污染治理最佳可行技术

5.4.1 达标排放最佳可行技术

固定床工艺制甲醇废水经预处理后，采用缺氧/好氧（A/O）处理技术、厌氧-缺氧-好氧（A^2/O）处理技术、序批式活性污泥（SBR）法、流动床生物膜（MBBR）法等生化工艺进行处理，生化出水经过混凝沉淀（过滤）、臭氧氧化、曝气生物滤池等技术进行深度处理后可以实现出水水质稳定达标。气流床工艺制甲醇、焦炉煤气制甲醇和氨醇联产制甲醇产生的废水经预处理后，采用缺氧/好氧（A/O）处理技术、厌氧-缺氧-好氧（A^2/O）处理技术、序批式活性污泥（SBR）法、流动床生物膜（MBBR）法等生化工艺进行处理，生化出水经过混凝沉淀（过滤）等技术进行深度处理后，可实现出水水质稳定达标。

5.4.1.1 预处理

废水预处理可行技术及主要技术指标见表 19。

表 19 废水预处理可行技术及主要技术指标

技术名称	工艺描述	污染物削减	技术经济性
水煤浆加压气化渣水回用处理技术	可据蒸汽的用途、用量确定闪蒸级数及各级闪蒸压力；沉降槽底部排出含固率约 15%～20%的浓缩渣浆，可经过滤、脱水后，滤饼作为废渣排出，可用作燃料；滤液目前一般进废水处理，最优选方案是作为磨煤用水循环使用	有效利用了黑水的能量，并大幅度减少了气化废水中的污染物	可有效回收水煤浆加压气化过程中气化黑水的能量；经黑/灰水系统处理及过滤后的灰渣，可燃物含量可以达到 30%～50%，可用作原料或燃料
碎煤加压气化废水预处理技术	利用不同组分密度差，采用重力沉降法将煤气水中的尘、焦油、轻油分离出来，在萃取塔内进行萃取脱酚，采用二级汽提脱除几乎全部的氨和酸性气体	COD 脱除率达到 40%～50%，酚类化合物脱除在 85%以上	产出了较高经济价值的酚类物质

技术名称	工艺描述	污染物削减	技术经济性
含醇废水汽提/燃烧技术	汽提法主要针对工艺废水中高浓度、有回收价值的甲醇；而焚烧法主要针对水量小、含甲醇浓度很高的废水或某些工艺废水	有效降低了废水的有机物含量。	汽提可回收甲醇，燃烧法甲醇可作为燃料，实现综合利用和节能降耗。
甲醇残液回收技术	回收利用部分甲醇； 但采用改良的直接回用工艺时，增加了废气的排放	减轻了残液处理的负担，有效减少了废水产生量，并降低了排放废水中有机物浓度	增加了甲醇产量，同时该法投资成本较小，并能很好地回收利用甲醇残液的热量，一定程度上减少了能耗
氨醇联产造气脱硫污水闭路循环处理技术	循环利用，实现蒸发水与补充水平衡；蒸汽分解率 44%，洗涤水悬浮物含量为 40～50 mg/L，悬浮液硫含量≤5 mg/m^3	回收煤气、吹风气显热和潜热，副产蒸汽；脱硫用水循环利用，大气污染中硫防治效果显著，水污染物中硫和氨氮减排明显	造气脱硫污水系统的循环水经过回收油后的废水补充至锅炉污水循环系统

5.4.1.2 生化处理

5.4.1.2.1 缺氧/好氧（A/O）处理技术

（1）工艺参数。

缺氧段、好氧段水力停留时间宜分别为 12～24 h、24～36 h；污泥浓度 3 000～4 000 mg/L，泥龄不少于 30 d；缺氧段温度 20～30℃，pH 值 6.5～7.5，DO 值 0.2～0.5 mg/L；好氧段温度为 20～30℃，pH 值 7.0～8.0，DO 值 2～4 mg/L；污泥回流比 50%～100%；硝化液回流比 200%～400%。

（2）污染物削减和排放。

当进水 COD 浓度低于 2 000 mg/L，NH_3-N 浓度低于 150 mg/L 时，经过 A/O 工艺处理后，COD 去除率可达到 90%，NH_3-N 去除率可达到 85%；出水 COD 浓度为 100～200 mg/L，NH_3-N 浓度为 1～15 mg/L。同时，A/O 工艺对于挥发酚的去除率可达到 99%，氰化物的去除率可达到 80%，苯并[a]芘的去除率可达到 55%；出水中挥发酚浓度为 0.05～0.5 mg/L，氰化物浓度为 0.01～2.0 mg/L，苯并[a]芘浓度为 5～25 μg/L。

（3）二次污染及防治措施。

生化处理过程中产生的污泥经脱水后再进行处置。

废水处理过程中产生低浓度 NH_3、H_2S 等恶臭气体，可以通过在处理构筑物上加盖密闭、制造微负压等措施进行减排，然后集中收集采用生物除臭技术进行处理，还可以通过设置与办公生活区合理的距离减少对人群的影响。

（4）技术经济适用性。

工艺成熟，流程简单，运行维护费用较低，适用于 NH_3-N 浓度较高的煤制甲醇废水生化处理。投资成本约为 1 800～2 600 元/t 水，运行费用 0.5～0.7 元/t 水。

5.4.1.2.2 厌氧-缺氧-好氧（A^2/O）处理技术

（1）工艺参数。

厌氧-缺氧-好氧水力停留时间宜分别为 12～24 h、12～24 h、20～36 h；厌氧段温度 35～38℃，pH 值 6.5～7.2；缺氧段温度 15～35℃，pH 值 7.0～8.5，DO 低于 0.5 mg/L；好氧段温度 20～30℃，pH 值 6.5～8.5，DO 为 2～4 mg/L；污泥回流比 50%～100%；硝化液回流比 200%～400%。

（2）污染物削减和排放。

当进水 COD 浓度低于 3 500 mg/L、NH_3-N 浓度低于 200 mg/L 时，经过 A^2/O 工艺处理后，COD 去除率可达到 93%，NH_3-N 去除率可达到 92%；出水 COD 浓度为 100～200 mg/L，NH_3-N 浓度为 1～15 mg/L。同时，A^2/O 工艺对挥发酚的去除率可达到 99.5%，氰化物的去除率可达到 85%，苯并[a]芘的去除率可达到 60%；出水中挥发酚浓度为 0.01～0.3 mg/L，氰化物浓度为 0.01～2.0 mg/L，苯并[a]芘浓度为 1～20 μg/L。

（3）二次污染及防治措施。

生化处理过程中产生的污泥经脱水后再进行处置。

废水处理过程中产生低浓度 NH_3、H_2S 等恶臭气体，可以通过在处理构筑物上加盖密闭、制造微负压等措施进行减排，然后集中收集采用生物除臭技术进行处理，还可以通过设置与办公生活区合理的距离减少对人群的影响。

（4）技术经济适用性。

该技术处理效率高，耐冲击负荷能力强，适用于经过预处理后有机物浓度仍较高、可生化性较差的煤制甲醇废水的生化处理。投资成本约为 2 000～2 800 元/t 水，运行费用 0.6～0.8 元/t 水。

5.4.1.2.3 序批式活性污泥（SBR）法

（1）工艺参数。

停留时间 20～50 h，BOD_5 有机负荷率通常为 0.13～0.3 kg/(m^3·d)，污泥龄不少于 30 d。

（2）污染物削减和排放。

当进水 COD 浓度低于 1 500 mg/L、NH_3-N 浓度低于 100 mg/L 时，经过 SBR 工艺处理后，COD 和 NH_3-N 处理率均可达到 85%，出水 COD 浓度为 100～200 mg/L，NH_3-N 浓度为 1～15 mg/L。同时，A/O 工艺对于挥发酚的去除率可达到 99%，氰化物的去除率可达到 80%，苯并[a]芘的去除率可达到 50%，出水中挥发酚浓度为 0.05～0.5 mg/L，氰化物浓度为 0.01～2.0 mg/L，苯并[a]芘浓度为 1～25 μg/L。

（3）二次污染及防治措施。

生化处理过程中产生的污泥经脱水后再进行处置。

废水处理过程中产生低浓度 NH_3、H_2S 等恶臭气体，可以通过在处理构筑物上加盖密闭、制造微负压等措施进行减排，然后集中收集采用生物除臭技术进行处理，还可以通过设置与办公生活区合理的距离减少对人群的影响。

（4）技术经济适用性。

设备成熟，基建和运行费用较低，适用于中小型煤制甲醇企业。投资成本约为 1 000～1 800 元/t 水，运行费用 0.3～0.5 元/t 水。

5.4.1.2.4 流动床生物膜（MBBR）法

（1）工艺参数。

MBBR 技术可以与 A/O 或 A^2/O 技术相结合，填料填充率为 20%～40%，与活性污泥工艺相比，可将负荷提升 2～4 倍。污泥龄不小于 30 d。温度、DO、pH 值等参数的控制与 A/O 或 A^2/O 系统相同。

（2）污染物削减和排放。

当进水 COD 浓度低于 2 000 mg/L、NH_3-N 浓度低于 150 mg/L 时，经过 MBBR 工艺处理后，COD 去除率可达到 95%，NH_3-N 去除率可达到 93%，出水 COD 浓度为 70～100 mg/L，NH_3-N 浓度为 1～10 mg/L。同时，MBBR 工艺对于挥发酚的去除率可达到 99.8%，氰化物的去除率可达到 90%，苯并[a]芘的去除率可达到 65%，出水中挥发酚浓度小于 0.01～0.1 mg/L，氰化物浓度小于 0.01～1.0 mg/L，苯并[a]芘浓度为 0.5～20 μg/L。

（3）二次污染及防治措施。

该工艺能够削减污泥产量 10%～20%，产生的污泥经脱水后进行处置。

（4）技术经济适用性。

技术成熟，系统抗冲击能力强，总投资与 A/O 或 A^2/O 工艺基本持平。适用于煤制甲醇废水生化处理。

5.4.1.3 深度处理

5.4.1.3.1 混凝沉淀（过滤）技术

（1）工艺参数。

混凝沉淀处理所需混凝剂和助凝剂的种类和数量，可通过试验确定，亦可参考类似条件的运行实例。

混凝时间为 10～30 min，沉淀时间不小于 2 h。

当出水 SS 不达标，或者后续接有膜工艺，混凝沉淀后的废水宜进行过滤处理，过滤的进水悬浮物宜小于 30 mg/L；过滤系统可采用各种过滤池和机械过滤器。

（2）污染物削减和排放。

混凝沉淀（过滤）技术处理煤制甲醇二级生化工艺出水时，当二级生化工艺出水的 COD 浓度低于 200 mg/L 时，生化出水中的 SS 去除率可达到 60%，对 COD 的去除率可达到 20%，苯并[a]芘的去除率可达到 90%，出水 COD 浓度为 80～160 mg/L，SS 浓度为 30～70 mg/L，苯并[a]芘浓度为 0.01～2 μg/L。

（3）二次污染及防治措施。

混凝沉淀产生的化学污泥经脱水处理后再进行处置。

（4）技术经济适用性。

技术成熟，投资较低，投资成本约为 100～2 000 元/t 水，运行费用约为 0.2～0.5 元/t 水。适用于煤制甲醇废水二级生化处理后的深度处理。

5.4.1.3.2 臭氧氧化法

（1）工艺参数。

混凝沉淀出水可采取臭氧氧化工艺进行深度处理，臭氧氧化可进一步减低 COD 浓度，并提高出水的可生化性。降解 COD 时臭氧消耗量可按降解 1 mg/L 的 COD 消耗 1～4 mg/L 的 O_3 来计算，接触时间可按 15～60min 选取。

（2）污染物削减和排放。

当进水浓度低于 150 mg/L 时，经过臭氧法处理后，COD 去除率可达到 60%，废水的色度显著降低，出水 COD 浓度为 30～60 mg/L，苯并[a]芘浓度为 0.002～0.03 μg/L。

（3）二次污染及防治措施。

剩余臭氧随尾气外排，为避免污染空气，尾气可用活性炭或霍加拉特剂催化分解，也可用催化燃烧法使臭氧分解。

（4）技术经济适用性。

基建投资和运行费用均较高。采用纯氧制备臭氧的成本约为 15～20 元/kg，使用空气的经济性更差。规模为 20 kg/h 的国产臭氧发生设备投资费用大约为 200 万元，进口设备投资费用是其 3～5 倍。另外，可以采用催化剂提高臭氧处理效果，降低臭氧消耗量，提高臭氧氧化的经济性。

臭氧氧化可用于二级生化处理出水 COD 不达标、水中难降解有机物浓度较高的煤制甲醇企业废水的深度处理。

5.4.1.3.3 曝气生物滤池法

（1）工艺参数。

臭氧处理后出水可采取曝气生物滤池工艺进行深度处理。停留时间为 2～4 h，曝气生物滤池滤料选择火山岩、陶粒、活性炭等粒状填料，粒径宜取 2～10 mm，滤料层高度 2.5～4.5 m，采用小阻力布水系统并宜用专用滤头，在滤料承托层下部设置缓冲配水室。

（2）污染物削减和排放。

当进水 COD 浓度低于 100 mg/L、NH_3-N 浓度低于 50 mg/L 时，曝气生物滤池对 COD 去除率可达到 80%，NH_3-N 的去除率可达到 80%，出水 COD 浓度为 15～40 mg/L，NH_3-N 浓度为 0.1～5 mg/L。

（3）二次污染及防治措施。

曝气生物滤池技术产泥量较小。

（4）技术经济适用性。

占地较少，投资成本约为 600～1 200 元/t 水，运行费用约为 0.2～0.3 元/t 水。

5.4.2　满足更高环境管理要求的最佳可行技术

采用膜技术可以实现煤制甲醇废水的深度处理后回用，从而节约水资源。

5.4.2.1　膜技术

（1）工艺参数。

超滤与反渗透联合使用，超滤进水 pH 值控制在 6.5 左右，温度在 35～40℃，进水阻垢剂浓度保持在 1.5 mg/L 左右，超滤工作压力控制在 0.1～0.6 MPa，反渗透系统的水回收率 60%～65%，系统脱盐率大于 90%，工作压力 0.9～1.7 MPa。

（2）污染物削减和排放。

超滤膜对悬浮物的去除率可达 99%，胶体的去除率一般可达 99%，微生物的去除率可达 99%，出水污染指数（silt density index，SDI）为 1～3。反渗透能去除几乎所有溶解性盐及分子量大于 200 Da 的有机物，但允许水透过，出水一般可达到再生水水质标准中再生水利用于工业用水控制项目和指标的限值。

（3）二次污染及防治措施。

该法产生的高含盐浓水需进一步处理。目前主要采用的技术是多效或低温蒸发结晶，蒸发干燥或蒸发结晶前，为减少废水量、消除有机物可能带来的污染以及无机离子可能导致设备腐蚀和结垢，可采用离子交换树脂软化、调节 pH 值、吹脱、高级氧化、高压反渗透膜浓缩等方法进行预处理。蒸发结晶产生的废盐属于危险废物，需要进行安全填埋。

（4）技术经济适用性。

该法投资较大，超滤装置造价约为 10 000 元/t 时，运行费用为 1.5 元/t 水（含膜折旧），反渗透装置造价约为 15 000 元/t 时，运行费用为 2.0～3.0 元/t 水（含膜折旧）。该法适用于煤制甲醇企业废水深度处理后回用。

5.5　固体废物综合利用及处置最佳可行技术

煤制甲醇企业固体废物污染防治最佳可行技术见表 20。

表 20　固体废物污染防治最佳可行技术

技术名称	环境效益	技术经济适用性
废催化剂回收和再生技术	减少危险废物的排放，实现资源的综合利用	送催化剂厂商回收
废渣综合利用技术	实现资源综合利用	煤气化、热电锅炉、脱硫等产生废渣可外销获得经济效益
粉煤灰综合利用技术	粉尘灰渣的综合利用	适用于煤制甲醇除尘装置
污泥处理处置技术	固化填埋或实现资源综合利用	实现污泥减量化、资源化、无害化处理

6　技术应用管理要求

（1）加强企业内阀门、管线、贮存罐、槽车、泵等设备的维护工作，对易受损部位定期检修，以防材质劳损产生泄漏等问题；定期检查供电及控制系统、测量及仪表等电气设备，以防发生设备故障，反应失控。

（2）加强各部门人员培训，使其熟悉各自的岗位技能、岗位规程和制度，避免操作失误、违章作业等情况。

（3）建立健全记录和档案制度，如主要设备或系统的运行和维修情况；各种污染物排放数据和连续监测数据记录、污染物处理处置情况等。

（4）通过生产实践及技术探索将工艺调整到适合企业实际情况的状态，达到或优于设计指标，有条件的地区可采用新型节能工艺或技术等，以降低企业的原料能源消耗。

（5）选取合适的锅炉烟气除尘器及脱硫措施，定期检查除尘器工作情况，例如袋式除尘器定期清灰，及时检查滤袋破损情况并更换滤袋，以保证烟尘经高空排放浓度达标。

（6）对于低温甲醇洗装置，对 CO_2 洗涤塔进行适当工艺调整，减少 H_2S 排放量。

（7）根据企业所在地水资源供给情况以及环境容量设计取水、排水和处理回用的程度。

（8）加强各类废水的处理与回用，遵循“节约与开源并重、节流优先、治污为本”的用水原则，煤气化废水与其他废水应清污分流、分级处理，分质回用，减少废水处理难度和处理成本，最大限度地减少废水的外排量，提高废水的循环利用率。

（9）建立污泥培养池，驯化培养微生物物种，强化煤制甲醇废水的处理效果。

（10）对生产装置区、废水管线、废水处理设施以及固废填埋场进行防渗处理，防止有害污染物污染地下水；对生产区和污水处理区的雨水进行收集并治理。

（11）综合利用生产中产生的固体废物如造气炉渣、锅炉灰渣等，废催化剂、废脱硫剂等应交由催化剂厂商回收再生，不得长期堆置于渣场。

（12）渣场要做好防渗、防二次扬尘等防护工作。

（13）控制送至配煤进行综合利用的污泥、各类化产残渣比例及其含水量，减少配煤水分波动，避免影响生产设备的正常运行和产品质量。

（14）各类化产残渣按照危险废物管理要求运输、贮存和处置，并建立健全管理制度。

（15）对于产生噪声的泵、压缩机和鼓风机等设备，采用低噪声设备，控制噪声源强度。

（16）加强各种噪声设备的固定，控制设备振动等，减少噪声产生。

（17）采用隔声间、隔声罩或安装消声器、隔音装置等降低噪声。

（18）鉴于煤化工行业的特点，在控制常规污染物的同时，应加强对苯并[a]芘等有毒有害物质的监测与研究。